云计算节能与资源调度

彭俊杰　著

上海科学普及出版社

上海科技发展基金会（www.sstdf.org）的宗旨是促进科学技术的繁荣和发展，促进科学技术的普及和推广，促进科技人才的成长和提高，为推动科技进步，提高广大人民群众的科学文化水平作贡献。本书受上海科技发展基金会资助出版。

"上海市科协资助青年科技人才出版科技著作晨光计划"出版说明

"上海市科协资助青年科技人才出版科技著作晨光计划"（以下简称"晨光计划"）由上海市科协、上海科技发展基金会联合主办，上海科学普及出版社有限责任公司协办。"晨光计划"旨在支持和鼓励上海青年科技人才著书立说，加快科学技术研究和传播，促进青年科技人才成长，切实推动建设具有全球影响力的科技创新中心。"晨光计划"专门资助上海青年科技人才出版自然科学领域的优秀首部原创性学术或科普著作，原则上每年资助 10人，每人资助一种著作 1 500 册的出版费用（每人资助额不超过10 万元）。申请人经市科协所属学会、协会、研究会，区县科协，园区科协等基层科协，高等院校、科研院所、企业等有关单位推荐，或经本人所在单位同意后直接向上海市科协提出资助申请，申请资料可在上海市科协网站（www.sast.gov.cn）"通知通告"栏下载。

云计算节能与资源调度

目 录

第一章

云计算概述

云计算是近些年最受关注的新 IT 技术之一，也是一种全新的计算模式或 IT 服务模式，它能极大地提高全社会的资源使用效率，并且完全颠覆了人们传统的 IT 使用习惯，被称为人类历史上第四次 IT 技术革命。到底什么是云计算，它又有何特点，将会如何改变人类社会呢？本章将从云计算的定义开始介绍云计算的一些基本概念、特点及应用前景等。

云计算简介

　　"云计算"（Cloud Computing）作为一种新的基于虚拟资源池的大规模分布式计算模式，2007 年底被首先提出，对于到底什么是云计算，可以找到从不同角度给出的不下数十种定义。目前相对比较认可的是美国国家标准与技术研究院（NIST）的定义：云计算是一种按使用量付费的模式，这种模式提供可用的、便捷的、按需的网络访问，进入可配置的计算资源共享池（资源包括网络、服务器、存储、应用软件、服务），这些资源能够被快速提供，只需投入很少的管理工作，或与服务供应商进行很少的交互。云计算是分布式计算（Distributed Computing）、并行计算（Parallel Computing）、网格计算（Grid Computing）、效用计算（Utility Computing）、Web service 等技术相互融合、演进和不断发展的产物。云计算通过虚拟化技术可以把互联网上的异构的主机如普通的个人计算机（Personal Computer，简称 PC）和高性能的服务器连接起来，使其获得超级计算机的计算能力和存储能力，但是其成本远远小于超级计算机，并且提高了网络上整体资源的利用率。

　　云计算通过虚拟化技术来整合数据中心的各种 IT 资源，以互联网为媒介对外提供高可扩展的基础设施即服务（Infrastructure-as-a-Service，简称 IaaS）、平台即服务（Platform-as-a-Service，简称 PaaS）、软件即服务（Software-as-a-Service，简称 SaaS）甚至任意 IT 服务（X-as-a-Service，简称 XaaS），如软件开发、系统测试、系统维护和各种丰富的应用服务等，就像水和电一样方便地被使用，并可按量计费。对于用户而言，只需要通过互联网，就可按需申请资源，不需要关心"云"的内部实现细节，从而减少用户对硬件设施的维护、环境的搭建等所耗费的精力，只需专心投入自己的业务，因此给用户带来了极大的便利。

云计算机按照服务模式和体系结构的层次分为三类：基础设施即服务（IaaS）、平台即服务（PaaS）、软件即服务（SaaS），图 1-1 给出的是云计算层次示意图，图 1-2 给出的是云计算架构示意图。

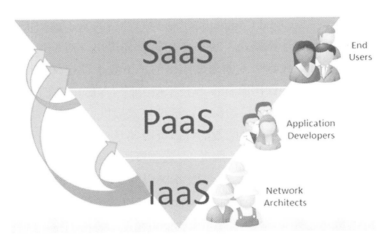

图 1-1　云计算三层服务结构

基础设施即服务（IaaS）是云计算的基础层，主要是指硬件设备，主要包括计算机、交换机、路由器、防火墙、网络、存储设备等，主要利用虚拟化技术将各种 IT 资源整合成一个"资源池"，即通过虚拟化技术可以将形形色色的计算设备统一虚拟化为虚拟资源池中的计算资源，将存储设备统一虚拟化为虚拟资源池中的存储资源，将网络设备统一虚拟化为虚拟资源池中的网络资源，通过网络向用户提供计算能力、存储能力、网络能力、负载均衡和网络安全等 IT 基础设施类服务，也就是能在基础设施层面提供的服务。当用户订购这些资源时，数据中心管理者直接将订购的份额打包提供给用户，用户可以在 IaaS 上运行任何软件，包括操作系统和应用程序。在国外，典型的服务商有亚马逊公司，它提供弹性计算云（Elastic Computing Cloud，简称 EC2）和简单存储服务（Simple Storage Service，简称 S3）。国内则有阿里云、百度云、浪潮等公司，分别提供云主机、云存储、云服务器等 IaaS 服务。

平台即服务（PaaS）是中间件，处于基础设施即服务的上层，是云平台为应用程序提供云端运行的服务。如果以传统计算机架构中"硬件 + 操作系统 / 开发工具 + 应用软件"的观点来看待，那么云计算的平台层应该提供类似操作系统和开发工具的功能。实际上也的确如此，PaaS 可以通过互联网为用户提供一整套开发、运行和运营应用软件的支撑平台。一般由云服务商提供用户应用程序的运行环境（一般是特定的开发语言和工具，例如 Java、Python、Net 等），用户利用开发语言和工具进行应用程序的开发，再将应用程序部署到云服务上运行。PaaS 负责底层资源的动态扩

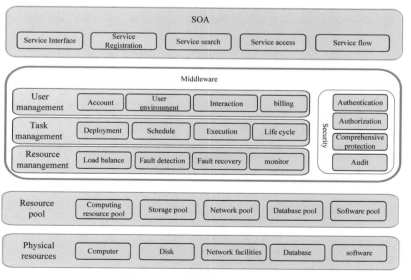

图 1-2　云计算架构示意图

展、容错管理、负载均衡、应用安全和服务监控等工作，因此客户只需关注应用软件的开发，按需申请资源，减少投入成本。国外典型的 PaaS 服务有 Google 公司的 GAE（Google App Engine）。GAE 平台支持 Python 和 Java 两种语言，开发者使用 GAE 平台可以快速开发各种应用。在国内有新浪网研发的 Sina App Engine（简称 SAE）云计算平台，也是一个公有云平台。SAE 主要以超文本预处理器（PHP）+ 关系型数据库管理系统（Mysql）为开发环境，并开始支持 Python、Java 语言。

软件即服务（SaaS）处于最高层，是一种通过互联网提供软件服务的软件应用模式，在这种模式下，用户不需要再花费大量投资用于硬件、软件和开发团队的建设，只需要支付一定的租赁费用，就可以通过互联网享受到相应的服务，而且整个系统的维护也由服务提供商负责，例如 ERP 软件、内容管理系统等。SaaS 通常从云端通过互联网提供软件应用程序到用户浏览器，作为基于 Web 的应用程序运行。在国外，比较有名的是 Salesforce 公司的 CRM（Client Relationship Management）在线客户关系管理服务；在国内则有八百客、金蝶友商网和用友伟库网等。

从图 1-1 和图 1-2 中可以看出，IaaS 是云计算底层的资源支撑基础，为 PaaS 和 SaaS 提供基础资源支撑，PaaS 层是中间件，与 IaaS 层一起为 SaaS 层提供支撑服务。

作为一种全新的 IT 服务模式，云计算旨在实现大规模的分工协作与资源共享，以达到低成本、低能耗、高效率的计算目标。云计算以效用为先，以客户为中心，实现按需分配资源（On-demand）与按用量付费（Pay-as-you-go），提供完全不同于传统 IT 时代的全新 IT 服务模式，因此广受产业与学术界的关注。

相关技术

分布式计算

　　分布式计算是相对于集中式计算而言的，本身是一种计算形式。它是随着社会需求和科学研究发展的需要带来的产物。对于某些问题的解决，采用传统的集中式计算，很有可能在可接受的时间内不能得到所要求的结果，因此必须采用其他手段来实现。分布式计算是解决传统集中式计算受限问题的有效手段之一，它将应用分解成多个粒度更小的子问题，分配给通过网络连接分布在不同区域的多台计算机进行处理，从而达到提高整体计算处理能力、解决复杂大型问题的目的。

　　分布式计算应用项目很多，如利用世界各地成千上万志愿者的计算机的闲置计算能力，通过因特网，搜索分析来自外太空的电讯号，寻找隐蔽的黑洞，并探索可能存在的外星智慧生命、寻找最大的梅森素数；寻找并发现对抗艾滋病病毒及治疗其他恶劣疾病的有效药物；寻找生物学家模拟蛋白质的折叠（protein folding）过程；寻找最为安全的密码系统，如 RC-72 等。这些项目都很庞大，需要巨大的计算量，仅仅由单个电脑或在短时间内不可能完成。虽然这些问题都可以由超级计算机来解决，但超级计算机的造价和维护费用高昂，一般的科研组织难以承受，而作

YUNJISUANJIENENG
YUZIYUANDIAODU

为一种廉价的、高效的、维护方便的计算方法——分布式计算却可以轻松解决此类难题。

与其他算法相比，分布式计算可以共享资源，平衡多台计算机上的负载，并根据不同计算机的资源特点分配负载。

并行计算

并行计算（Parallel Computing）也称平行计算，是相对于串行计算而言的，是指同时使用多种计算资源解决计算问题的过程，是提高计算机系统计算速度和处理效率的一种有效手段。其基本思想是用多个处理器来协同求解同一问题，即将待求解的问题分解成若干个可以独立完成的部分，各部分均由一个独立的处理机来并行计算。并行计算系统既可以是专门设计的、含有多个处理器的超级计算机，也可以是以某种方式互连的若干台独立计算机构成的集群。通过并行计算集群完成数据的处理，再将处理的结果返回给用户。

并行计算可分为时间上的并行和空间上的并行。为利用并行计算，通常计算问题表现为以下特征：

- 将工作分离成离散部分，有助于同时解决；
- 随时并及时地执行多个程序指令；
- 多计算资源下解决问题的耗时要少于单个计算资源下的耗时。

网格计算

网格计算也是一种分布式计算。它通过利用大量异构计算机的未用资源，将其作为嵌入在分布式基础设施中的一个虚拟的计算机集群，为解决大规模复杂的计算问题提供的一个模型。网格计算的焦点放在支持跨管理域计算的能力，这使它与传统的计算机集群或传统的分布式计算相区别。

网格计算的设计目标是解决单一超级计算机难以解决的问题，

同时保持解决多个较小的问题的灵活性。通过将服务器、存储系统和网络联合在一起，组成一个大的系统，网格计算为用户提供功能强大的多系统资源来处理特定的任务。对于用户或应用程序来说，数据文件、应用程序和系统看起来就像是一个巨大的虚拟计算系统。

网格计算与其他所有的分布式计算范例都有所区别：网格计算的本质在于以有效且优化的方式来利用组织中各种异构松耦合资源，来实现复杂的工作负载管理和信息虚拟化功能。

YUNJISUANJIENENG
YUZIYUANDIAODU

 # 云计算的分类

在云计算中，硬件和软件都被抽象为资源并被封装为服务，向云外的用户分发，云计算可以根据服务类型与服务方式等不同的标准来分类。

按服务类型划分

云计算的服务类型，是指云数据中心能够为用户提供什么类型的服务；用户应用这些服务，可以完成哪些工作；用户如何使用或应用这些服务。目前，根据服务类型的不同，将云计算划分为以下三类或三个层次的云服务，其结构如图 1-2 所示，底层是基础设施，通过虚拟化技术对外提供虚拟资源；中间层是平台层，为应用提供平台支撑；上层是应用层，在这一层，用户可搭建各种云应用。

1. 基础设施云（Infrastructure Cloud）

这种类型的云直接构建于物理资源之上，通过虚拟化技术提供的接口，将物理资源整合成为一个大的虚拟资源池，能够为用户提供基础设施即服务（IaaS），包括虚拟机、虚拟存储、虚拟网络等。IaaS 提供商提供场外服务器，存储和网络硬件，用户可以租用，这样可节省维护成本和办公场地，且时间不限。由于这种服务的封装级别较低，接近于硬件，因此给予用户的灵活度最大，几乎不受逻辑上的限制，完全可以根据自己的需求租用各种虚拟资源。但是，用户需要进行大量的工作来设计与实现自己的应用，因为这种服务不做任何应用类型的假设。亚马逊的 EC2 与 S3，Rackspace 和 Red Hat. 等就是基础设施云在业内的典型案例；在国内，世纪互联、U-cloud 阿里云等也都提供基础设施服务。

2. 平台云（Platform Cloud）

平台云通过利用 IaaS，为用户提供了一个在线开发与托管平台，提供各种开发和分发应用的解决方案，比如虚拟服务器和操作系统，即平台即服务（PaaS）。用户可以远程登录云平台，完成应用（尤其是 Web 应用）的设计、开发、测试、调试、运行、存储、安全以及应用开发协作工具等；同时用户也可以将开发完成的应用放到云平台上，交给云数据中心的专业人员来维护管理。这不仅可节省用户在硬件上一次性投入的费用，而且也让分散的工作之间的合作变得更加容易。这种云往往具有一定的约束与规范，如编程语言、编程框架、存储模型、平台接口等，因此可以托管的应用也就受到了相应的限制，这从一定程度上限制了平台云之间的应用迁移。平台云在业界的应用实例有 Salesforce 的 force.com、谷歌的 App Engine、微软的 Azure、VMware 的 Cloud Foundry 等。

3. 应用云（Application Cloud）

通过有效地利用 PaaS 甚至 IaaS，应用云直接面向最终用户，而不像平台云那样面对的是应用开发者或运营者。应用云支持的应用一般是基于浏览器的，针对用户的特定需求提供最人性化的服务。用户可以通过个性化定制来使应用更切合自己的需求和习惯。与上面两种云相比，应用云为用户

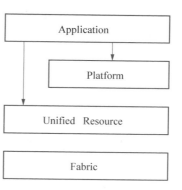

图 1-3 云计算架构

提供的灵活性最差，只能满足用户某一种特定需求。Salesforce
的 CRM，Google Apps，Dropbox，苹果公司的 iCloud，Citrix 的
GoToMeeting 等都属于应用云的基本范畴。

按服务方式划分

云计算作为一种新式的商业模式，已经广泛被接受。根据云
平台的服务对象，可以将云计算分为三类，即公有云、私有云与
混合云。

1. 公有云

公有云主要以基于互联网向企业、组织外部用户提供服务为
主，是由若干企业和用户共享使用的云环境。用户所需的服务由
一个独立的、第三方云提供商提供。公有云涉及的范围比较广，
理论上不对用户的接入进行限制。由于用户量可以很大，公有云
对数据安全的要求较高，用户与云服务商之间往往要签订服务等
级协议（SLA）来规范彼此的权责。

2. 私有云

私有云是由单个企业或机构承建，并只在企业或机构内部使
用的专用云环境。私有云只对企业或机构内部人员提供云服务，
并不对外开放。服务范围往往与企业或机构本身的业务直接相关，
因此私有云会带有鲜明的企业属性，因而提供对数据、安全性和
服务质量的最有效控制。由于私有云服务只对本企业人员开放，
提供的服务又与企业的业务直接或间接相关，因此一般不需要
SLA 来约束彼此的行为。私有云的应用场景局限于特定的组织、
机构、企业内部，具有公有云所不具备的一些特性与需求。私有
云可部署在企业数据中心的防火墙内，也可以部署在一个安全的
主机托管场所。

3. 混合云

混合云是公有云与私有云的混合，是在数据中心层面上实现
高可扩展的有效途径。由于安全和控制原因，并非所有的企业信
息都能放置在公有云上，这样大部分已经应用云计算的企业将会

使用混合云模式。很多将选择同时使用公有云和私有云，因为公有云只会向用户使用的资源收费，所以公有云将会变成处理需求高峰的一个非常便宜的方式。同时混合云也为其他目的的弹性需求提供了一个很好的基础，比如灾难恢复。这意味着私有云把共有云作为灾难转移的平台，并在需要的时候去使用。目前，运营商部署云计算采取的多为混合云模式。

YUNJISUANJIENENG
YUZIYUANDIAODU

 云计算的特点与优势

云计算在 IT 发展过程中的地位

与传统的 IT 技术相比，云计算给 IT 技术带来了革命性的改变，彻底改变了人们对 IT 资源的使用习惯，因此，在业界将其称之为 IT 领域的第四次革命。可以从图 1-4 来简单回顾一下 IT 领域的几次革命性的技术。

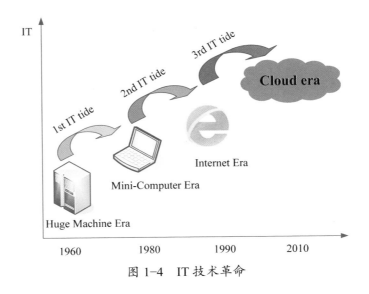

图 1-4　IT 技术革命

IT 技术的第一次革命大约发生在 20 世纪 60 年代，是由电子计算机的问世或称大型机时代的出现带来的。在计算机问世之前，人类对于各种科学问题的解决完全是通过人工来完成的，不仅效率低下，而且过程复杂、容易出现错误。电子计算机的问世，尽管体积庞大，运算效率和现代计算机系统的无法比拟，但是其执行效率相对于人工而言却是成千上万倍的提高，将人类从繁杂的劳动中解脱出来。因此，它具有划时代的意义。

IT 技术的第二次革命起始于 20 世纪 80 年代，即个人电脑的出现并逐步普及。这个时代的不同之处在于，大型机时代电子计算机价格昂贵、体积巨大，除了大型企业、团体组织和科研单位的一些科学家及研究人员外，普通民众是无缘接触的。而在个人电脑时代，每个家庭、每个个人都可以按照自己的需求购置个人电脑，从而在计算机上办公、娱乐，让普通的民众也能从繁杂的工作中解脱出来。

IT 技术的第三次革命起始于 20 世纪 90 年代，即互联网的出现到普及。互联网的出现，一下子拓展了人们的视野、扩大了交流范围。在传统的个人电脑时代，人们只能根据自身电脑的处理能力完成有限的工作，只能根据硬盘的容量存储有限的资料、多媒体影视、音乐等，而到了互联网时代，展现在人们面前的世界一下子开阔了。通过互联网，人们可以与远方的朋友视频、聊天，可以上网冲浪，实时了解全世界的时事新闻动态，可以从互联网上获取各种资料，而不必局限于有限的电脑存储空间。人们可以通过应用互联网连接的电脑，完成更加复杂的任务。

云计算的出现，被业界称为 IT 领域的第四次技术革命。与前三次 IT 技术革命不同，云计算不仅仅使 IT 技术的性能变得更强大，而是彻底改变了人们使用 IT 资源的习惯。可以想象，在云计算出现以前，人们使用 IT 资源完全取决于自身个人电脑的性能，例如，如果用户需要应用更强大的软件、玩更精彩复杂的游戏、安装更新的操作系统，必须购置更新的电脑或替换功能更强大的电脑部件，如采用性能更强大的 CPU、加大 / 更新计算机的内存、购买更好的显卡、更换更好的新主板等，如图 1-5 所示。这样的结果，使得用户完全被大型的软硬件供应商（如微软、英特尔）

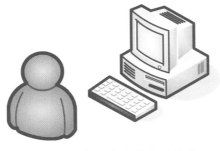

图 1-5　传统的资源使用模式

所绑架，当新的软件（如操作系统）推出后，为了应用这些软件的新功能、发挥其性能优势，用户不得不被动更新其硬件设备。这使得即便是以前的计算机系统远未达到需要淘汰的程度，但在新软件、新系统推出时性能大大受影响而不得不淘汰，最终带来的结果不仅是用户花了大量冤枉钱，而且极大地浪费了社会资源。云计算时代，资源使用模式则完全不一样，用户对于 IT 资源的使用完全按照按需的方式，即用户所有需要的资源通过互联网提供，根据实际需要的资源付费使用。用户无须购买强大的硬件资源，只需一个能够联网的显示终端即可，所有的计算能力、存储能力都能从云数据中心获取。不论软件系统如何升级，只需租赁与之相对应的资源，购买服务就行了。就如同日常生活中的用电一样，用户使用 5 瓦的用电器，只需支付 5 瓦用电器所消耗电能的费用；用户使用 50 瓦的用电器，则需要支付 50 瓦用电器所消耗电能的费用；用电器用完关掉后，则任何费用都无须支付。

在云计算时代同样如此，当用户需要使用大型软件、玩大型游戏、做复杂问题的求解时，只需通过任何一种形式的、可以连接网络的终端，可以是计算机，也可以是手机或其他移动终端，通过互联网连接到云计算数据中心，申请其所需的资源，根据其应用所用资源的情况支付相应的大型软件、游戏或计算应用所占用资源在特定时间段的使用费用。当用户只需应用很小的软件，完成很小的任务时，则只需支付这些小应用所消耗资源在特定时间段的租赁费用，用完后就不会产生其他费用，如图 1-6 所示。从图中可以看出，用户完全可以租用各种形式的资源，完成各种不同形式的应用，而不必购买硬件，也无须了解云数据中心如何提供这些资源的实现细节。在这种资源使用模式下，无论软件与应用如何变化，用户都不会被绑架，这样不仅可以极大地提升 IT

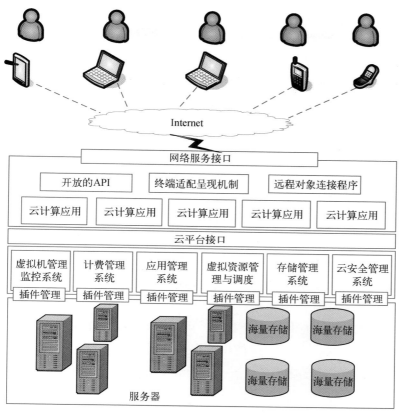

图 1-6　云计算模式下的资源使用模式

资源的使用效率，同时也可以大大降低用户使用 IT 资源的成本。

云计算的特点与优势

与传统的 IT 技术相比，云计算具有很多明显特点，在资源的使用、效率便捷性、安全性方面都有很多的优势，下面介绍其中几个比较重要的。

1. 通过互联网提供强大甚至无限的计算与存储能力

云计算环境下，每个用户都可以通过互联网按需请求包括计算与存储在内的各种资源，而不用考虑资源到底是从哪里提供的，请求是否能够得到响应和满足，就如同开启电灯而不用考虑电是

17

来自火电还是水电、来自电网或发电厂的电。云数据中心的资源是无限多的，因此，可以满足大量用户的 IT 应用需求，同时结合这样强大的资源可以完成超大规模、复杂的科学问题。

2. 提高了全社会 IT 资源的使用效率及降低能耗

虚拟化是云计算最重要的支撑技术之一，它实现了 IT 资源的逻辑抽象和统一表示，而不受物理限制的约束，在大规模数据中心管理和资源的充分利用方面起着非常重要的作用。虚拟化通过空间上的分割、时间上的分时以及模拟，将服务器物理资源抽象成逻辑资源，向上层操作系统提供一个与它原先期待一致的虚拟环境虚拟机（Virtual Machine，简称 VM），使得上层操作系统可以直接运行在虚拟环境上，并允许具有不同操作系统的多个虚拟机相互隔离并发运行在同一台物理机上，从而提供更高的 IT 资源利用率和灵活性。在传统使用模式下，通常是每人占用一台甚至多台计算机，研究表明，个人电脑的 CPU 使用效率通常为 5%～15%，而应用虚拟化技术，可以在一台电脑上虚拟出若干台虚拟机，从而将 CPU 的使用效率提升到 85%～95%。可以想象，在用户体验不受影响的情况下，能够让特定的 IT 资源服务于更多的用户与应用，这从全社会的角度讲，极大地提高了资源的使用效率，降低了能量消耗。

3. 实现动态的、可伸缩的扩展

云的规模支持资源动态伸缩，实现基础资源的网络冗余，意味着添加、删除、修改云计算环境的任一资源节点，或任一资源节点异常或宕机，都不会导致云环境中的各类业务的中断，也不会导致用户数据的丢失。这里的资源节点可以是计算节点、存储节点和网络节点。在系统业务整体升高的情况下，可以启动闲置资源，提高整个云平台的承载与服务能力。而在整个系统业务负载低的情况下，则可以通过虚拟机迁移集中部分业务，而将其他闲置的资源转入节能模式，从而在提高部分资源利用率的情况下，达到其他资源绿色、低碳的应用效果。

4. 按需求提供资源、按使用量付费

"云"是一个庞大虚拟化的资源池，用户完全可以按照自己的需求及应用的特点与规模按需购买，云可以像自来水、电、煤气那样完全按照使用量计费，应用灵活，而不必为额外的资源开销买单。

5. 减少用户终端的处理负担，用户应用方便

云计算时代，用户所需的资源均来自云端，只需给出应用的请求，而其应用执行处理均由云端负责完成处理，并将处理的结果推送给用户终端，用户终端无须像传统 IT 时代需要完成大量的计算处理工作，这样不仅应用方便，而且可以极大地降低终端的功耗，延长终端的使用寿命。

6. 降低了用户对于 IT 专业知识的依赖

云计算时代所有的应用与服务均以按需的方式提供，用户只需给出请求就可以得到所需的资源。如用户需要某个配置的操作系统环境，只需提交请求即可，而不是像传统的 IT 时代，需要自己对硬盘进行分区、安装操作系统、配置用户环境等，这样就可以极大地降低用户对 IT 专业知识的门槛，所有的这些都将由云端专业的 IT 人士来负责解决。

7. 提高了终端用户使用的安全性

在传统 IT 时代，用户的个人电脑是信息处理、信息存储的中心，因此，用户必须要想办法解决防病毒、防黑客攻击、防硬盘坏损等安全问题，而在云计算时代则完全不用考虑。云数据中心有专门的安全专家保护用户的数据与隐私，安全性更高。除此之外，传统 IT 时代笔记本是用户常用的信息处理设备，一不小心设备丢失，容易造成隐私泄露和商业机密外泄，这在云计算时代可以避免。用户只需一个能联网的终端显示设备，所有的计算存储都在云端，用户在任何地方只要联网就能够随时获取信息，即便不慎丢失终端，也不会造成机密或隐私的泄漏，因此对于个人和组织而言，都更好地提高了安全性。

8. 云计算的高可靠性

"云"使用了数据多副本容错、计算节点同构可互换、碎片化存储、高可用性的灾备等措施来保障服务的高可靠性，使用云计算比使用本地计算机可靠。

 # 云计算的产业意义

作为一种新式的分布式计算模式，云计算极大地隐藏了后台的资源管理与服务集成，能够为用户透明地提供各种 IT 相关服务，而这种服务可以像水、电、煤气、交通等公共基础设施一样，是按需提供，按用量收费的。作为互联网时代的一项新的 IT 运用模式，云计算能够为整合产业的发展带来诸多优势。

优化产业布局

云计算时代，原来企业自给自足的 IT 作坊模式，转化成了具有规模化（较大规模）效应的工业化运营模式；小规模的专用数据中心将逐渐被淘汰，取而代之的是规模巨大、配置合理、管理专业、资源使用效率更高的大型数据中心。而正是这种从分散、高能耗模式到集中、资源友好模式的转变，较好地体现了 IT 产业的一次全新升级，顺应了产业发展的趋势。

推进专业分工

云计算通过将数据中心业务从企业业务范围内分离出来，使企业可以更加专注于其核心业务的研发上，有效避免 IT 产业中可能产生的内耗。业务的分离一方面推进了专业的分工，优化了 IT 产业的格局，能够促进数据中心运维管理的不断升级与持续发展；

另一方面也孕育了新的产业契机，除了现有的大型 IT 企业外，一批新兴的高新技术企业也将在云计算的发展大潮中找到自己的位置并逐渐成长起来。

提升资源利用率

传统的数据中心无法兼顾资源的可用性与资源的利用率问题（如图 1-7），只能在两者之间达到某种程度的平衡。为了保证业务系统的高可用性，一般企业往往会选择牺牲掉资源的高效性（方式 A）。据统计，大量企业传统数据中心的资源利用率在 15% 以下，有的甚至还达不到 5%。而在云计算平台中，大量的企业、用户共用一个大的资源池，资源池的规模可以实时动态调整。即使有突发事件对某个业务系统形成冲击，也不会对整个资源池造成很大的影响。基于这些手段，云数据中心的资源利用率通常可高达 80% 以上。

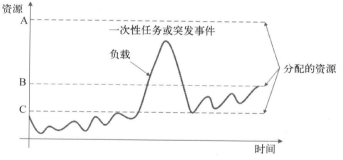

图 1-7　典型的业务系统负载变化及传统的资源分配方式

减少初期投资

从云服务供应商的角度看，同时托管多个服务提高了资源利用率，也降低了客户长期的运营成本。同样，对于将自己的 IT 业务外包给云计算供应商的公司，一次性 IT 投入也降到了最低，从而可以有效地规避投资风险；此外，在使用这些 IT 资源时，可以按照自己的实际使用量付费，不必为自身并不需要使用的 IT 资源买单。

降低管理开销

对于云计算的用户来说，除了降低 IT 的使用门槛，更重要的是云计算平台还可以帮助企业实现应用的自动化管理。云计算使得用户的业务管理更加灵活方便，可以更方便地实现自动化支持。

因此，无论是从用户的角度还是整个 IT 产业的角度来看，对于云计算技术的研究都有着重大意义。中商产业研究院的研究报告指出，2015 年，全球云计算服务市场规模达到 1 750 亿美元，增长 13.06%。云计算产业仍处于快速发展阶段。从全球来看，2021 年全球云计算服务市场规模将达到 3 912.2 亿美元。2015 年，中国云计算上下游产业规模超过 3 500 亿元。市场研究机构 IDC 数据显示，2015～2018 年，全球云计算服务市场平均每年增长 26%，而中国将以接近 45% 的年复合增长率增长。

云计算面临的困难与挑战

与传统的 IT 技术相比，云计算具有很多明显特点，在资源的使用、效率便捷性、安全性方面都有很多的优势，下面介绍其中几个比较重要的。

安全性

1. 虚拟化安全问题

虚拟化是云计算最重要的支撑技术之一，它可以将服务器物理资源抽象成逻辑资源，向上层操作系统提供虚拟环境或通常所说的虚拟机，这些虚拟机可以承载不同用户的各种应用，但实际上可能是运行在相同的物理机上，因此虚拟机本身的安全性、被黑客或病毒攻击后的安全保障措施将直接影响到用户的数据会不会被"偷盗"或"篡改"，这也是很多云计算应用用户所担心的问题。

2. 数据存储安全问题

云计算时代，用户的所有数据都存储在云端，因此数据的安全性非常重要。首先，数据不能丢失、篡改，同时必须保证不能被别人访问或非法获取，这对于云提供商而言，一方面是技术上的保证，另一方面必须让用户能够确信。

3. 云平台自身的安全性

云平台的安全性不仅关系到服务提供商自身的运营安全及行

业口碑，而且直接影响到用户的各种应用、数据及隐私，同时还将很大程度上影响用户对云计算这种 IT 服务方式的认可与接受程度。

4. 法律风险

作为一种全新的 IT 服务模式，云计算也会带来很多新的法律风险。譬如，从云计算本身而言应该保护用户的隐私，不应访问、泄漏其数据内容，但是如果有人利用云计算这一特点，从事涉及危害国家安全的或色情等违法活动，那么云提供商是否应该承担责任，还是允许他们查看用户的数据信息？又如，云计算资源可以按需使用，也就是说只要用户付费就可以使用相应的资源，如果犯罪团伙利用这一特点，聚集大量的 IT 资源进行黑客攻击，非法获取私利，这对云提供商又会有怎样的影响？这些都是需要从法律层面重新考虑和界定的。

标准化

云计算时代，用户的所有 IT 资源都将极大地依赖于云服务提供商，而不同的云服务提供商可能建构多种不同的云计算平台，并且不同的平台可能具有不同的接口形式和服务方式。当用户对于某个提供商的服务感觉不满意的时候应该有自由选择权，自动平滑地将其应用、数据迁移到其他的云服务提供商平台上，而不应该受制于某个特定的服务商。

云计费

云计算的资源使用是按需使用，即用户需要多少资源，只需支付与所消耗的资源相对应的费用即可。是否可能做到用户给出任意的费用，即能得到相对应的结果：如给出的费用越高，得到的结果就越精确、越接近真实结果；而所支付的费用越低，则结果的精度越低，但仍然是可以接受的结果，至少不是错误的结果。

第二章

云计算相关技术

与传统的 IT 技术革新所不同的是，云计算这一理念首先由产业界而不是学术界提出。但学术界后来居上，在云计算技术方面取得很多重要的研究成果。如：美国加州大学圣塔芭芭拉分校（University of California，Santa Barbara）开发的云计算 IaaS 实现 EUCALYPTUS 通过集成一些低端硬件来实现弹性云服务，该项目已经被成功地应用于许多商业数据中心。英国的剑桥大学（University of Cambridge）的虚拟化技术 Xen，是云数据中心实现服务器虚拟化的重要技术之一。另外，Google 在全球范围内发起了一个云计算学术合作组织（Academic Cloud Computing Initiative），并先后与麻省理工大学（Massachusetts University of Technology）、斯坦福大学（Stanford University）、加州大学伯克利分校（University of California，Berkeley）、清华大学等国内外著名高校建立了合作关系，旨在推动云计算的普及与发展。中科院计算所提出的凤凰云（Phoenix Cloud）能够为大型组织的科学计算与信息服务提供集成高可扩展的服务。清华大学的张尧学院士研究团队早在 1998 年就提出了"透明计算"的理念，这一理念在透明服务用户、虚拟资源集成与弹性扩展方面都很好地体现了云计算的理念。另外，清华大学的郑纬民教授、华中科技大学的金海教授、复旦大学的臧斌宇教授、浙江大学的平玲娣教授都带领着团队致力于云计算方面的研究工作。本章将对云计算中的关键技术与典型平台作一个简单的介绍。

虚拟化技术

云计算概念自提出以后，得到了业界的广泛认可，并且以此为基础推出了大量的云计算相关技术与产品。首先是亚马逊公司推出的两个标志性产品，Elastic Compute Cloud（EC2）与 Simple Storage Service（SC3）。通过将闲置的 IT 资源弹性租用给客户，它们缔造了云计算世界中两个里程碑式的产品，而 EC2 已成长为亚马逊"增长最快的业务"。作为全球最大的搜索服务提供商，谷歌（Google）也一直致力于其云产品 MapReduce、App Engine 等的研发与推广。IBM 也在行动，其云产品"蓝云"（Blue Cloud）采用 Xen、PoweVM 与 Hadoop 相结合的方案，来为用户构建自己的云计算环境；同时它与欧盟合作开展的 RESERVOIR 计划正有条不紊地进行着。微软与 VMWare 也分别推出了 Windows Azure、VSphere 云操作系统。而 Salesforce 的客户关系管理（Custom Relationship Management，简称 CRM）平台被普遍认为是 SaaS 在业界成功的典范。此外，还有 EMC 提出的云存储架构，苹果公司推出的"Mobile Me"移动云服务等。在国内有百度的"框计算"（Box Computing）、中国移动的"大云"（Big Cloud）、阿里巴巴推出的阿里云、华为的华为云、盛大的盛大云、优刻得的优云（U-Cloud）等。

云计算包含众多核心技术，如并行计算、虚拟化、分布式存储、分布式数据库等。其中虚拟化是云计算的基石，它是云计算服务得以实现的最关键的技术，通过虚拟化技术可以将硬件、软件、操作系统、存储、网络以及其他 IT 资源都进行虚拟化，然后将这些资源统一纳入云计算管理平台的管理中。通过这种方式，IT 能力都可以转变成可管理的逻辑资源，通过互联网像水、电和煤气一样提供给最终用户，实现云计算的最终目标。

虚拟化技术本身涉及的范围很广，包括服务器虚拟化、网络虚拟化、存储虚拟化、应用程序虚拟化、桌面虚拟化等。虚拟化方法通常使用虚拟机监视器（hypervisor）的一种软件，在虚拟服务器和底层硬件之间新建一个抽象层。VMware 和微软的 Virtual PC 就是两个典型的商用产品，而基于内核的虚拟机（KVM）则是另一款面向 Linux 系统的开源产品。上述提到的 hypervisor 通常可以获取 CPU 指令，在指令访问硬件控制器和外设的时候充当中介，因此完全虚拟化技术几乎能让任何一款操作系统无须改变就能顺利安装在虚拟机上，同时它们并不知道自己是运行在虚拟机上的。很明显，虚拟化技术可以让硬件对应用透明，无须关心其到底是运行在什么硬件上。但主要的缺点是，hypervisor 会给 CPU 带来额外的开销。在完全虚拟化的环境下，hypervisor 运行在裸机上，充当主机上的操作系统；而由 hypervisor 管理的虚拟机则运行客户端操作系统（guest OS）。

完全虚拟化是一种处理器密集型技术，因为它要求 hypervisor 管理各个虚拟机，同时隔离它们使之彼此独立，这样势必会带来一些负担，减轻负担的可行方法是，通过改动客户端操作系统，让它以为自己运行在虚拟机上并且能够与 hypervisor 协同工作，这种方法就叫半虚拟化（para-virtualization）或准虚拟化。Xen 就是开源准虚拟化技术的很好范例。操作系统作为虚拟服务器在 Xen hypervisor 上运行之前，必须在核心层面进行一点改变，因此 Xen 适用于 BSD、Linux、Solaris 及其他开源操作系统，但不适合对像 Windows 这些专有的操作系统进行虚拟化处理，因为 Windows 的内核很难改动。准虚拟化技术的优点是性能高，经过准虚拟化处理的主机可以很好地与 hypervisor 协同工作，并且其性能几乎不受影响。准虚拟化与完全虚拟化相比优点明显，以至于微软和 VMware 都在开发这个新的技术，以完善各自的产品。

实现虚拟化还有一个选择方案，即在操作系统层面增加虚拟服务器功能，其中 Solaris Container 就是一个很好的例子。就操作系统层的虚拟化而言，并没有独立的 hypervisor 层，相反，主机操作系统本身就负责在多个虚拟机上分配硬件资源，同时让这些服务器彼此独立。其中一个非常明显的区别是，如果使用操作系统层虚拟化，那么所有虚拟机都必须运行同一操作系统（但每个实例有各自的应用程序和用户账户），因为这些操作系统是用模板统一部署的。虽然操作系统层虚拟化的灵活性相对比较差，但本机的速度性能却比其他方式的高。此外，由于架构在所有虚拟服务器上使用单一、标准的操作系统，管理的时候显然要比异构环境更容易。

虚拟化技术的原理

虚拟化技术是一种资源管理技术，它通过在现有平台（机器）上添加一层薄的虚拟机监控程序（Virtual Machine Monitor，简称 VMM）软件而实现对系统的虚拟化，如虚拟处理器、虚拟内存管理器（MMU）和虚拟 IO 系统等。虚拟机监控程序又被称为监管程序（Hypervisor）。从应用程序的角度看，程序运行在虚拟机上同运行在其对应的实体计算机上一样。虚拟机技术使得一台物理计算机可以生成多个不同的虚拟机分别运行多个不同或相同的操作系统。虚拟化技术通过将不同的应用运行在不同的虚拟机上，可以避免不同应用程序之间的互相干扰，例如一个应用的崩溃不会影响到其他的应用等。通过虚拟化技术，可将计算机的各种实体资源，如服务器、网络、内存及存储等，予以抽象、转换后呈现出来，打破实体结构间不可切割的障碍，使用户可以比原本组态更好的方式来应用这些资源。这些资源的新虚拟部分不受现有资源的架设方式、地域或物理组态所限制。一般所指的虚拟化资

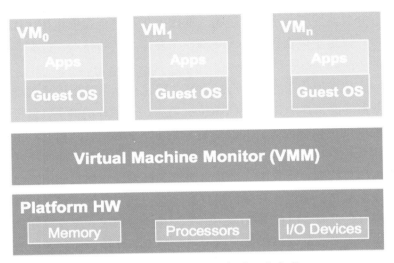

图 2-1　应用虚拟化技术的一般架构

源包括计算能力和资料存储。虚拟化是构建云基础架构不可或缺的关键技术之一。在实际的生产环境中，虚拟化技术主要用来解决高性能的物理硬件产能过剩和老的、旧的硬件产能过低的重组重用，透明化底层物理硬件，从而最大化地利用物理硬件。应用虚拟化技术能够为用户按需提供基础 IT 资源——计算能力、存储能力和网络功能，并且可以快速适应动态变化的资源需求，实现"弹性"资源的分配能力。同时，虚拟化技术能够在单台服务器硬件平台上运行多个虚拟机（VM），并且在 IT 基础架构中实现成本、系统管理和灵活性等方面的优势。虚拟化还提供了如今面向服务的高可用性 IT 操作中所需的操作灵活性，支持将正在运行的虚拟机从一个物理主机迁移到另一个主机，以满足硬件或物理场所限制的需要，或者通过负载平衡最大限度提高性能和应对日益增长的处理器和内存需求。图 2-1 给出的是应用虚拟化技术的一般架构。

虚拟化技术分类

虚拟化技术分类有多种，从 IT 资源的不同层次，可以将虚拟化技术分为平台虚拟化、资源虚拟化和应用虚拟化三种。

平台虚拟化（Platform Virtualization）是指针对计算机和操作系统的虚拟化。

资源虚拟化（Resource Virtualization）是针对特定系统资源的虚拟化，如内存、存储、网络资源等。

应用程序虚拟化（Application Virtualization）是针对应用的虚拟化，将应用程序与操作系统解耦合，为应用程序提供了一个虚拟的运行环境。在这个环境中，不仅包括应用程序的可执行文件，还包括它所需要的运行环境。从本质上说，应用虚拟化是把应用对低层系统和硬件的依赖抽象出来，从而可以解决版本不兼容的问题。

一般而言，大家常说的虚拟化主要是指平台虚拟化技术，即通过使用控制程序（Control Program，也被称为 Virtual Machine Monitor 或 Hypervisor），隐藏特定计算平台的实际物理特性，为用户提供抽象的、统一的、模拟的计算环境（称为虚拟机，Virtual Machine）。虚拟机中运行的操作系统被称为客户机操作系统（Guest OS），运行虚拟机监控器的操作系统被称为主机操作系统（Host OS）。其中，某些虚拟机监控器本身可以脱离操作系统直接运行在硬件之上（如 VMWARE 的 ESX 产品等）。运行虚拟机的物理机系统称之为主机系统。从虚拟化实现方式来讲，平台虚拟化又可以分为全虚拟化（Full Virtulization）和半虚拟化（Paravirtulization）两类。

完全虚拟化技术又叫硬件辅助虚拟化技术，它在虚拟机和硬件之间增加了一个软件层——Hypervisor，或者叫虚拟机管理程序（VMM）。hypervisor 又可划分为两大类，一种是直接运行在物理硬件之上的基于内核的虚拟机，如 KVM，它本身是一个基于操作系统的 hypervisor；另一种是运行在某个操作系统（也称主机操作系统，它是运行在物理硬件之上的）之中的，这种类型的hypervisor 典型包括 QEMU 和 WINE 等。

对于全虚拟化而言，运行在虚拟机上的操作系统需要通过 Hypervisor 来最终共享硬件资源，这意味着虚拟机发出的指令需经过 Hypervisor 来捕获并处理，每个客户操作系统（Guest OS，即运行的虚拟机）所发出的指令都要被翻译成 CPU 能识别的指令形式，这使得 Hypervisor 的工作负荷会很大，会额外消耗一定的资源，因此在性能方面不如裸机，但是其运行速度要快于硬件模拟。全虚拟化的最大优点是运行在虚拟机上的操作系统无须经过修改，唯一的限制就是操作系统必须能够支持底层的硬件。目前的操作系统一般都能支持底层硬件，较好地支撑全虚拟化应用。全虚拟化技术如图 2-2 所示。典型的全虚拟化技术与产品有 IBM CP/CMS、VirtualBox、KVM、VMware Workstation 和 VMware vSphere。

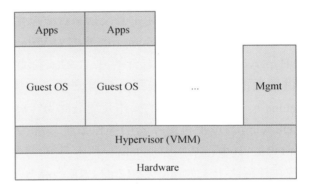

图 2-2　全虚拟化架构图

半虚拟化（Paravirtulization）也叫准虚拟化技术，是在全虚拟化的基础上将客户操作系统进行修改，增加了专门的 API，通过增加的 API 将客户操作系统发出的指令进行最优化，即不需要 Hypervisor 耗费额外的资源进行指令翻译工作，使得 Hypervisor 的工作负担变得非常轻，因此相对于全虚拟化实现而言，半虚拟化技术使得系统的整体性能有很大提高。但应用半虚拟化存在一个不足之处，它需要修改包含该 API 的操作系统，对于某些不含专门 API 的操作系统（主要是 Windows）来说，半虚拟化技术就无法应用。半 / 准虚拟化技术如图 2-3 所示。

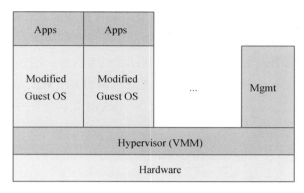

图2-3 半/准虚拟化技术

典型的虚拟化技术

KVM

KVM 全称是 Kernel-based Virtual Machine，即基于内核的虚拟机。它是一个开源的系统虚拟模块，KVM 以一种可加载模块的方式移植到 Linux 内核中，将 Linux 转换成一种可以裸机安装的虚拟化管理程序。KVM 是一个可靠的、高性能虚拟化管理程序，是最受关注、应用最广泛的开源 VMM 之一，它是在硬件支持虚拟化出现后才推出的，因此无须植入特有的硬件所提供的特性。KVM 虚拟化管理程序需要 CPU 支持 Intel VT-X 或 AMD-V，然后通过 CPU 的这种特性来虚拟出 CPU。它可以将操作方式不同的系统作为虚拟机整合在同一个硬件平台上，可简化通过管理层，如开源虚拟化库（libvirt）和基于它的工具，如图形化的虚拟机管理器（VMM）对这些系统的管理工作。从实现机理上讲，KVM 需要硬件支持而不是优化硬件，应用它可设计出优化高效的虚拟化管理程序解决方案，而不需要安装以支持旧的硬件的软件包，也不需要修改客户机操作系统。事实上，为了能虚拟出 CPU 和内存，虚拟化管理程序需要许多组件，如内存管理器、进程调度器、IO 堆栈、设备驱动程序、安全管理器及网络堆栈等。在 Linux 2.6.20 之后的所有版本的 Linux 内核中都包含了 KVM，这就使得

Linux 内核已经包含了一个虚拟化管理程序所需的核心组件，因此没必要从头开始写所有的组件。也正是由于这种便捷，使得 KVM 的应用非常普及和广泛，除了得到社区的支持外，它还得到 IT 行业的一些主要的软硬件提供商的支持，包括 Red Hat、AMD、HP、IBM、Intel、Novell、Siemens、SGI 等。KVM 架构如图 2-4 所示。

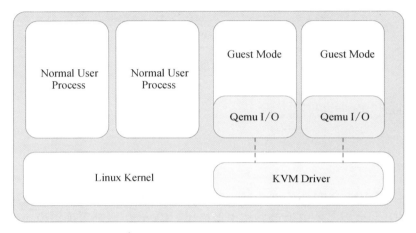

图 2-4　KVM 架构

能够实现对 KVM 进行管理的工具很多。如基于单个资源的虚拟化管理、基于全部运行 KVM 的多服务器管理和 Tivoli 产品。其中值虚拟化工具集 libvirt，可以通过命令行提供安全的远程管理，从而管理单个系统；用于多服务器管理的有 Red Hat Enterprise Virtualization-Management，即 RHEV-M（管理多个 RHEV-H 系统）和 IBM Systems Director VMControl（管理多个 RHEL 系统）；Tivoli 产品包括 Tivoli Provisioning Manager、Tivoli Service Automation Manager 与 Tivoli Monitoring for Virtual Servers。

KVM 成为业界最受欢迎的开源裸机虚拟化技术，原因很多，其中主要是：

第一，KVM 支持自 2.6.20 版开始已自动包含在每个 Linux 内核中。

第二，KVM 在 Linux 内核中的集成使它能够自动利用新 Linux 内核版本中的任何改进。

第三，KVM 可在物理服务器上使用在该物理系统上运行的 Linux VM 中使用的相同内核。

第四，KVM 是 Linux 内核的一个集成部分，所以只有内核缺陷能够影响它作为 KVM 虚拟机管理程序的用途。

XEN

XEN 是一个开放源代码的虚拟机管理程序。由剑桥大学开发，支持在单个计算节点上运行多达 128 个具有完全功能的操作系统，其优点是无须特殊硬件平台支持，就能达到高性能的虚拟化。对于早期的处理器，运行 XEN 时，操作系统必须进行显式的修改。

XEN 采用的是半虚拟化技术实现，运行时可获得高性能的表现。不过也正是由于采用半虚拟化技术，因此在调用系统管理程序时，虽然不需要修改操作系统上运行的应用程序，但需要有选择地修改操作系统。在早期比较旧的硬件平台上，没有 CPU 的虚拟化支持，XEN 可以通过半虚拟化获得比较高的性能，这使得它具有较广阔的应用前景。半虚拟化使用虚拟机管理程序分享存取底层的硬件，但是它的客户操作系统集成了虚拟化方面的代码，该方法无须重新编译或引起陷阱，因为操作系统自身能够与虚拟化管理程序进行很好的协作。半虚拟化技术的优点是性能高，特别是 I/O 方面；其主要的缺点是需要对操作系统进行更改，用户体验方面不强。

除了半虚拟化以外，XEN 也支持全虚拟化技术。全虚拟化技术也称为原始虚拟化技术，使用虚拟机协调客户操作系统和原始硬件。全虚拟化最大的优点是操作系统不需经过任何修改，但是性能方面不如半虚拟化。XEN 最初基于 32 位 X86 体系结构而设计开发，是一个开放源代码的 para-virtualizing 虚拟机（vmm）或 "管理程序"。图 2-5 给出的是简单 XEN 3.0 的虚拟化体系结构。

35

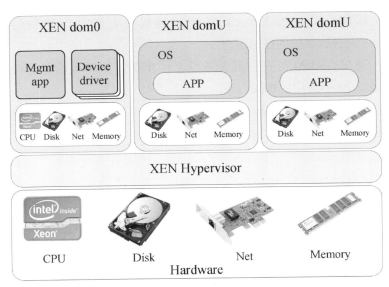

图 2-5　XEN 3.0 虚拟化体系结构

VMware

　　VMware（Virtual Machine ware）是一个"虚拟 PC"软件公司，提供虚拟化解决方案。VMware 虚拟化是直接在计算机硬件或主机操作系统上面导入一个精简的软件层，包含一个以动态和透明方式分配硬件资源的虚拟机监视器，从而实现多个操作系统同时运行在同一台物理机上，彼此之间共享硬件资源。

　　VMware 于 1999 年首次将虚拟化技术引入 X86 计算平台上，VMware 虚拟化将操作系统从运行它的底层硬件中抽离出来，并为操作系统及其应用程序提供标准化的虚拟硬件，从而使多台虚拟机能够在一台或多台共享处理器上同时独立运行。

　　VMware 是一个商业的虚拟化平台，其虚拟化基于 X86 架构计算机的硬件资源（包括 CPU、RAM、硬盘和网络控制器），以创建功能齐全、可像"真实"计算机一样运行其自身操作系统和应用程序的虚拟机。在 VMware 虚拟化技术中，每个虚拟机都包含一套完整的系统，因而不会有潜在冲突。VMware 虚拟化技术的工作原理是，直接在计算机硬件或主机操作系统上面插入一个精简的软件层。该软件层包含一个以动态和透明方式分配硬件资源的虚拟机监视器（或称"管理程序"），多个操作系统可以同时运行在单台物理机上，彼此之间共享硬件资源。由于它将整台计算机（包括 CPU、内存、操作系统和网络设备）封装起来，因此虚拟机可与所有标准的 X86 操作系统、应用程序和设备驱动程序完全兼容。可以同时在单台计算机上安全运行多个操作系统和应用程序，每个操作系统和应用程序都可以在需要时访问其所需的资源。VMware 虚拟化技术实现层次如图 2-6 所示，从图中可以看出，它其实是在硬件层之上实现的软件。

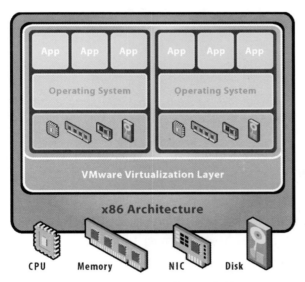

图 2-6　VMware 虚拟化架构

 # 典型的云计算技术与平台

IaaS 云计算平台

CloudStack 云计算平台

云平台管理技术通过将计算、存储、网络等 IT 基础资源整合在机柜中进行系统化管理，实现包括计算、存储等在内的各种资源弹性分配、按需供给，使得大量的服务器之间协同工作，增加大规模系统的可靠性，是构建新一代云计算数据中心的理想平台。云管理平台很多，主要有如下四大开源平台：OpenStack 平台、CloudStack 平台、OpenNebula 平台和 Eucalyptus 平台等。

CloudStack 是一个开源的具有高可用性及扩展性的云计算平台。目前 CloudStack 支持管理大部分主流的虚拟机管理系统，如 KVM、XenServer、VMware、Oracle VM、Xen 等。CloudStack 是一个开源云计算解决方案，它可以加速高伸缩性的公共和私有云的部署、管理、配置。以 CloudStack 作为基础，数据中心操作者可以快速方便地通过现存基础架构创建云服务。相比较于开源的 OpenStack 云计算平台，其架构更为清晰与简洁，也较为成熟，在全球有很多的应用，甚至在商业领域也有许多客户，包括英国电信和韩国电信等。

下面从 CloudStack 的概念结构、架构部署和软件体系结构三方面，来说明 CloudStack 作为云计算平台的优越性和应用的广泛性。

1. 概念结构

从图 2-7 中，可以看出 CloudStack 系统中有三类角色，分别为用户、管理人员和开发人员。其中，用户通过网络访问属于自己的虚拟机、存储空间、管理用户个人模板；管理员部署配置，管理账户，监控资源，安排作业，排除故障；开发人员开发计费、监控、统计报表等功能模块，定制图形界面、工作流等。

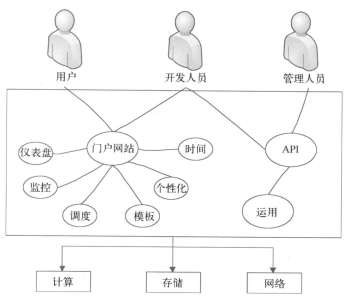

图 2-7   ClouStack 概念架构图

2. 架构部署

从图 2-8 中，可以清晰地看到 CloudStack 的整体架构部署，分为 Zone、Pod、Cluster、Host、Primary 和 Secondary 等多个部分。从实现上讲，系统架构等级分为三层，分别为 Zone、Pod 和 Clouster。其中 Zone 对应于现实中的一个数据中心，它是 CloudStack 中最大的资源单元；Pod 对应着一个机架，同一个 pod 中的机器必须在同一个子网（网段）中；Cluster 是由多个主机组

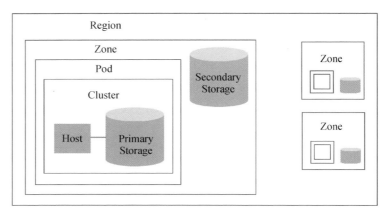

图 2-8　CloudStack 架构部署图

成的集群。同一个 cluster 中的主机具有相同配置的硬件、相同的虚拟管理系统和共用的主存储。同一个 cluster 中的虚拟机，可以实现无须中断服务地从一个主机迁移到另外一个上。Host 就是运行虚拟机的主机，它是最小的资源单位。即从包含关系上讲，一个 zone 包含多个 pod，一个 pod 包含多个 cluster，而一个 cluster 又包含多个 host。

Primary storage：一级存储，与 cluster 关联，为该 cluster 中的主机的全部虚拟机提供磁盘卷。一个 cluster 至少有一个一级存储，在部署时要临近主机以提供高效的访存性能。

Secondary storage：二级存储，与 zone 关联，存储模板文件、ISO 镜像和磁盘卷快照。模板可以启动虚拟机的操作系统镜像，包括诸如已安装应用的其余配置信息等；ISO 镜像包含操作系统数据或启动媒质的磁盘镜像；磁盘卷快照指虚拟机数据的已储存副本，能用于数据恢复或者创建新模板。

3. 软件体系结构

图 2-9 展示了 CloudStack 的软件体系结构，从图中可以看出，它包含基础模块、核心模块、业务逻辑模块、账户模块、插件、Webservices API 等不同的功能模块，在这些模块中实现各种基本的资源管理功能。对于 CloudStack 云系统来说，如果开发者或研究机构需要实现自己的节能算法或策略、定制自己的特殊需

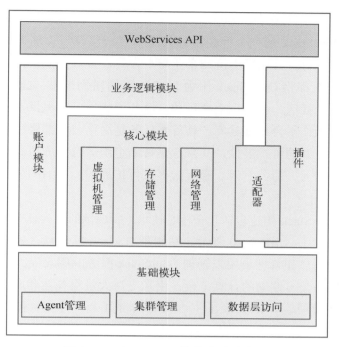

图 2-9 CloudStack 软件体系结构图

求和实现独有的功能，都可以根据 CloudStack 多种多样的 API 接口实现，同时 CloudStack 还可兼容 Amazon API，其系统具有更强的灵活性与拓展性。

OpenStack 云平台

OpenStack 是一个由 NASA（美国国家航空航天局）和 Rackspace 合作研发并发起的，以 Apache 许可证授权的自由软件和开放源代码项目。OpenStack 是基础设施即服务（IaaS）组件，让任何人都可以自行建立和提供云端运算服务。OpenStack 是广泛应用的开源云解决方案之一，是在公共和私有领域开发的两种解决方案的综合，由几个主要的组件组合起来完成具体工作。OpenStack 支持几乎所有类型的云环境，项目目标是提供实施简单、可大规模扩展、丰富、标准统一的云计算管理平台。OpenStack 通过各种互补的服务提供了 IaaS 的解决方案，每个服务提供 API 以进行集成。

　　OpenStack 是一个旨在为公共及私有云建设与管理提供软件的开源项目。其社区支持的企业与个人开发者数量众多，这些机构与个人都将 OpenStack 作为 IaaS 资源的通用前端。OpenStack 既是一个社区，也是一个项目和一个开源软件，它提供了一个部署云的操作平台或工具集，其首要任务是简化云的部署过程并为其带来良好的可扩展性，其宗旨是帮助组织运行为虚拟计算或存储服务的云，为公有云、私有云提供可扩展的、灵活的云计算资源与服务。

　　OpenStack 构建包括几个核心技术（所展示的仅为几个代表的关键方面），如图 2-10 所示。左侧是 Horizon 仪表盘，显示了一个可为用户和管理员用来管理 OpenStack 服务的用户界面；Nova 提供了一个可伸缩的计算平台，用来支持大量服务器和虚拟机的配置和管理；Swift 实现了一个具有内部冗余、可大量伸缩的对象存储系统；在底部的是 Quantum 和 Melange，两者实现了网络连接即服务（network connectivity as a service）；Glance 项目为虚拟磁盘映象实现了一个存储库（映像即服务，image as a service）；OpenStack 是一个项目集合，整体提供了完整的 IaaS 解决方案。表 2-1 展示了这些项目及其功能描述。

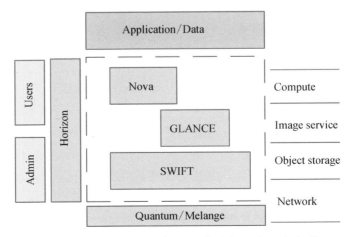

图 2-10　OpenStack 解决方案的核心和附加组件

表 2-1 OpenStack 项目和组件

项　　目	组　　件	描　　述
Horizon	Dashboard	用户和管理员仪表盘
Nova	Compute/block device	虚拟服务器和卷
Glance	Image service	VM 磁盘映像
Swift	Storage as a Service	对象存储
Quantum/Melange	Networks	安全虚拟网络

OpenStack 用三个核心开源项目（如图 2-10 所示）来表示：Nova（计算）、Swift（对象存储）和 Glance（VM 存储库）。其中，Nova（或 OpenStack Compute）提供了跨服务器网络的 VM 实例管理，其应用程序编程接口（API）试图为不了解物理硬件和系统的管理程序提供一种计算编排方法。Nova 不仅提供用于管理的 OpenStack API，还为那些习惯该界面的人提供了一种 Amazon EC2-兼容的 API。除此之外，Nova 还支持不同组织所使用的专有系统管理程序，支持像 Xen 和 Kernel Virtual Machine（KVM）这样的系统管理程序，也支持像 Linux® Container 这样的操作系统虚拟化，以及使用 QEMU 这样的仿真解决方案。

Swift（或 OpenStack Object Storage）项目可通过配置普通硬盘的标准服务器提供可伸缩的冗余存储集群，它实现的是一个更为传统的对象存储系统，主要用于静态数据（一种关键的使用模型是静态 VM 映像）的长期存储。Swift 不具备集中式控制器，它能改善整体的可伸缩性，其内部管理跨集群的复制（无须独立磁盘冗余阵列）可提高可靠性。

Glance（或 OpenStack Image Service）为 Nova 能够使用（此选项存储在 Swift 内）的虚拟磁盘映像提供存储库。Glance 提供了 API 来注册磁盘映像，此外还提供通过简单的 Representational State Transfer（REST）界面的发现和交付功能。Glance 在很大程度上对虚拟磁盘映像格式不可知，但它支持各种标准，包括 VDI（Virtual Box）、VHD（Microsoft® Hyper-V®）、QCOW2（QEMU/KVM）、VMDK/OVF（VMware）以及原始格式。Glance 还提供磁

盘映像校验和、版本控制（和其他元数据）以及虚拟磁盘验证和审计／调试日志。

此核心 OpenStack 项目（Nova、Swift 和 Glance）采用 Python 开发，都可以在 Apache License 下使用。

OpenNebula 云平台

OpenNebula 是开放原始代码的虚拟基础设备引擎，用来动态布署虚拟机器在一群实体资源上，其最大的特色在于将虚拟平台从单一实体机器到一群实体资源。OpenNebula 是欧洲研究学会发起的虚拟基础设备和云端计算计划，是 Reservoir Project 的重要组成部分。OpenNebula 允许与 XEN、KVM 或 VMware ESX 一起建立和管理私有云，同时还提供 Deltacloud 适配器与 Amazon EC2 相配合来管理混合云。除了像 Amazon 一样的商业云服务提供商，在不同 OpenNebula 实例上运行私有云的 Amazon 合作伙伴也同样可以作为远程云服务供应商。OpenNebula 支持 XEN、KVM 和 VMware，以及实时存取 EC2 和 ElasticHosts，并支持映像档的传输、复制和虚拟网络管理网络，其架构如图 2-11 所示。OpenNebula 可以支持构建和管理私有云、公开云和混合云。

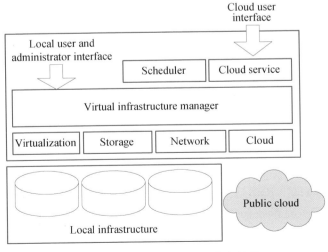

图 2-11　OpenNebula 云平台结构

OpenNebula 的构架包括三个部分：驱动层、核心层、工具层。驱动层直接与操作系统打交道，负责虚拟机的创建、启动和关闭，为虚拟机分配存储，监控物理机和虚拟机的运行状况。核心层负责对虚拟机、存储设备、虚拟网络等进行管理。工具层通过命令行界面/浏览器界面方式提供用户交互接口，通过 API 方式提供程序调用接口。

OpenNebula 使用共享存储设备（如 NFS）来提供虚拟机映像服务，使得每一个计算节点都能够访问到相同的虚拟机映像资源。当用户需要启动或关闭某个虚拟机时，OpenNebula 通过 SSH 登录到计算节点，在计算节点上直接运行相对应的虚拟化管理命令。这种模式也称为无代理模式，由于不需要在计算节点上安装额外的软件（或者服务），系统的复杂度也相对降低了。

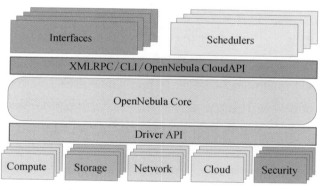

图 2-12　三层架构图

Eucalyptus 云平台

Eucalyptus 是 Elastic Utility Computing Architecture for Linking Your Programs To Useful Systems 的缩写，它是一种开源的软件基础结构，用来通过计算集群或工作站群实现弹性的、实用的云计算。Eucalyptus 最初是美国加利福尼亚大学 Santa Barbara 计算机科学学院的一个研究项目，现在已经商业化，发展成为 Eucalyptus Systems Inc，但仍然按开源项目那样维护和开发。

Eucalyptus Systems 在基于开源的 Eucalyptus 构建额外的产品，并且还提供支持服务。不管是源代码还是包安装，Eucalyptus 很容易安装在现今大多数 Linux® 发布版上。

它提供了如下这些高级特性：

• 与 EC2 和 S3 的接口兼容性（SOAP 接口和 REST 接口）。使用这些接口的几乎所有现有工具都将可以与基于 Eucalyptus 的云协作。

• 支持运行在 Xen hypervisor 或 KVM 之上的 VM 的运行。未来版本还有望支持其他类型的 VM，比如 VMware。

• 用来进行系统管理和用户结算的云管理工具。

• 能够将多个分别具有各自私有的内部网络地址的集群配置到一个云内。

Eucalyptus 的资源管理架构如图 2-13 所示，从图中可以看出，Eucalyptus 包含五个主要组件，它们相互协作，共同提供所需的云服务。这些组件使用具有 WS-Security 的 SOAP 消息传递安全地相互通信。

Cloud Controller（CLC）：是 Eucalyptus 云内主要的控制器组件，负责管理整个系统，是所有用户和管理员进入 Eucalyptus 云的主要入口。所有客户机通过基于 SOAP 或 REST 的 API 只与

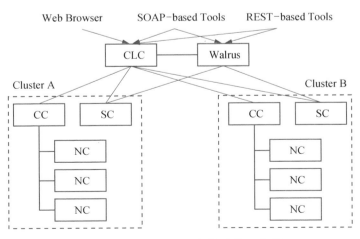

图 2-13　Eucalyptus 的资源管理架构

CLC 通信。由 CLC 负责将请求传递给正确的组件，收集它们并将来自这些组件的响应发送回至该客户机。CLC 是 Eucalyptus 云对外提供服务的"窗口"。

Cluster Controller（CC）：负责管理整个虚拟实例网络。请求通过基于 SOAP 或 REST 的接口被送至 CC。CC 维护有关运行在系统内的 Node Controller 全部信息，并负责控制这些实例的生命周期。CC 负责开启虚拟实例的请求路由到具有可用资源的 Node Controller。

Node Controller（NC）：控 制 主 机 操 作 系 统 及 相 应 的 hypervisor（Xen、KVM 和 VMWare）。对 于 Eucalyptus 而 言，必须在托管了实际虚拟实例（根据来自 CC 的请求实例化）的每个机器上运行 NC 的一个实例。

Walrus（W）：管理对 Eucalyptus 内的存储服务的访问，外部对于 Eucalyptus 的请求通过基于 SOAP 或 REST 的接口传递至 Walrus。

Storage Controller（SC）：该存储服务实现 Amazon 的 S3 接口。SC 与 Walrus 联合工作，用于存储和访问虚拟机映像、内核映像、RAM 磁盘映像和用户数据。其中，虚拟机映像可以是公共的，也可以是私有的，并最初以压缩和加密的格式存储。这些映像只有在某个节点需要启动一个新的实例并请求访问此映像时才会被解密。

一个 Eucalyptus 云安装可以聚合和管理来自一个或多个集群的资源。一个集群是连接到相同 LAN 的一组机器的集合。在一个集群系统中，可以有一个或多个 NC 实例，每个实例管理虚拟实例的实例化和终止。

PaaS 云计算平台

所谓 PaaS 实际上是指将软件研发的平台作为一种服务，并提供给用户。用户或者企业基于 PaaS 平台可以快速开发自己所需要的应用和产品。同时，PaaS 平台开发的应用能更好地搭建基于 SOA 架构的企业应用。PaaS 作为一个完整的开发服务，提供了从开发工具、中间件，到数据库软件等开发者构建应用程序所需的所有开发平台的功能。下面介绍几种常见的 PaaS 平台。

Microsoft Windows Azure

Windows Azure 是微软提供的云计算平台，其主要目标是帮助开发者开发可运行在云服务器、数据中心、Web 和 PC 上的应用程序。开发者能使用微软全球数据中心的储存、计算能力和网络基础服务。

Windows Azure 云服务平台及其虚拟机节点内部构成分别如图 2-14、图 2-15 所示。从图中可以看出，Windows Azure 云服务平台包括了以下主要组件：Windows Azure；Microsoft SQL 数据库服务、Microsoft.Net 服务；用于分享、储存和同步文件的 Live 服务；针对商业的 Microsoft SharePoint 和 Microsoft Dynamics CRM 服务等。

Windows Azure 是微软专为其自身建设的数据中心所开发的管理所有服务器、网络以及存储资源所开发的一种特殊版本 Windows Server 操作系统，它具有针对数据中心架构的自我管理（autonomous）机能，可以自动监控划分在数据中心数个不同的分区（微软将这些分区称为 Fault Domain）的所有服务器与存储资源，自动更新补丁，自动运行虚拟机部署与镜像备份（Snapshot Backup）等能力。Windows Azure 被安装在数据中心的所有服务器中，并且定时和中控管理软件。Windows Azure Fabric Controller 进行沟通，接收指令以及回传运行状态数据等，系统管理人员只要通过 Windows Azure Fabric Controller 就能够掌握所有服务器的运行状态。Fabric Controller 本身融合了很多微软系统管理技术，包含对虚拟机的管理（System Center Virtual Machine Manager）、对作业环境的管理（System Center Operation Manager）以及对软件部署的管理（System Center Configuration Manager）等，在 Fabric Controller 中被发挥得淋漓尽致，这使得 Fabric Controller 具备管理在数据中心中所有服务器的能力。

Windows Azure 环境除了各式不同的虚拟机外，也为应用程序打造了分散式的巨量存储环境（Distributed Mass Storage），也就是 Windows Azure Storage Services，应用程序可以根据不同的存储需求来选择要使用哪一种或哪几种存储的方式，以保存应用程序的数据，而微软也尽可能地提供应用程序的兼容性工具或接口，以降低应用程序移转到 Windows Azure 上的负担。

　　Windows Azure 不但是开发给外部的云应用程序使用的，也作为微软许多云服务的基础平台，像 Windows Azure SQL Database 或 Dynamic CRM Online 这类的在线服务等。以下是每个虚机 VM 和节点（Node）以及 FC 的内部结构。

　　Physical Node：物理节点（Node），就是一个单片机服务器，

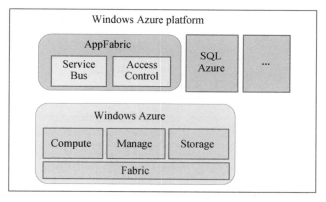

图 2-14　Windows Azure 云平台

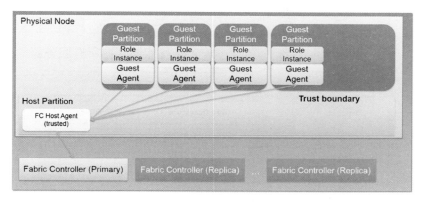

图 2-15　虚机 VM 和节点（Node）以及 FC 的内部结构

可以分成多个（一般 8 个或 16 个）Guest Partition。

Guest Partition：包括 Guest OS、角色实例和 Guest Agent。

Google App Engine

Google App Engine（GAE）是 Google 提供的云服务，允许开发者在 Google 的基础架构上运行网络应用程序。Google App Engine 应用程序易于构建和维护，并可根据访问量和数据存储需要的增长轻松扩展。使用 Google App Engine，将不再需要维护服务器，开发者只需上传应用程序，便可立即为用户提供服务。

通过 Google App Engine（GAE），即使在重载和数据量极大的情况下，也可以轻松构建能安全运行的应用程序。该环境包括以下特性：动态网络服务，提供对常用网络技术的完全支持；持

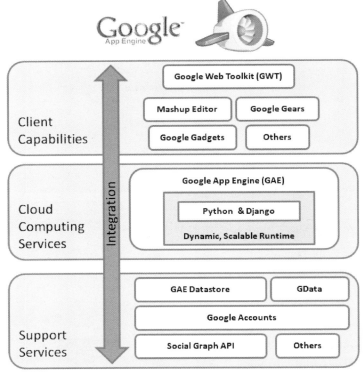

图 2-16　Google App Engine 框架图

久存储有查询、分类和事务；自动扩展和载荷平衡；用于对用户进行身份验证和使用 Google 账户发送电子邮件的 API；一种功能完整的本地开发环境，可以在本地计算机上模拟 Google App Engine。

Google App Engine 的主要组成可分为五部分：

应用服务器：主要是用于接收来自外部的 Web 请求。

Datastore：主要用于对信息进行持久化存储，并基于 Google 著名的 BigTable 技术。

服务：除了必备的应用服务器和 Datastore 之外，GAE 还自带很多服务来帮助开发者，比如 Memcache、邮件、网页抓取、任务队列、XMPP 等。

管理界面：主要用于管理应用并监控应用的运行状态，比如消耗了多少资源、发送了多少邮件和应用运行的日志等。

本地开发环境：主要是帮助用户在本地开发和调试基于 GAE 的应用，包括用于安全调试的沙盒、SDK 和 IDE 插件等工具。

应用服务器依据其支持语言的不同而有不同的实现。Python 版应用服务器采用的是 Python 的 Runtime，在 Web 技术方面，支持诸如 Django、CherryPy、Pylons 和 Web2py 等 Python Web 框架，并自带名为 "WSGI" 的 CGI 框架。虽然 Python 版应用服务器是基于标准的 Python Runtime，但是为了安全并更好地适应 App Engine 的整体架构，对运行在应用服务器内的代码设置了很多方面的限制，比如不能加载用 C 编写 Python 模块和无法创建 Socket 等。

在实现方面，Java 版应用服务器和 Python 版基本一致，也是基于标准的 Java Web 容器，而且选用了轻量级的 Jetty 技术。通过这个 Web 容器不仅能运行常见的 Java Web 技术，包括 Servlet、JSP、JSTL 和 GWT 等，而且还能兼容大多数常用的 Java API（App Engine 有一个 The JRE Class White List 来定义那些 Java API 能在 App Engine 的环境中被使用）和一些基于 JVM 的脚本语言，例如 JavaScript、Ruby 或 Scala 等。

Datastore 提供了一整套强大的分布式数据存储和查询服务，

并能通过水平扩展来支撑海量的数据。但 Datastore 并不是传统的关系型数据库，它主要以 "Entity" 的形式存储数据，一个 Entity 包括一个 Kind（在概念上和数据库的 Table 比较类似）和一系列属性。Datastore 提供强一致性和乐观同步控制，而在事务方面，则支持本地事务，也就是在只能同一个 Entity Group 内执行事务。

在接口方面，Python 版提供了非常丰富的接口，而且还包括名为 GQL 的查询语言，而 Java 版则提供了标准的 JDO 和 JPA 这两套 API。

Memcache 主要用来在内存中存储常用的数据，而 App Engine 包含了该服务。App Engine 的应用可以通过 URL 应用云服务抓取网上的资源，也可以与其他主机进行通信。这样可避免应用在 Python 和 Java 环境中无法使用 Socket 通信的情况发生。App Engine 应用使用云服务来利用 Gmail 的基础设施来发送电子邮件。计划服务允许应用在指定时间或按指定间隔执行其设定的任务。

App Engine 提供了使用专用图像服务来操作图像数据的功能。图像服务可以调整图像大小，旋转、翻转和裁切图像。它还能够使用预先定义的算法提升图片的质量。App Engine 支持 OAuth，其应用可以依赖 Google 帐户系统来验证用户信息。在 App Engine 上运行的程序能利用 XMPP 服务和其他兼容 XMPP 的即时通讯服务（如 Google Talk）进行通信。App Engine 应用能通过在一个队列插入任务（以 Web Hook 的形式）来实现后台处理，且 App Engine 会根据调度方面的设置来安排这个队列里面的任务执行。

由于 Datastore 最多支持存储 1 MB 大小的数据对象，因此 App Engine 推出了 Blobstore 服务来存储和调用那些大于 1 MB 但小于 2 GB 的二进制数据对象。Mapper 可以认为就是"Map Reduce"中的 Map，也就是能通过 Mapper API 对大规模的数据进行平行的处理，这些数据可以存储在 Datastore 或者 Blobstore。

除了 Java 版的 Memcache，Email 和 URL 抓取都是采用标准的 API 之外，其他服务无论是 Java 版还是 Python 版，其 API 都是私有的，但是提供了丰富和细致的文档来帮助用户使用。APP Engine 提供的管理界面可执行许多操作，包括创建新的应用程序，为这个应用设置域名，查看与访问数据和与错误相关的日志，观察主要资源的使用状况。

为了安全起见，本地开发环境采用了沙箱（Sandbox）模式，基本上和应用服务器的限制差不多，比如无法创建 Socket 和 Thread，也无法对文件进行读写。Python 版 App Engine SDK 是以普通的应用程序的形式发布，本地需要安装相应的 Python Runtime，通过命令行方式启动 Python 版的 Sandbox，同时也可以在安装有 PyDev 插件的 Eclipse 上启动。Java 版 App Engine SDK 是以 Eclispe Plugin 形式发布，只要用户在其 Eclipse 上安装这个 Plugin，用户就能启动本地 Java 沙箱来开发和调试应用。

编程模型：由于 App Engine 主要是为了支撑 Web 应用而存在，所以 Web 层编程模型对于 App Engine 也是最关键的。App Engine 主要使用的 Web 模型是 CGI，CGI 全称为"Common Gateway Interface"，其意思非常简单，就是收到一个请求，起动一个进程或者线程来处理这个请求，当处理结束后这个进程或者线程自动关闭，之后是不断地重复这个流程。由于 CGI 这种方式每次处理的时候，都要重新建立一个新的进程或者线程，可以说在资源消耗方面还是很厉害的，虽然有线程池（Thread Pool）这样的优化技术。但是由于 CGI 在架构上的简单性使其成为 GAE 首选的编程模型，同时由于 CGI 支持无状态模式，因而在伸缩性方面非常有优势。而且 App Engine 的两个语言版本都自带一个 CGI 框架：在 Python 平台为 WSGI，在 Java 平台则为经典的 Servlet。

GAE 编程模型采用沙箱（Sandbox）模式其主要原因是放在资源被不合理地运用。一个租户的应用如果消耗过多的资源，那么将会影响到在临近应用的正常使用，因此 App Engine 上的限制就是为了使运行在其平台上面应用能安全地运行出发，避免一个吞噬资源或恶性的应用影响到临近应用的情况。除了安全的因素，还有伸缩的原因，也就是说，如一个应用的所占空间（footprint）处于比较低的状态，比如少于 1 000 个文件或大小低于 150 MB 等，便能够非常方便地通过复制应用来实现伸缩。

App Engine 是一个付费服务项目，其资费相对比较低，且资费项目非常细粒度，普通 IaaS 服务资费主要就是 CPU、内存、硬盘和网络带宽这四项，而 App Engine 则除了常见的 CPU 和网络带宽这两项之外，还包括很多应用级别的项目，比如 Datastore API 和邮件 API 的调用次数等。

SaaS 云平台

Salesforce 云

Salesforce 多租户架构：多租户架构（Multitenancy）是一种架构，也是一种交付模式，其核心思想就是软件采用这种方式来开发。应用程序的一个实例可处理多个客户或租户的要求。以 Salesforce 的模式为例，每个客户开始时都使用应用程序的同一版本。数据存储在共享数据库中，但每个客户只能访问自己的信息。整个应用程序由所谓的元数据（Metadata）来描述，其中元数据就是命令指示，描述了应用程序如何运行的各个方面。如果客户想要定制应用程序，可以创建及配置新的元数据，以描述新的屏幕、数据库字段或所需行为。

多租户架构之外的选择是单租户架构；在这种模式中，每个客户都运行自己的软件实例，软件可通过元数据或其他方式来配置。SAP 公司为其 Business by Design 软件采用了单租户模式，该软件实施了众多商业应用程序。

多租户模式与单租户架构模式存在大片的潜在灰色区，往往被人们所忽视。单租户应用程序可由云环境中的虚拟化服务器或数据中心内的服务器来提供，单租户应用程序的各部分可以共享或不共享。比方说，应用程序采用单租户模式，而数据库进行共享这种现象在实际应用中很常见。

Salesforce 在多租户架构方面的服务，使得软件开发商只需要为在一个运作环境下运行的软件的一个版本而操心，而不需要为不同的软硬件配置支持多个版本。Salesforce 的所有客户都运行同一软件的同一版本，软件开发商就能看清楚什么在顺畅运行、什么需要改进。一旦 Salesforce 进行了改进，所有客户就可以同时获得改进之处，不过客户总是可以选择启用新特性，还是禁用新特性。由于加大了关注度和集中化，创新步伐更快了。合作伙伴在开发兼容产品时，也可以把主要精力放在支持软件的一个版本上。

与单租户架构相比，多租户架构的一个缺点就是，某一客户的问题会影响整个系统。另外，如果集中式运作出问题，所有客户都会受到影响。没有哪家软件提供商即服务提供商是完美无缺的，它们都可能遇到过严重的服务停用事件。不过与大多数内部数据中心的糟糕记录相比，它们的情况似乎相对较好。

Salesforce 通过 Force.com 平台把多租户架构的优点扩大到了其他软件开发人员，该平台让第三方公司可以使用其软件的原始构建模块和高级应用程序组件，开发自己的多租户应用程序。这种模式被称为"平台即服务"（Platform-as-a-Service，简称 PaaS）。谷歌等其他公司也提供类似服务，支持多租户应用程序的开发。

随着支持应用程序的构建模块变得更加通用，经过较少改动便可开发多租户应用程序，这使得用户可以方便进入基础架构即服务（Infrastructure-as-a-Service，简称 IaaS）领域，这种服务提供了原始计算功能。

多租户架构并不一定是 SaaS 供应商取得成功的关键。对用户和开发人员来说，真正的问题是，为什么应当在乎某应用程序或某平台采用单租户架构还是采用多租户架构？SaaS 采用多租户架构可为客户减掉开发及管理基础架构的负担，但事实上单租户架构同样可以做到这一点。使用应用程序的主要原因是它可以完成用户想要完成的功能，而 Salesforce 已证明成千上万的客户需要它的软件。当然，多租户架构并不是适合所有软件领域的，譬如，Netsuite 提供了采用多租户架构的企业资源规划（ERP）软件包，而 SAP 的 Business ByDesign 产品则采用单租户架构支持其商业应用程序。

解释 Salesforce 及其多租户服务取得成功的另一个理由与需

求的共性有关。如果认为客户关系管理（CRM）是存在需求共性的一个领域，可以认为 ERP 领域的需求共性更为明显。大多数客户需要从 CRM 获得所有可能功能中相同的 20%。对 ERP 而言，可能每个客户需要的是不同的 20%。按照这条思路来推理，SaaS 公司的成功关键也许在于选择正确的产品，对所有客户来说最常见的一个产品。Salesforce 采用多租户方案主攻这个领域，结果受益良多，但它所做的最明智的举动恐怕就是当初先选择 CRM 作为主攻市场。

从开发人员的角度来看，多租户架构不是最重要的。使用一个平台的目的在于迅速开发出所需的产品。由于 Force.com 或谷歌应用引擎（Google App Engine）提供了广泛的功能范围，能够尽快实现目标，使得其他公司会因使用 Ruby on Rails 或 Engine Yard 用于主机托管所获得的极大灵活性而更快地取得成功。

事实上，通过元数据提高抽象程度对于软件提供商是非常重要的。如果一家公司能够为客户提供通过元数据，轻松获取及配置应用程序的一种方式，它就能成功。但许多软件公司一直在提供可通过元数据来配置的软件。Salesforce 的成功秘诀在于，它选择了一个领域即 CRM，许多客户对此有着共同的需求。然后，Salesforce 致力于基于多租户架构，创建可以扩展的运作环境。多租户架构的最大价值并不在于 Salesforce 指出的种种优点，而在于这个事实：该架构迫使 Salesforce 更好地开发元数据驱动的应用程序。

确保软件取得成功的另一个关键方面在于可配置性。通过基于元数据的配置来满足客户要求越是容易，应用程序越有希望成功，不管采用的是单租户架构还是多租户架构。从技术的角度讲，多租户架构的未来方面值得关注的问题在于，Salesforce 取得的成就是否就是操作系统、应用服务器层和编程语言向虚拟化环境扩展的最好证明，尽管 Salesforce 是从应用程序起家的。正是注意到多租户领域的巨大前景，许多巨头都开始从其他方向来解决这个问题。SAP、微软、甲骨文、IBM、惠普和谷歌都在积极开发自己的产品。在国内，目前，针对行业领域建构的 SaaS 云很多，大规模跨行业、跨领域的提供公有 SaaS 服务的平台也逐渐在崛起，主要以阿里云、华为云、百度云、腾讯云为代表。

阿里云平台

很多人认为从软件的角度看，CRM 就是一套 C/S 或者 B/S 的应用系统。而当 CRM 进入了 SaaS，它在架构却不同于一般的软件系统。以阿里云 SaaS 系统为例，它是一个采用企业级的多层次、多应用的系统结构的 SaaS 在线 CRM 平台。平台架构从大的层次上来分主要为四层，根据调用关系依次为应用层、缓冲层、服务层以及存储层。

1. 应用层

从浏览器发送过来的请求，直接由应用层进行响应。平台采用多租赁用户在线多应用实现，由于每个用户的具体业务需求不同，因此每个租赁用户的应用相互隔离，但应用层的结构却都相同，从上到下主要分为业务展现层、业务逻辑层、业务模型层、实体访问层。业务展现层主要为用户数据的不同视图表现，为用户呈现各种易于浏览、便于理解的各种数据表现方式，如表单、表格、报表、图表等；业务逻辑层主要是业务逻辑的具体实现，对于用户动作、触发事件以及工作流程等由业务逻辑层来实现业务的处理以及响应，通过业务逻辑层对下层业务模型的访问来实现具体的逻辑处理；业务模型层主要是业务对象的具体定义与封装，是对于现实中业务在平台中的最直接的映射；实体访问层是对于业务逻辑层对于业务模型操作的封装，业务模型的实体状态的更新、删除、查询等都通过实体访问层来实现。

2. 缓冲层

缓冲层主要是对于静态资源以及动态数据的缓存。静态资源主要指应用层的展现层中所需使用的静态资源文件，以及由用户在业务操作中产生的文件等，如图片、上传的文件等；而动态数据是指用户在使用平台过程中所产生的业务数据。在实现业务中，这部分数据大部分都是读的操作比较多，而写的操作比较少，因此可以针对这部分数据根据特定的缓存失效策略机制来进行相应的缓存。缓冲层的缓存实现针对应用层是透明的，针对多应用也是透明的，因此缓冲层具有更大的弹性与灵活性。

3. 服务层

服务主要是指平台的核心服务，分为业务共通服务以及平台共通服务。平台共通服务与业务无关且是平台最基础的服务，如任务调度、消息队列、邮件服务、图片处理、工作流引擎等；而业务共通服务指基于平台共通服务，而对于所有业务具有共通性的服务，如日志审核、操作回滚、数据安全、全文检索、权限角色等；服务层是对于平台运营、维护最核心的服务实现，是平台正常运行的基础。

4. 存储层

存储主要分为两部分，分布式文件存储以及分布式的数据存储。由于是多应用的平台，因此随着平台的运营，会产生海量的业务数据以及资源文件，伴随着海量的数据而来的问题就是存储、检索、分析以及统计等问题。针对上述问题，361CRM 平台采用了分布式的存储系统，基于 Map-Reduce 来进行相应的检索、分析以及统计，实现了对于海量数据的统一操作。

这种结构能做到真正的分布式网络计算，有效降低网络流量，减轻客户端负担，还能安全、方便地与互联网接口，而且，公司员工或客户分布或外出于全国各地，通常都有移动办公需求，这种架构可以较好地满足此类需求。

阿里云服务器弹性计算服务 Elastic Compute Service（ECS）是阿里云提供的一种基础云计算服务。应用该云服务，用户使用云服务器弹性计算服务 ECS 的各种资源就像使用水、电、煤气等资源一样便捷、高效。用户无须提前采购硬件设备，而是根据业务需要，随时创建所需数量的云服务器 ECS 实例。在使用过程中，随着业务的扩展，用户可以随时扩容磁盘、增加带宽。如果不再需要云服务器，也能随时释放资源，节省费用。图 2-17 列出了 ECS 涉及的所有资源，包括实例规格、块存储、镜像、快照、带宽和安全组。用户可以通过云服务器管理控制台或者阿里云 App 配置用户所需的 ECS 资源。

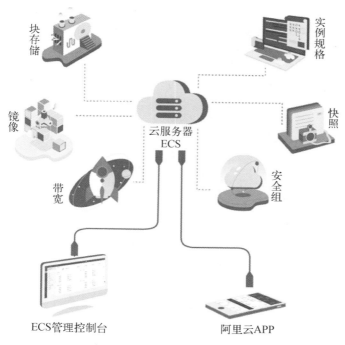

图 2-17　阿里云 ECS 框架图

　　支撑阿里云计算服务的是一套由阿里自主开发的云计算操作系统——飞天（Apsara）系统。飞天诞生于 2009 年 2 月，是由阿里云自主研发、服务全球的超大规模通用计算操作系统，目前为全球 200 多个国家和地区的创新创业企业、政府、机构等提供服务。飞天可以将遍布全球的百万个服务器连成一台超级计算机，以在线公共服务的方式为社会提供计算能力。飞天将云计算的三个方向进行整合，提供足够强大的计算能力、通用的计算能力和普惠的计算能力。

　　飞天（Apsara）的架构如图 2-18 所示。

　　从图中可以看出，飞天管理着互联网规模的基础设施。最底层是遍布全球的几十个数据中心，数百个 PoP 节点。飞天所管理的这些物理基础设施还在不断扩张。飞天内核跑在每个数据中心里面，它负责统一管理数据中心内的通用服务器集群，调度集群的计算、存储资源，支撑分布式应用的部署和执行，并自动进行

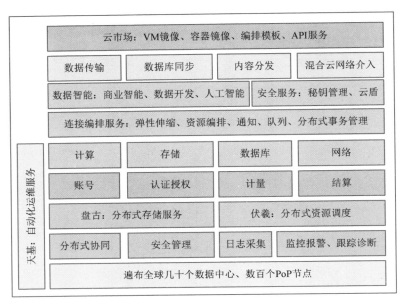

图 2-18　阿里云飞天系统框架图

故障恢复和清除数据冗余。

　　安全管理根植在飞天内核最底层。飞天内核提供的授权机制，能够有效实现"最小权限原则"（Principle of least privilege），同时，还建立了自主可控的全栈安全体系。飞天内核对上层应用提供了详细的、无间断的监控数据和系统事件采集，能够回溯到发生问题的那一刻现场，帮助工程师找到问题的根源。监控报警诊断是飞天内核的最基本能力之一。

　　在基础公共模块之上，有两个最核心的服务，一个叫盘古，一个叫伏羲。盘古是存储管理服务，伏羲是资源调度服务，飞天内核之上应用的存储和资源的分配都是由盘古和伏羲管理的。在基础公共模块边上，还有一个服务，叫天基。意思是"飞天的基础"。天基是飞天的自动化运维服务，负责飞天各个子系统的部署、升级、扩容以及故障迁移。

　　飞天核心服务分为计算、存储、数据库、网络。

　　为了帮助开发者与用户便捷地构建云上应用，飞天提供了丰富的连接、编排服务，将这些核心服务方便地连接和组织起来，包括通知、队列、资源编排、分布式事务管理等。飞天接入层包括数据传输服务，数据库同步服务，CDN 内容分发以及混合云高速通道等服务。

飞天最顶层是阿里云打造的软件交易与交付第一平台——云市场。它如同云计算的"App Store"，用户可在阿里云官网一键开通"软件 + 云计算资源"。云市场上架在售商品几千个，支持镜像、容器、编排、API、SaaS、服务、下载等类型的软件与服务接入。

飞天有一个全球统一的账号体系。灵活的认证授权机制让云上资源可以安全灵活地在租户内或租户间共享，同时还能提供互联网级别的租户管理和业务支撑服务。

第三章

节能与资源调度

虚拟资源的节能调度可划分为两个阶段：一是资源部署，即将任务分配到目标节点上来执行；二是优化，主要是通过迁移（静态或动态）来实现。这里的虚拟资源是云数据中心对外提供各种组合服务的基本要素，主要包括计算资源（如虚拟机）、存储资源（如虚拟磁盘）、网络资源等。

作为新一代的分布式计算模型，云计算正受到越来越多企业、高校与研究机构的关注与认可。目前，相当数量的企业、高校或研究机构都拥有自己的计算中心或数据中心，长期以来这些资源都是在自给自足式的管理与服务模式下运营的，这种模式对资源的使用效率非常低下，甚至造成资源的极大浪费。

绿色云计算的意义

云计算之所以能够对现代社会产生如此巨大的影响，其中最主要的原因之一在于其数据中心超大规模的硬件基础设施，这对于用户而言就是云计算能按需提供无限的计算能力和存储能力。有学者指出，云计算数据中心所能提供的计算能力比目前世界上任何一台超级计算机都强大，这意味着云计算数据中心拥有远比任何一台超级计算机计算中心更多的硬件基础设施，如更多的服务器、存储设备、交换机、空调冷却设施等。正因为如此，维持云计算数据中心运转所需要消耗的能量也远远大于维持任何一台超级计算机工作需要的能量。以太湖之光、天河 2 号超级计算机为例，尽管其计算能力非常强大，但是整体功耗也是异常惊人。以太湖之光超级计算机为例，其整体的功耗为 15.3 MW；而天河 2 号超级计算机的功耗则更为巨大，其整体功耗为 17.6 MW，并且这个功耗还不包括水冷这样的散热系统，如果算上水冷散热系统，其整体功耗高达 24 MW。维持云计算数据中心运营所需的能耗将会远远超出这一数字。研究表明，全球数据中心的耗电量占全部耗电量的 1.5%～2.0%，美国各巨头公司的数据中心能耗占全年发电量的 1.7%～2.2%。美国数据中心的电力消耗在 2011 年高达 1 000 亿 kWh，是全年电能总消耗的 2.6%，这些电能消耗成本74 亿美元，占到数据中心月预算支出的 42%。我国目前各类数据中心机房用电量已超过 1 000 亿度，接近全国总电耗的 2%。

对于全球搜索引擎领先的 Google 而言，它的云计算数据中心每天的耗电量相当于一个日内瓦市的用电总量。Google 在俄勒冈州（Oregon）的数据中心满载运行时，消耗的电量基本上是纽卡斯尔（Newcastle）所有家庭的用电量总和。可见云计算数据中心能耗是非常巨大的。而实际上，Google 云计算数据中心在运维其数量庞大的服务器集群时的 PUE（Power Usage Effectiveness，电力使用效率）是控制得非常出色的，但是世界上绝大多数的大中型数据中心的 PUE 普遍远高于 Google。这意味着这些数据中心真正用于用户应用服务的有效能耗效率还是很低的。这样就带来了两个问题，一是云计算数据中心天文级的能耗需求，给数据中心周围的环境和气候带来巨大的影响；二是在巨大能量消耗的背后，其有效使用效率却又很低下。这两个问题导致的结果是云计算离真正的绿色计算还有很长的路要走，云计算应用的推广与普及并非易事。

随着全球气候的日益恶化，如何节能降耗、减少温室气体排放成了当前的一个热点研究方向。据微软战略架构设计师 Lewis Curtis 介绍，2006 年美国的 6 000 个数据中心大约耗电 6.1×10^{10} 千瓦时，相当于 4.5×10^9 美元，比全美所有彩电加起来的用电量还要多。由于在电力方面（计算、制冷）的巨大消耗与浪费，当前的数据中心已经被冠以"IT 界的 SUV"称号，成为绿色计算的重点研究领域。美国能源部报告显示，数据中心的用电量占全美总电量的 1.5%，而这一指标正以每年 12% 的速度不断增长。数据中心的总用电量在 2011 年达到 1.0×10^{10} 千瓦时，需要花费 7.4×10^9 美元。根据亚马逊的官方数据，在它们每月的资金预算中，53% 的资金用于服务器，而高达 42% 的资金则用于能源消耗；能源的巨大消费，间接地增加了 GHG 的排放，即数据中心的巨大能耗对全球的生态环境造成了持续性的严重危害。研究表明，信息通信产业的能耗占全球总能耗的 10%，碳排放量占全球总排放量的 2%，作为信息通信技术发展的主要应用之一，云计算的能量消耗和碳排放量无疑是非常巨大的。云计算数据中心从规模上、能耗上都将远远超过传统的数据中心，它对生态环境，特别是对云数据中心附近的生态环境的影响必将更严重。因此，如何有效地管理数据中心，降低数据中心尤其是云计算数据中心的能耗，是当前亟待解决的问题。

对于云计算节能，目前主要集中在数据中心的节能上，一般采用各种可能的手段提高数据中心的 PUE，该值是国际上比较通行的数据中心电力使用效率的衡量指标，指数据中心消耗的所有能源与 IT 负载消耗的能源之比。PUE 值越接近于 1，表示一个数据中心的绿色化程度越高，节能效果越好。目前，在云计算数据中心设计过程中，广泛采用了很多不同的手段来提高 PUE，降低数据中心能耗，达到节能的目的。这些方面包括：通过合理的数据中心选址、制冷系统选择与设计、UPS 的选用、数据中心的高效管理与运维等。

除了数据中心建设中的绿色设计之外，节能还可以从硬件和软件两个层面来进行考虑。从硬件的角度讲，一般都是通过采用低功耗的服务器，或者应用服务器所提供的低能耗支持技术。对于 IT 设备提供商而言，他们也抓住了云计算提供商的这种需求，在服务器的设计与实现上采用了一些新技术来支持低功耗应用。如目前市场上主流的单系统硬件节能方式一般是通过动态电压 / 频率扩展（Dynamic Voltage and Frequency Scaling，DVFS）来实现的。除了硬件节能外，从软件的角度考虑节能也同样非常重要，不过软件的节能通常需要硬件的支持。目前的服务器本身都支持软件的节能控制，即通过软件控制服务器的能耗状态。如操作系统（包括一些云操作系统和虚拟机管理器等）就可以通过相应的接口应用服务器的节能技术。因此通过操作系统或虚拟化平台管理器的相应接口来降低能耗的研究与应用，以及通过应用感知，建立针对不同应用特征的资源消耗模型，采用合理的资源分配策略与调度策略，有效地对虚拟资源进行配置与调度等技术手段实现云计算过程的节能、提高资源的使用效率，受到了越来越多研究人员的关注。但在节能的同时，如何最大限度地保证任务执行效率与应用体验，是节能策略实施前必须考虑的问题。

节能介绍

　　自云计算技术诞生以来，就被视为新一代的 IT 技术革命，同时给社会带来巨大的变革。而随着云计算的蓬勃发展，其基础设施不断增长，云计算已经在社会的各个方面产生了巨大的作用。云计算之所以发展如此迅速，是因为云计算数据中心通过虚拟化技术，把大量的异构的基础硬件资源组成一个强大的资源池，为用户提供了强大的计算能力、存储能力等资源和按需服务的使用模式。通过这种模式，企业可以根据自己的需求灵活购买和使用云数据中心的各种资源与服务，而不必花费大量的财力、精力购置和维护自己的数据中心，也不用担心其资源的闲置或者不足，从而节省了大量的硬件开销和人力开销。正因为这些特点，云计算技术已成为最受关注的研究与应用领域之一。

　　虽然云计算技术为整个社会带来了非常多的便利，使得整个 IT 资源的利用率得以大幅度提升，但近些年来，云计算数据中心基础设施的规模却在急剧膨胀与扩充，这使得以往分散的能耗问题变成了相对集中的能耗问题。云数据中心的高能耗则成为制约云计算发展的主要问题之一。因此，必须通过合适的技术手段与优化策略，降低云数据中心的高能耗。目前对于降低云数据中心能耗的技术与优化策略的研究很多，也从不同层面取得了大量的成果。首先，考虑云计算的核心技术之一——虚拟化技术，它把每一个物理节点（即一台电脑或者服务器）进行整合，融合为一个强大的资源池，为用户提供所需的虚拟机。其中每一个物理节点都具有不同的特点，比如 CPU 性能很低，磁盘性能比较好等，但这都是对用户透明的。而云数据中心完全是根据用户的请求分配资源，并不会考虑用户应用的实际特点与资源使用情况，也不关心物理节点的资源情况，这使得资源的配置与利用不能得到较好的优化，云服务效率相对也不是很高。比如，如果用户的应用需要性能较好的 CPU，却被分配到一个 CPU 性能很差的物理节点上，从而使得用户应用的体验及运行效率受到较大的影响；如果用户的应用需要性能一般的 CPU，却被分配到一个 CPU 性能很好的物理节点上，这又会出现不必要的资源高配，从而造成资源浪费。这些情况的发生会使得整个云计算系统的处理效率降低，同时也会大大影响到云计算与虚拟化技术带来的优势。

对于云数据中心而言，为了保持其强大的资源服务能力，通常都是通过不断地增加新的 IT 设备，如服务器、存储设备、网络设备等，所有这些设备提供物理资源，并应用虚拟化技术对外以资源包的形式提供虚拟机服务，用户根据自身的需要租用虚拟机，虚拟机的数目由用户的需要自行决定。云计算的应用越来越多，范围越来越广泛，对云数据中心物理资源规模的要求也越来越高，需要不断扩容。而对于大量物理主机的扩容与增加，其性能则是被大家公认的几项重要因素所决定，比如 CPU 的主频和核数、内存的主频和大小、磁盘的种类和转速等。对于用户提交给云计算数据中心的任务，根据其消耗资源的侧重性的不同，通常把它们分为 CPU 密集型云任务、Memory 密集型云任务、IO 密集型云任务、Net 密集型云任务和混合型云任务等几大类。这些任务的执行不会直接提交到物理主机，而是在不同的虚拟机中提交执行。因为根据虚拟化技术，虚拟机是直接处理用户提交任务的最小处理单元。同时，这些任务对资源的需求特点会直接转嫁于相应的虚拟机。因此，可以根据虚拟机对于资源的需求的侧重性的不同，把虚拟机分为相对应的具有不同类型资源偏好的虚拟机，如对于应用而言，其消耗的资源主要是 CPU，那么承载这类应用的虚拟机应该以 CPU 为主。而云数据中心的所有虚拟机则是直接部署在硬件资源上，即前文提到的物理主机。由此可以得出结论：不同类型的虚拟机（即用户提交的不同云任务）对物理主机所产生的负载也是不同的。如何根据按需分配的原则，分配给虚拟机相应的硬件资源，则是个巨大的挑战。这样会产生两种情况：一种是虚拟机资源不足，会降低虚拟机处理云任务的效率，违反 SLA 原则；第二种是虚拟机资源过剩，虚拟机处理云任务不需要那么多的硬件资源，过剩的资源将会被闲置浪费，降低云数据中心的资源利用率，增加过多的能耗。所以，从性能问题和资源利用率两方面进行考虑，如何合理地分配给虚拟机适当的资源是一个值得关注的热点问题。

解决云计算中尚存的不足，特别是优化资源的利用率，可以有效降低云数据中心的高能耗消耗，提高系统的可靠性和稳定性，减少二氧化碳的排放，对于环境保护非常有益。同时可以提高全社会的资源的使用效率，因此，非常具有理论研究价值和社会实际意义。

云计算节能研究现状

按照当前云计算数据中心规模和数量的发展，预计到 2020 年，数据中心年均电能消耗量将占全球年均总电能消耗量的 1%，这是一个非常庞大的数字。目前对于云计算节能技术的研究非常多，比如在规划云计算数据中心时，合理的规划布局、新能源的应用等，都会对云数据中心节能方面产生重要的影响。但是，本书主要关注的是云数据中心的资源利用和能耗相关领域，对于其他相关技术等不予详细论述。

在云计算的资源利用方面，虽然云计算依靠虚拟化技术可以整合出强大的资源池，但是云数据中心的资源毕竟是相对有限的。如何在保障服务质量的前提下，尽可能合理地分配、充分利用资源，最大限度地发挥其服务能力，成为国内外众多研究机构关注的热点领域之一。而国内外基于云计算资源的各方面研究，即达成用最少的物理主机承载尽可能多的虚拟机，一直是云计算节能技术的主流发展方向。目前有很多学者和研究机构在云计算资源节能管理方面有了比较好的研究成果，主要集中在资源能耗模型、任务的能耗模型、资源调度、虚拟机分配等研究领域。

为降低云计算数据中心的能耗，罗亮等提出了一种精确度高的能耗模型，用此模型来预测云计算数据中心每台服务器的能耗情况。从处理器性能计数器和系统使用情况（CPU 使用率和内存使用率）入手，代替以往的线性函数来描述能耗模型的方法，结合多元线性回归和非线性回归的数学方法，分析和总结了不同参数和方法对服务器能耗建模的影响，针对云计算数据中心基础架构，提出了服务器能耗模型。他们提出的模型对以能耗感知的资源调度提供了研究基础，但是仅是基于 CPU 和内存两种资源，对如何充分利用服务器的资源和如何设定阈值，没有进行考虑。中国科学院李铭夫等关注虚拟机等待资源调度时带来的服务器资源额外开销，对虚拟机整合时的资源调度等待开销进行了大量研究。从虚拟机等待资源调度带来的服务器资源额外开销（平均占据 11.7% 的服务器资源开销），提出了一种资源预留整合（MRC）算法，以此用来优化现有的虚拟机整合算法，降低了服务器资源溢出概率。但这只是优化了虚拟机的整合，对物理主机的资源使用和虚拟机的资源调度没有太多的研究。谭一鸣等提出一种随机任务在云计算平台中能耗的优化管理策略，用排队模型对云计算系统进行建模，分析云计算系统的平均响应时间和平均功率，建立云计算系统的能耗模型，并在此基础上提出一种基于大服务强度和小执行能耗的任务调度策略，分别针对空闲能耗和"奢侈"能耗进行优化控制。基于该思想，设计了一种满足性能约束的最小期望执行能耗调度算法 ME^3PC，此算法能够有效降低系统的空闲能耗和"奢侈"能耗，提升系统利用率。

从云计算中虚拟机资源调度问题出发，为有效地调度与管理虚拟机资源，同时在资源利用率、成本开销、时间约束等多个方面达到系统负载平衡，许波等提出一种基于虚拟机资源调度多目标综合的评价模型。该模型运用典型的多目标优化算法，将虚拟机资源调度和任务分配合并为一个过程，降低问题的复杂性。但没有对任务的类型进行分类，仍然把所有任务进行通用处理。如果任务大多主要消耗 CPU 资源，即对于某项资源具有偏向性，那么对于多目标优化来说，则可能会存在一些问题。上海大学的李建教对基于私有云的虚拟机节能调度、磁盘节能调度和网络节能调度进行了研究，提出了一种基于布局的节能调度策略，有效降低了能耗。张小庆等以降低云数据中心能耗为目的的资源调度、提高系统资源利用率为目标的资源管理和基于经济学的云资源管理，给出了一种兼具最小能耗的云计算资源调度和最小服务器数量的云计算资源调度模型。同时，指出面向计算能力（CPU、内存）和网络带宽的综合资源分配、多目标优化的资源调度是云计算广为关注的热点问题之一。还有从节能机制、负载均衡和市场经济模型等方面研究云计算环境中的高效资源提供优化以及从虚拟机迁移策略入手研究云计算节能方案的，如图 3-1 所示，给出的就是基于虚拟机迁移策略的一种节能示例。

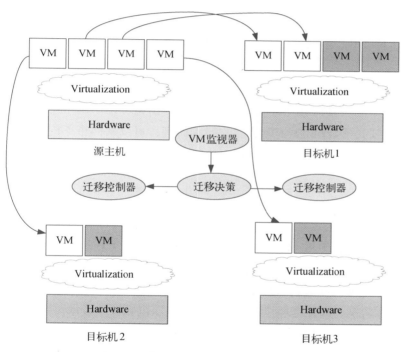

图 3-1 基于虚拟机迁移的调度策略

为了控制云计算环境的运营支出并提高其能源利用率，吴毅华等提出了基于需求预测的虚拟机节能分配算法。该算法利用 Holt-Winters 指数平滑法对用户需求进行预测，然后根据预测的结果，利用优化后的背包算法在主机之间合理地分配虚拟机，以减少主机的开关机操作次数，从而降低云计算环境中无谓的能源消耗。此外还有从优化云数据中心的虚拟机调度管理，从而达到保证质量的前提下，提高物理主机的承载量，减少物理主机的数量，达到降低能耗的目的。在数据中心运行过程中，各种资源的使用情况都是随着应用的变化情况而动态变化的，因此，通过建立精确的资源使用效率与能耗之间的关系，并以此为基础选择节能措施也十分有意义。在此领域，也有很多研究进行了尝试。如：孙文超等人运用管理定量进行分析的方法，提出了一种云计算服务器的能效预测模型，并运用不同的评估方法和评估指标对数据中心的能耗进行了评估，根据其给出的实验结果，该方法可以较好地应用于服务器能耗的计算。罗亮等人针对数据中心能耗问题，分别基于应用的性能和资源使用率建立能耗模型，对比了多元线性回归和非线性回归的准确度，最后建立了较精准的能耗模型，且使用多项式模型来降低系统的误差。

对于云数据中心而言，能耗主要是由服务器、网络交换设备产生的，因此，从实现节能的层次而言，可以从四个不同的层级实现节能，即：芯片级节能、基础架构级节能、系统级节能和应用级节能。

芯片级节能技术

芯片级节能技术一种常见的实现方法就是在应用执行过程中，通过降低 CPU 的时钟频率和供电电压，来降低指令和数据驱动计算机硬件运转所产生的能耗，即执行时硬件的耗电功率称为执行功率。这种实现技术称之为动态电压电频调整技术（Dynamic voltage and frequency scaling，简称 DVFS）。考虑任务在执行过程中，其执行功率会随着运行阶段、执行特征的变化而变化，根据实际应用在执行过程中的变化情况，通过降低 CPU 的电压和时钟频率，主动降低 CPU 的性能，从而保证应用性能影响不大的情况下，适当降低能量消耗。通常在采用这种实现方案时，在降低 CPU 工作频率的同时降低电压，才能达到有效的节能降耗的目的。

目前，支持 DVFS 功能的芯片很多，如 Intel 公司芯片支持的 SpeedStep、ARM 芯片支持的 IEM（Intelligent Energy Mananger）

和 AVS（Adaptive Voltage Scaling）等都属于 DVFS 技术。但要真正应用 DVFS 实现节能，除了芯片上需要提供支持外，还必须在软件层面做相应的配合。在这方面，已经有很多的学者进行了研究，并且取得了一定的成果。如 Greenberg Albert 等人提出了一种 Lowes-DVFS 策略，在满足虚拟机截止时间的情况下，调整 CPU 速率至最低，每个虚拟机以请求的 MIPS 执行任务，该策略在任务到达率较低能够接收所有请求的情况下能耗最少。Wang Lizhe 等人则基于电压动态调整技术设计了一种启发式调度算法，用来降低并行任务在集群环境中执行时产生的能耗。该调度算法针对并行任务图中非关键路径上的任务，在不影响整个并行任务完成时间的前提下，降低非关键任务所调度处理器的电压来降低能耗。Kang Jaeyeon 等人提出了一种基于电压动态调整的能耗优化算法。该算法针对任务预测执行时间不准确的问题，把因预测执行时间比实际执行时间要长而导致计算机空闲的时间段分配给新的任务或调整处理器电压以降低能耗。

基础架构级节能技术

基础架构级节能技术主要包括液冷、存储制冷、高效能电源、高效能散热等多种技术。据统计，对于传统的数据中心而言，其空调冷却能耗大，和常规办公楼每平方米 150 瓦制冷所需的能耗相比，数据中心冷却能耗是其 10～30 倍，研究表明，数据中心的冷却能耗通常约占数据中心整体能耗的 40%。对于云数据中心而言，为了降低冷却维护成本，很多公司大型数据中心都选择建设在靠近湖泊或北极等常年温度较低的地区。如 2013 年，微软投资 2.5 亿美元在芬兰建设数据中心，谷歌和 Facebook 也分别在瑞典和芬兰投资建设自己的数据中心。在国内，中国电信、中国移动纷纷启动在内蒙古、黑龙江建设大型数据中心的项目，百度等互联网企业将大型数据中心建构在山西、东北地区，以降低数据中心的能耗成本。

系统级节能技术

系统级节能技术主要是根据云数据中心的实时负荷情况动

态调整系统的工作状态，如将一部分利用率较低的服务器上的应用迁移至其他服务器，同时将这些服务器休眠或完全关闭，从而降低整个数据中心的能耗。这种系统级节能技术往往是通过合理的分配与迁移虚拟机来实现服务器节能，从实现上讲，围绕虚拟机的节能调度也属于这个系统级节能的体现。针对这方面的研究很多，如 NeginKord 等人提出一种云环境下基于最小相关系数（Minimum Correlation Coefficient，简称 MMC）的虚拟机节能放置方法，同时使用模糊层次分析法（fuzzy Analytic Hierarchy Process）来平衡节能和服务等级协议（Service Level Agreement，简称 SLA），最终实验结果表明该方法具有节能效果并且保证 SLA 违反率在可接受范围内。程春铃等人依据云计算的 MapReduce 编程模型分别建立了云计算环境下的任务调度模型和虚拟机调度模型，并分别对主机处于的工作、空闲、休眠等的状态下建立对应的能耗模型，最后在 cloudsim 上使用遗传算法来进行面向节能的资源调度实验，但在建立能耗模型时认为主机处于休眠、空闲、执行计算任务、存储、通信等各种状态下的功率是固定的，实际上主机在各种状态下的功率是时刻发生变化的，应该使用积分的方式来计算能耗而非直接功率和时间的乘积。Chien-Chih Chem 等人提出一种动态资源分配方法（Dynamic Resource Allocation），其基本思想是通过动态调整虚拟机的配置来降低虚拟机对资源的请求量，从而提高云环境下的资源使用率，同时将资源使用率较低的服务器上的全部虚拟机迁移至资源使用率合适的服务器上，并将资源使用率较低且虚拟机已经迁移的服务器置于休眠状态或直接关机，从而减少了总的服务器开启数量，并在开源云操作系统 OpenStack 上进行了实验，实验结果表明该方法可以提高云环境下的资源使用率和节能。

Khushbu M 等人提出一方面通过动态迁移和关闭空闲节点，达到动态合并虚拟机、减少物理节点、提高资源的利用率；另一方面也考虑到了物理节点与用户请求不匹配的问题，但是该研究只是通过对物理节点的资源利用设定最大最小阈值，控制虚拟机的部署以求达到负载均衡，而没有考虑到应用类型与物理节点资源特点之间的关系，无法解决一台虚拟机独占物理节点的问题。Moreno Solis Ismael 等从物理节点上虚拟机的资源竞争问题出发，提出具有性能意识的虚拟机部署机制。该机制充分考虑了工作负担的异质性，根据每个任务的特点，基于资源约束的模式——CPU 和 Memory 资源的限制，再一次对虚拟机进行实时的迁移。虽然此机制考虑到了任务消耗资源的不同，但只是关注了 CPU 和内存两种资源，没有对特定类型的应用特征进行深入研究，所以只能根据单一资源的消耗情况对任务进行粗略的划分。除此之外，有一些研究学者以负载均衡为出发点，提出了不同的虚拟机分配机制。虽然这些研究提高了系统资源的利用率，但是仍然没有从应用类型角度出发考虑资源及虚拟机的分配问题，使得应用资源消耗与物理节点之间的资源不匹配问题仍然存在。

应用级节能技术

有些研究人员从现有架构出发，对某种特定类型的应用处理进行了研究。比如，基于 hadoop 的分布式处理架构出发，Zacharia Fadika 等分析了 CPU 密集型应用在 MapReduce 上的优化处理；Hiroaki Takasaki 等则分析了多线程内存密集型应用在 hadoop 上的调度策略及处理；Jian-Jhih Kuo 为了减少 hadoop 上各个节点之间的数据延迟问题，提出了一种新的虚拟机分配算法，用来解决此问题。除此之外，Sarunya Pumma 等提出了一种对高性能计算任务的资源分配模型，用来预测高性能计算任务的资源需求，然后根据其资源需求，给任务分配相应的资源。Alasaad Amr 等为优化云环境下流媒体应用的处理，提出一种预测需求、预留资源的算法，用来最大化地减少资源使用的费用。这些研究都是基于某种特定的架构对特定的应用展开的，而并没有从应用类型的角度出发，对云任务进行分类，考虑资源的需求特点，再做优化处理。

有些研究学者针对云数据中心异构的硬件资源，结合用户向云数据中心提交任务的异构性（即任务所需资源不同，映射到虚拟机的异构性），认为两者之间存在关联性——物理主机的资源特性与云任务的需求特性可以相结合。例如，用户提交的任务，需要比较多的 CPU 资源时，就可以把其放置在 CPU 性能比较好的物理主机上，以减少执行时间或者能量消耗。但对于如何处理两者之间的匹配问题，又有着不同的处理方法。Amr Alasaad 等通过采用数学模型——伯克利模型，得到了基于 CPU 资源利用率的动态虚拟机分配策略和动态迁移策略。首先通过应用任务的特点，选择一个适当的虚拟机来处理应用。在此过程中，为了把虚拟机部署在其中的一个物理服务器上，会根据实时的物理主机 CPU 利用率情况来选择，不能太低或者太高。其次，当虚拟机的 CPU 利用率动态变化时，会影响物理主机的 CPU 利用率。如果物理主机的 CPU 利用率过低或者过高达到迁移的阈值，则执行动态迁移。这种方法减少了动态迁移的次数和物理服务器的模式转换次数（激活状态与休眠状态）。但是，这种方法仅仅依靠单一的 CPU 资源的利用率，而没有考虑到其他硬件资源，如 Memory 资源、磁盘资源等。所以，提高了以 CPU 资源利用率为导向的关联性，其代价是忽略了其他资源的使用情况。

　　Gutierrez-Garcia Octavio 等发现承载不同任务的虚拟机资源需求具有不平衡性，比如承载科学计算型应用的虚拟机对 CPU 资源要求较高，而对 Memory 资源要求相对较低；提供存储服务的虚拟机则 CPU 资源要求相对较低，而对 IO 资源要求较高等。这种应用的差异性就会导致物理主机资源使用的不平衡性，有些资源过度使用，有些资源则大量被闲置浪费。为了解决问题，他们提出了一种基于主体的分布式解决方法，通过一系列的不同策略，迁移不同类型虚拟机达到资源的使用平衡。具体如下：第一种，对 CPU 的密集型应用，采用基于 CPU 的资源；第二种，对 Memory 密集型应用，基于 Memory 资源；第三种，基于 CPU 和 Memory 资源。对每种策略，都会有最低和最高阈值的存在（第三种情况有四个阈值，CPU 与 Memory 各有两个）。这样的做法，把 Memory 资源考虑了进来，对于物理主机的整体资源使用率确实是一个改进与提升，但仍存在一定的局限性。仍然是通过设定阈值和虚拟机动态迁移，来达到某一资源的合理使用范围；并且，没有对云任务进行建模研究，没有区分云任务的类型，没有针对不同类型的云任务进行深入研究，没有考虑系统的自动识别。

Leavitt Neal 分析了不同应用任务类型的能耗数据和系统性能数据，并且通过大量实验找出不同任务类型的能耗和性能数据，与资源分配策略和虚拟机系统配置之间的关联关系。此项研究为虚拟机的资源分配策略提供了理论依据。但这仅仅是在虚拟机的资源分配策略上做研究，没有考虑到如何将不同类型的虚拟机部署到不同物理主机上所造成的物理主机资源使用不平衡的情况。

一般而言，不同类型的应用对于云资源的需求是不一样的，如果根据应用本身的特征，对其所需求的资源进行合理的分配与调度，则可能极大地提升资源的使用效率。如把用户任务的类型分为 CPU 密集型任务、内存密集型任务等类型，对不同类型的任务的特点再做针对性的处理，则可以充分考虑到不同资源的能耗情况和使用情况，从而可以充分利用物理主机的各项资源。云环境下应用类型的模型研究，对于提高云计算的处理效率、资源使用效率和降低能耗，是非常有意义的，是云计算领域备受关注的热点之一。

 # 云计算节能调度

　　相对于传统的 IT 资源使用模式，云计算是一种高效的 IT 资源使用模式，能够极大地提高全社会的 IT 资源使用效率，从这个角度讲，它能够极大地降低全社会的能量消耗，减少能量浪费，降低对环境的污染。但是，从某些局部范围而言，如云计算的数据中心所在地，由于大量的服务器、存储设备、网络设备等的高度集中，其能量消耗可能非常巨大，甚至对局部的环境带来非常严重的影响。同时，对于云数据中心而言，其运营成本中相当大的一部分是能量消耗所带来的，由此可见，降低云数据中心的能量消耗非常重要而且必要，它不仅可以减小对局部区域环境所带来的不利影响，而且可以大大降低云服务提供商的运营成本，已经成为云提供商和学术界所广泛关注的重要课题。

虚拟机节能调度

　　基于虚拟机的资源管理是虚拟化数据中心实现节能降耗的重要途径，许多研究工作者从不同的角度提出了许多有价值的优化方案。

　　通过将虚拟机的调度看作 0-1 背包问题，宾夕法尼亚州立大学的 S. Srikantaiah 与微软研究中心 A. Kansal 等为云计算中的资源优化提供了思路。基于同样的抽象，澳大利亚墨尔本大学云计算与分布式系统实验室 R. Buyya 等提出一个节能云计算架构，并应用了一种改进 BFD（Best Fit Decreasing）算法，来为虚拟机分配资源，以最大化资源异构的优势。虽然 0-1 背包问题可以很好地模拟负载为约束、节能为目标的优化问题，但是对于多目标的优化问题，如任务执行效率、节能、负载均衡等目标，其模拟效率会因多目标之间的相互竞争而受影响，而权值的设定又不好把握，因此总体效果不理想。同时，将不同类型的虚拟机置于同一节点上，有时不仅不会提高效能，反而会使彼此的执行效率下降，如 HPC 虚拟机会影响同物理机上的其他面向交互虚拟机的执行效率。

通过巧妙地利用内置于大多数操作系统内部的节能方案实现节能是一种有意义的尝试，为了达到目的，佐治亚理工学院 R. Nathuji 等提出了一个虚拟能源管理架构 VPM（Virtual Power Management）。该框架通过截取客户机操作系统请求硬件的指令，作为节能决策的"暗示"，来为物理节点以及整个系统实行具体的节能举措做指引。这种方法通过客户机操作系统简化了节能决策阶段的大量工作，但是由于单个客户机操作系统只对本虚拟机的执行环境进行监控的事实，很难对物理机及至整个系统的应用状态做出全面的"暗示"，因此从全局考虑，效果很难保证。同时，这种方法也存在潜在的执行权限问题，有可能并不能得到客户机操作系统上所有的节能"暗示"，尤其是源自那些需要高优先级才能访问的资源，如 CPU 性能计数器。

加州大学圣塔芭芭拉分校 R. Raghavendra 与惠普实验室 P. Ranganathan 等为数据中心的节能问题联合提出了一种多层能源管理架构。该架构以能源水平值（通过能源传感器获取）与负载水平值为数值依据，为虚拟机的部署提供支持。这一架构能够较精确地从能耗上为节能策略提供直接支持，当然需要额外的软件（数据分析与处理）与硬件（传感器）的支持。同时，这种方法也展示了一个将云计算、物联网（传感器网络）与节能（低碳）结合起来的应用。

　　IBM 印度研究院 A. Verma 等通过将 HPC 任务按照工作集规模分类（Category 1-3），然后再按照物理机的 CPU 利用率来为虚拟机分配资源。同时基于原有的 pMapper 架构，根据实时负载通过动态迁移进行重新分配，以优化布局，减少能源消耗。该方法对 HPC 任务进行了区别处理，但只对节能这一目标进行了优化，未将负载均衡这一目标考虑在内。

　　基于服务等级协议（Service Level Agreement，简称 SLA），IBM 研究中心的 N. Bobroff 等针对静态服务器优化不足的问题，提出了基于动态迁移的动态优化，以减少虚拟机的资源占用率，提高整个系统的伸缩性。虽然该动态优化策略能够以较小的代价来整合整个系统，但是优化有时会带来更多的优化需求，最终影响整个系统的吞吐率，同时，该策略对能够极大节约开销的初次分配未给出优化方案。

　　明尼苏达大学的 M. Cardosa 与 IBM 阿尔马登研究中心的 M. R. Korupolu 等通过利用虚拟化技术（如 VMware、Xen）内置的虚拟机资源分配机制，如资源分配的上限与下限、基于份额的资源竞争等机制，提出了能够无缝应用于数据中心的几种节能方案。这些方案主要是对虚拟化层提供的那部分共享资源如何分配的问题进行了研究，能够从占用资源的角度对虚拟机的能耗做出调整，但是与将整个物理机关掉或休眠的方式相比，节省的能量比较有限。

　　德国卡尔斯鲁厄大学 J. Stoess 等将虚拟资源节能管理视为一个具有能耗约束的优化问题，通过将节能约束分配到各个节点，以至于各个客户机操作系统，并接合相应的能源使用监测机制，为节能提供支持。这种方案是基于节能硬约束的，将应用执行的效率放在了第二位，有可能增加 SLA 违反次数，同时也不适用于私有云计算环境。

　　法国电信的 H. N. Van 等通过形式化地将虚拟机部署与动态优化问题视为约束优化问题，然后在解空间中寻找最优解，即在不违反相关 SLA 的基础上降低云数据中心的能耗。该方法对问题的抽象值得肯定与借鉴，然而未对如何在解空间内如何进行搜索或采用哪种算法进行说明，因此应用的针对性不强。

此外，IBM 奥斯汀研究院等也在资源的节能管理方面提出了许多有建设性的方案，为节能降耗拓宽了视野。然而由于应用场景是实体物理机组成的集群系统或单一系统，这些方案并不能直接应用于实际的云数据中心中。IBM 研究中心等为节能方案提出了许多不同方法与思路，虽然方法在理想状态下都能较好完成节能的目标，但是由于方法本身依赖性较强，而且复杂度较高，对于任务调度效率都有较大影响。墨尔本大学 S. K. Garg 等为多数据中心的异构（能源成本、GHG 排放率、工作负载、CPU 电能利用率等）节能调度提供了较好的解决方案，并且横跨多个数据中心的应用场景。

虚拟磁盘的节能调度

作为虚拟存储重要实现方式的虚拟磁盘，近年来也得到了广泛关注。科罗拉多大学波尔得分校等从磁盘的读写请求入手，通过重塑整合与优化 IO 请求队列，使磁盘请求呈现堆效应，便于磁盘控制器集中处理，为磁盘的多时间段及长时间休眠提供了便利。然而由于优化目标是单个磁盘，对多磁盘之间的访问协调未做相应优化。与此类似，斯坦福大学通过滑动窗口与二维线性插值，为单个磁盘的节能提出了一种自适应的方案。

罗格斯大学等通过磁盘冗余，为磁盘的节能问题提出了相应方案。然而由于冗余客观上增加了空间上的开销（> 100%），再加上数据的自有备份机制等，虽然提高了数据的可用性，却提高了成本，降低了资源的利用率，对能耗的节省有限。加州大学伯克利分校对磁盘的节能管理做了深入细致的定量分析，并指出为了达到最小化能耗的目的，应当在磁盘休眠 2 秒后将磁盘置于休眠状态。

伊利诺伊大学厄本——香槟分校等针对磁盘的访存效率问题进行了研究，其研究中指出，由于磁盘就绪状态中 Cache 仍可用，因此如果能够提高 Cache 的命中率，就可以让磁盘继续休眠状态，从而达到深度节能的目标。然而由于 Cache 的命中率与具体的应用密切相关，因此针对通用的优化可能性不大。

加州大学圣克鲁兹分校在磁盘节能研究过程中提出，当收到每个磁盘访问指令后就启动一个计时器，若计时器超过预设的空闲阈值时，就触发相应的休眠指令，将目标磁盘置于休眠状态。不过，由于目标阈值的设定有可能牵涉到空闲耗能（阈值太大）与状态切换过于频繁（阈值太小）的问题，使得其思想在实际中很难加以应用。

斯坦福大学等提出根据应用的访存模式，大胆地提前休眠磁盘。该方法是基于应用的访存历史统计或对应用的实时监测，来获得应用的特定模式的。这看起来对于磁盘节能是有效的，但实际上在云数据中心仍然难以应用。因为一方面模式生成，会产生额外的开销；另一方面，如果模式失效，尤其是那些弱模式的应用，会对应用的执行效率造成影响。

在虚拟化环境下，卡尔斯鲁厄大学也提出了一个多层架构来规划能源与监控资源，并且能够将节能限制量化到客户端操作系统。然而该架构只区分磁盘的两种状态，即活动状态与空闲状态，使得该架构节能效果不是很理想。

通过有效地重塑虚拟机的 IO 操作，尤其是写操作，以及 VMM 层上的休眠前缓冲区的提前 flush，亚利桑那大学能够最大化磁盘的休眠时间，从而达到节省能源的目的。然而由于该研究的应用场景基于虚拟机与磁盘、与虚拟机紧耦合的关系，与独立于虚拟机的数据盘的调度不尽相同。

MAID 的具体实现 AutoMAID 是 Nexsan 的产品，它能够将磁盘的速度降至 4 000 RPM，一方面节能量达到了完全休眠的 60%，另一方面也能够在更短的时间内恢复到工作状态，在响应时间与节能之间找到了较好的平衡点，但由于是通过硬件的方式来实现，而且也未得到广泛推广，因此很难在短期内、大范围内得到应用。

云应用节能

　　对于云计算服务器端而言，每个用户可以被视为独立的个体，用户在服务器上请求服务的时间是不确定的，这使得任务到达服务器端是随机的。并且，由于用户申请的服务请求也是多种多样的，因此到达服务器端的任务类型也是各不相同的。在云数据中心运行着大量的任务，这些任务有的主要消耗计算资源，有的则是存储资源，还有的以消耗网络资源为主。通常，云数据中心可以通过增加处理器核数和节点数，运用集群和分布式技术来提高云数据中心的计算能力，通过增加网络带宽和交换机来提升网络流量。然而，仅仅通过增加 IT 硬件设备来增强数据中心的资源负载能力，是不足以满足日益增长的应用需求的，同时还会不断增加数据中心的能耗和运营成本。

　　显而易见，不同的应用或不同的业务形态对云数据中心的资源消耗情况是不一样的，如市场上较为成熟的以消耗存储资源为主的应用有网盘、流媒体视频服务等，而对于科学计算型的应用，则主要消耗的是 CPU 资源；同样对于视频多媒体的应用，消耗的则主要是网络带宽资源；而对于电子商务交易，则大量消耗的是 IO 资源。学术界和产业界已经注意到不同应用资源偏向性的不同，并且从不同的角度尝试进行了研究探讨，且取得了一定的成果。

在应用负载预测方面，Wu Y 等对网格计算环境中的长任务负载进行预测，运用卡尔曼滤波器对预测的样本数据进行过滤，减少样本误差，同时对样本中负载起伏比较大时进行 Savitzky-Golay 平滑处理，提出了一种自适应的混合模型。该模型主要对样本进行均方差分析，对任务负载进行实时的预测，实验证明该模型适用于网格计算中的负载分析，但对于实时的负载预测有一些误差。哈尔滨工业大学吴世山等利用反汇编工具对不同的应用程序进行反汇编，对得到的汇编程序进行分析，如其中的操作指令、输入数据大小等数据，并以这些数据作为输入数据，利用神经网络对输入数据进行训练，利用训练好的神经网络，可以较好对未知应用的运行时间、CPU 利用率、内存使用量、硬盘使用量等进行预测，从而达到预测任务资源使用的目的。

辽宁大学周山杰等采用了三种方式对云环境下任务类型进行分类预测。第一种是请求方式分析法，该方法对任务请求时所用的网络协议及相关的文件格式进行分析，从而对任务的资源需求特性做出评估；第二种是程序性能分析法，该方法也是对源码进行分析，对程序进行复杂度度量，并据此来估算程序对运算资源的需求；第三种是模拟运行将任务在一台虚拟机上运行一段时间，不断地监控资源的需求情况，根据检测情况来预测其资源的使用量。复旦大学熊辉等提出了一种基于主模式方法的云应用分类架构，对云环境下的应用的资源消耗提出了一种基于差分自回归移动平均模型的预测算法，能够以低预测误差对消耗资源预测。

Sadeka Islam 等人通过在 Amazon EC2 云上运行 TPC-W 电子商务基准测试来得到训练数据和测试数据，并借助神经网络算法和线性回归算法对训练数据进行训练，最后得到资源需求预测模型，该模型可以用于对应用未来的资源情况进行预测。Kemper A 等人提出了通过搜集 6 个月的企业数据中心的企业应用数据，对这些数据特征进行分析，得到一种基于任务工作负载模式分析和需求预测的资源池容量管理策略，然后根据任务工作负载模型来分析预测未来任务负载的变化趋势，并以此进行资源分配。

Arijit Khan 等通过应用在不同的虚拟机上运行获得工作负载数据样本，并将数据样本按时间序列进行处理，然后通过聚类算法将工作负载具有相关性的虚拟机归类，最后基于隐马尔科夫模型对归类的虚拟机进行建模，并以此用于预测不同的工作负载。Amr Alasaad 等针对现在的云提供商对流媒体应用提出的按照预留资源收费的价格模型，而这种模型是一个经济效率低下的模型，提出了一种预测需求、预留资源的算法，来最大化地减少用户流媒体资源的使用费用。Ganapathi A 等主要针对搜索等数据密集型云计算应用，通过统计学模型来预测资源需求辅助进行作业调度，但是这种方式并不适合网络 IO 密集型等其他类型应用。Truong Vinh Truong Duy 利用神经网络方法预测服务器的工作负载，提出了 Green Scheduling 算法，该算法根据服务器的历史工作负载预测将来的工作负载，并且根据预测结果来决定关闭或打开一个服务器，以减少关闭和启动服务器的频率，从而减少因此产生的性能下降。不过，该研究只考虑了 HTTP 请求一种负载类型，而在实际的云计算数据中心往往同时存在多种需要调度的负载；而且提出的预测方法只预测工作负载的到达率，不预测工作负载的资源需求和执行时间等。北卡罗来纳州立大学的 Zhenhuan Gong 等人提出的 PRESS 算法，可以通过用户应用的近期表现来预测其资源的使用量，根据预测为其分配资源，达到满足用户需求又不浪费资源的目的。

在资源分配方面，南京大学的程萌考虑到不同资源点之间存在通信，将通讯时间和带宽约束作为资源分配过程中的限制条件，使用混合优化算法解决云计算资源分配问题，在算法前期，借助遗传算法全局广泛搜索能力，快速寻找到较优解；在算法后期，借助蚁群算法的正反馈性和高效性，寻找最优解。此外，该研究还设置了遗传算法的终止条件和遗传算法得到的较优解转换为蚁群算法的初始信息素的方法。伍之昂等提出了网格 QoS（Quality of Service）的层次结构模型，并对其中承上启下的虚拟组织层 QoS 参数进行了新的分类和测量，然后利用 SNAP（service

YUNJISUANJIENENG

YUZIYUANDIAODU

negotiation and acquisition protocol）协议对基于网格 QoS 层次结构模型的网格 QoS 参数映射转换过程进行了分析，最后，设计了网格资源管理仿真系统，并运用相关网格 QoS 研究改进了现有的 Min-Min 算法。上海大学的李建敦的博士论文对基于私有云的虚拟机节能调度、磁盘节能调度和网络节能调度进行了研究，提出了一种基于布局的节能调度策略，采用主动休眠 / 唤醒机制，通过调度来提高任务响应时间，通过最小负载优先法来均衡负载，有效降低了能耗并使负载更均衡。

　　Gu J 等将遗传算法用于云环境下的负载均衡策略，该算法是根据历史数据和系统当前的使用情况，把应用所申请的虚拟机预先分配给物理主机，选出对物理主机影响最小的主机作为目标主机。Song X 等从最小化完成应用时间的角度出发考虑任务的资源调度，并且利用蚁群优化算法来搜索最优计算资源。Zhang B 等通过分析对比常见的集群负载均衡算法，提出针对云计算中服务器、云之间的云负载均衡算法 CBL，该算法在负载均衡度和任务加载时间上都有良好表现。重庆大学郭平提出了一种基于服务器负载状况分类的负载均衡算法。通过每阶段采集负载信息，实时掌握节点状态，停止重负载节点接收任务，降低中负载节点集合接收的负载，相应地增加轻负载节点集合的负载，以达到负载均衡效果，同时采用集合的形式很好地避免了大量负载涌入某一指标最优的节点，能够更好地实现均衡，提高系统的吞吐率。You X 等给出了一种基于市场机制的云计算资源分配策略，并设计出一个基于遗传基因的价格调节算法来处理市场的需求和供给的平衡问题，但提出的方法只是针对底层资源调度问题，即如何给虚拟资源（虚拟机）分配物理资源（CPU、内存、存储器），而且提出的方法目前仅仅考虑 CPU 资源，无法处理其他类型的物理资源。虽然使用经济学模型进行资源调度和协同分配可以实现资源的高效调度和提高资源利用率，但目前只研究了底层资源的调度问题，且还没有成熟的实现。厦门大学黄智维引入经济学进行网格资源管理的研究，为了解决资源调度过程中资源消费者与生产者之间的信任问题，研究中应用资源信誉度的概念和评估方法，结合当前较成熟的期限与预算限制算法，实现了基于信誉度的期限与预算限制算法。

　　Xavier Grehant 和 Isabelle Demeure 提出的对网格计算和云计算都适用的对称映射资源分配模型，是通过在计算任务和资源之间加入中间实体来避免用户和服务商之间的利益冲突的。Berral J L 等人提出通过工作负载整合来关闭不必要的服务器，从而减少活动服务器的数量。Agarwal A 等人提出了一种广义优先算法，该算法根据任务长度来定义任务的优先级，根据 MIPS（Million Instructions Per Second）来定义虚拟机的优先级，任务长度越长优先级越高，虚拟机的 MIPS 越大优先级越高，通过这种方式，使得高优先级任务和高优先级的虚拟机得到对应，来达到负载均衡的目的。Rajkumar Buyya 提出了面向市场的云计算体系结构和面向市场的资源分配和调度方法，该体系结构通过 SLA 资源分配器来实现资源使用者与资源提供者之间的协商，实现资源优化分配，但其中很多具体实现问题尚需进一步解决。Shekhar Srikantaiah 等人提出用装箱算法，将多个有着不同资源需求的任务捆绑到一起，作为一个整体分配到适合的物理机上，同时该研究也提出了实现该方法需要解决的问题，如怎样在任务运行过程中实时地找到资源消耗的最优点，采用的穷举算法不适合规模较大的问题，任务执行时要对任务进行频繁的测评和迁移等。

　　以上这些研究主要是从应用类型预测方面开展的，大部分都是针对某种或某个行业的特定类型应用负载的预测，在对云计算资源的分配上，大部分只考虑到一种资源作为约束，对多维约束条件的研究比较少，对应用类型预测方面的研究相对较少，如虚拟机的调度、任务能耗模型等。目前云数据中心对所有任务一般都采用通用处理策略，这使得资源的使用有可能会出现大量过载而降低 QoS，也可能因大量资源闲置而造成浪费。如果在这些研究的基础上充分考虑不同应用运行时所占各个资源的比重，对不同类型的任务的特点再做针对性的处理，则可以充分利用物理主机的各种资源。通过对获取的标准应用运行时参数进行处理分析，从而建立应用特征识别模型，并利用建立的模型对其他未知

类型的应用通过本书的识别算法进行验证和预测，通过该算法对未知的应用的资源使用情况进行预测，根据预测情况提出负载均衡的资源分配策略，为云计算应用类型的资源分配提供理论基础。

第四章

云计算资源部署

云计算作为分布式计算、网格计算、效用计算、网络存储和虚拟化等技术的发展，已经被看作 IT 领域的第三次技术革命，它将彻底改变人们传统使用 IT 资源的习惯。作为一种全新的技术及商业模式，云计算的应用孕育着巨大的市场潜力和商机，因此，在全球范围内得到了广泛的关注。各国政府和全球的企业都在纷纷投资，加大云计算技术的研发力度和应用推广力度，力图抢占技术和市场的前沿阵地。

　　目前，世界范围内对云计算的研究已经开展得很广泛，研究的内容也涉及云计算本身的方方面面，但主要还是集中在虚拟化、负载均衡、云安全及存储等一些领域，作为最可能影响到云计算应用云部署技术的研究却进展不大。因为用户感受将直接受到云平台的部署效率影响，如果部署效率太低，用户需要等待的时间过长，必然会导致用户体验变差，从而影响到云计算应用的推广与普及。

技术背景

　　云计算作为一种全新的商业模式，它允许用户通过各种形态的终端，采用互联网的形式按需地使用位于远程云数据中心的各种虚拟资源，而云数据中心则根据用户的请求，及时、快速地响应，提供各种定制的服务。研究及应用的实际结果表明，尽管用户可以通过云计算这种方式享受到各种所需的便捷服务，但是，随着用户请求数目的增加，必然会导致云数据中心的网络资源、CPU、内存、IO 等各种资源的整体性能下降，最终影响到云数据中心所提供的定制云服务和云计算应用的服务质量。

　　为了解决这一问题，很多研究人员从虚拟机优化的角度进行了大量研究。虚拟机作为云计算应用的关键技术之一，它承载着云计算应用，虚拟机的运行状态、负载分布情况等都可能影响到整体的应用效率，研究人员从优化 CPU、内存、IO 等的性能、均衡服务器上的虚拟机的负载等不同角度进行了探讨，也取得了一些进展与成果，但这并不能从根本上解决问题。于是，又有学者考虑到采用虚拟机镜像模板的技术来解决这一问题。其出发点就是将原来需要对每个用户请求进行定制的云计算资源平台事先根据不同的操作系统类型做成模板，当用户有请求时，云数据中心只需通过克隆的方法将已经定制好的虚拟机镜像模板拷贝到虚拟机运行的指定路径，这如同在单机上采用 ghost 安装系统，显然

它相对于重新安装整个系统效率会提高许多。从云数据中心的角度讲，无须进行定制了，所以较传统的方式能够从一定程度上较好地缓解问题。不过，在用户需求增多的情况下，这些镜像的克隆在部署过程中将会相互争夺网络和 IO 资源，从而导致虚拟机的部署时间延长。

负载预测技术

负载预测技术是一种通过历史负载状态以及当前负载状态预测未来负载状态的方法，通常基于时间序列分析来实现。按照其特征的不同可分为两大类型：单时间预测模型和多时间预测模型。两种预测模型的区别是，前者只能针对云计算的一种资源，后者则需考虑不同资源之间的相互影响。一般而言，由于多时间预测相对复杂，因此，时间预测模型的应用相对广泛，常用的基于单时间预测的模型有如下几种：

ARMA 模型

ARMA 模型称为自动滑动平均模型（Auto-Regressive and MovingAverage Model），是一种基于时间序列预测的自回归方法。ARMA 模型将基于时间变化的预测结果当作随机序列处理，序列之间的变化趋势关系体现数据本身的延续性。当前的预测值是由前面若干个时刻的预测值与一个误差以一定概率组合而成，它能从一定程度上对云数据中心的任务负载情况进行预判，从而为后续的资源分配提供理论依据。

指数平滑模型

指数平滑模型（Exponential Smoothing Model）由布朗提出，它是常见的非线性模型中的一种，其核心是采用指数平滑方法，即假定随机序列随时间的推移存在某种延续性。影响这种延续性的因素由位于当前状态之前，且相邻的若干个状态或若干时间内的状态组成。离得越远的数据对当前数据的影响越弱，指数平滑模型常有一次、二次、三次平滑指数模型等。

线性模型

线性预测模型（Linear Prediction Model）是采用线性组合的方式，通过信号的若干个已知的抽样值，预测当前值的预测方法。其预测方法常分为如下四种：固定系数法，即由此方法产生的预测公式其各项权重为固定不变；单极预测法，即利用信号在短期内的特性进行预测；多极预测法，与单极预测法相比，它还考虑了信号前后周期内的相关特性；自适应预测法，预测系数可以随时调整，为动态变化的预测方法。

前提与技术基础

一般而言，对于镜像的克隆可以采用两种不同镜像存储结构，一种是共享存储结构（NFS），另一种是非共享存储结构。

共享存储结构是将各个集群节点中虚拟机运行相关的镜像存储路径通过 NFS 服务器进行共享，它有利于镜像的集中管理和共享，且是实现虚拟机迁移的前提。虚拟机在启动前需将虚拟机镜像模板从模板库克隆到共享路径下。非共享存储结构是将各个集群节点中虚拟机运行的镜像存储在本地磁盘，且不与其他集群节点共享。虚拟机启动前，需通过网络将虚拟机镜像模板从模板库克隆到各个集群节点中虚拟机运行路径指定的位置。

不论存储采用这两种结构中的哪一种，在某段时间内，在用户请求增多、虚拟机部署请求量激增的情况下，将会使得虚拟机镜像部署频繁密集。对于共享存储结构，各镜像将争夺模板库与虚拟机运行时共享路径之间的网络和 IO 资源；而对于非共享存储结构，模板库与各个集群节点之间的网络带宽将会受到极大影响。

资源部署是云计算应用中非常重要的服务，部署效率的高低将直接影响到云计算的服务质量和应用效果。对于非共享存储结构而言，由于镜像的传输密集频繁，容易对运行中虚拟机的网络性能造成严重影响。共享存储结构显然具有对镜像的集中性管理优势，但如果镜像设置不合理，同样会带来很多负面的影响。在用户请求增多而导致虚拟机需求增多的情况下，镜像间的克隆将会因为激烈争夺网络和 I/O 资源而造成网络和 IO 接口拥堵，最终导致虚拟机的部署时间延长，影响到云服务质量。这种情况将降低云计算数据中心的资源利用率而影响云计算的效率。因此，在讨论云计算资源部署模型时，必须充分考虑建立该模型的前提与基础。

1. 由于镜像模板共享与镜像的数量将直接影响到云计算服务质量，因此，在整个云计算服务过程中，虚拟机镜像的设置必须处于一个相对合理的水平，这就需要系统能够根据用户的访问情况动态调整，即根据用户请求数量的增加或减少自动调整资源镜像数目，从而在保证服务质量的前提下，尽量提高资源的使用效率。

2. 用户在不同时间段的请求数量是不一样的，在某段时间内处于请求的高峰期，经过高峰期之后，用户的请求数量将会逐渐减少。因此，为了保证不造成资源浪费，以提高资源的使用效率，必须在用户请求资源镜像的需求下降时，能够自动收回多余镜像所占用的系统资源。

3. 云数据中心一旦提供服务，用户的请求数总是处于周而复始的动态变化过程中，因此，云资源部署策略的应用也应该是一个动态的变化过程。

4. 为了保证云数据中心能够提供数量合理的云计算镜像资源，必须有能够有效地预测在何时对资源镜像进行增补、何时对多余的镜像资源进行回收的机制，这样才能保证云中心的服务更加高效。

5. 在用户请求增多的情况下，云数据中心的资源镜像增加不是无限制的，而应该是与云数据中心所提供的硬件资源，如存储设备是相关的。因此，当用户请求数量很大，而云数据中心的镜像资源池不能继续扩展时，必须考虑合理的应对措施。

基于预测的云计算资源部署

基于动态预测的云计算资源部署方法，一是通过调整虚拟机镜像的数量来改变多镜像共享所带来的网络拥堵问题，二是通过动态预测云数据中心在不同时刻对镜像需求的数量，从而实时调整镜像版本的数量，进一步减少镜像不足而带来的时间延时或镜像过多而造成的资源浪费。

基本定义与概念

为了便于云计算资源部署方法的讨论，先给出如下一些定义与概念：

镜像

镜像是虚拟机的存储载体。本书将镜像分为两类：平台镜像和存储镜像。其中，平台镜像中预装有操作系统，每台虚拟机必须且只能对应一个平台镜像；存储镜像是作为虚拟机的虚拟磁盘用于存储用户数据的，每个虚拟机可以有多个该镜像，存储镜像可以根据需要设置为不同大小（例如创建 5 GB、10 GB、50 GB 不等大小）。

镜像模板库

用于存储镜像模板。通常先将安装有操作系统的平台镜像作为模板（根据所安装的操作系统不同，将平台镜像模板分为不同类型，如 32 位 Ubuntu14.10、64 位 Ubuntu14.10、32 位 Windows 8、64 位 Windows 8 等），并将这些平台镜像存放于镜像模板库中。当用户请求部署虚拟机的时候，只需将相应的平台镜像从模板库克隆到虚拟机运行路径指定的位置，用短暂的镜像克隆时间换取繁长的系统安装时间，以达到虚拟机快速部署效果。同样，将存储镜像作为模板置于模板库中，在用户请求挂载虚拟磁盘的时候，将其从模板库克隆到虚拟机磁盘运行时指定的位置，以达到快速部署虚拟磁盘的效果。

镜像空间

镜像空间是 NFS 共享服务器中开辟的专门空间，作为镜像资源池，用于存储云数据中心建构的镜像。当用户请求镜像资源时，可以直接定位到镜像空间的相应镜像，从而提高云计算的访存效率，也可以避免由于用户集中请求镜像模板所带来的网络阻塞和 IO 性能下降问题。需要注意的是，在 NFS 共享服务器中，镜像空间的路径和虚拟机运行的路径是相同的，因此，在实际应用过程中，为了区分虚拟机的镜像，需要将不同的镜像标识为不同状态。

镜像库中镜像状态

镜像具有未分配的、已分配未使用的和已分配已使用三种状态。在镜像从模板库中克隆到镜像空间中时，新加入的镜像处于未分配状态；当镜像被分配给用户时，该镜像的状态变成了已分配未使用；当用户使用了申请到的镜像后，镜像状态变为已分配已使用。

资源保持时间

云数据中心为每种云资源设定一个时间阈值，如果这段时间内某种资源镜像从未发生过预警，则该种资源的镜像模板处于富余状态，应当采取适当的措施缩减该种资源，以提高资源的利用效率。

镜像库

镜像库是 NFS 共享服务器中专门开辟的一块存储空间，可以看作镜像资源池，用于提前存储用户所需的各种虚拟机镜像，这些镜像是系统根据用户请求情况，动态预测、实时调整的。当用户请求镜像资源的时候，系统直接将请求定位到镜像库中已有的相应镜像，用户便可立即使用该镜像。以这种方式管理镜像库的最大特点是可以较好地避免用户集中请求时镜像传输带来的网络和 I/O 性能下降问题。需要注意的是，在 NFS 共享服务器中，镜像库的路径和虚拟机运行时的路径是相同的，但是为了区分它们之间的镜像，可以将这两种状态下的镜像标识为不同状态。

基于预测的云资源部署

基于预测的云资源部署模型如图 4-1 所示。从图中可以看出，该云资源部署模型分为两部分，一部分为前端（Front end），一部分为集群节点（Cluster nodes），其中前端主要是用于存放云资源镜像模板库和镜像库，而集群端主要是运行用户虚拟机监控程序（hypervisor），它们通过 NFS 共享服务器的方式实现。其中，前端的镜像模板库存放的是带有不同用户请求（如不同的操作系统需求，如 32/64 位 Windows、Linux 等）的资源镜像模板，每种不同操作系统需求的镜像只存放一份模板。镜像库是用于存放通过镜像模板库克隆出来的镜像，每种不同的配置需求的镜像可能有一份，也可能有多份，其数量完全取决于云系统的当前运行状况及根据当前状况的预测情况。一般而言，镜像库中包含三种不同的状态镜像，即从镜像模板库中克隆后尚未分配的镜像、已经被系统分配给用户但尚未被使用的镜像和用户申请并且已经使用了的镜像。

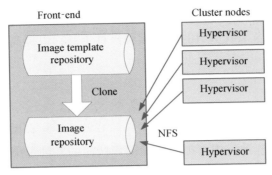

图 4-1　基于预测的云资源部署模型

　　图 4-2 给出了基于预测的云资源部署实现过程。从图中容易看出，云计算资源的部署过程如下。首先，在云数据中心创建有用户可能用到各种配置的镜像模板（包括不同的操作系统和资源配置需求），系统在开始运行时会针对各种不同配置的模板克隆一定数量的资源镜像（该数量为系统运行的初始值，可以根据实际情况人为设定）。当用户提交应用请求后，云计算中心控制管理模块将用户请求送入用户请求队列，系统根据用户请求队列对云资

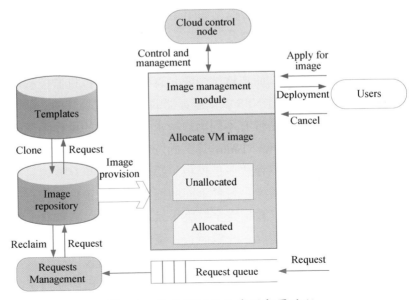

图 4-2　基于预测的云资源部署过程

源的请求情况，到资源镜像库中查找，是否有合适的、匹配的资源镜像满足用户请求。如果有合适的资源镜像，那么平台镜像映射到虚拟机运行路径指定的位置，用户的请求就可以被立即响应并得到执行。如果镜像库中没有合适的镜像，则需要从镜像模板库中克隆合适的镜像再给用户提供服务。云计算中心在响应用户请求的同时，实时预测镜像库中镜像的数目是否能及时响应未来的用户需求，并根据镜像库中不同状态镜像的数量，动态调整镜像库中未分配镜像的数量。若某种镜像数量不足以满足未来需要，那么根据相应的策略，增加镜像的数量；相反，若某种镜像的数量超过实际的需求，则系统将收回一些镜像资源，以提高资源的利用率。当然，在整个应用过程中，用户可以根据自己的实际应用需求，随时申请、回收相应的云计算资源，云计算中心将根据用户的行为实时动态调整镜像库中的镜像资源。

云资源部署算法

为了达到有效利用云计算资源的目的，基于动态预测的云计算资源部署方法可通过如下的步骤加以实现：

Step1：初始化，设定各参数值；用 M 表示云数据中心共享存储服务器用于镜像模板存储的镜像空间大小；假设云资源的镜像模板种类共有 k 种，v_i 表示每个镜像资源模板 i 的容量大小；r_i，$i \in \{1, 2, \cdots, k\}$ 表示资源镜像 i 的数量，r_{i_0}，$i \in \{1, 2, \cdots, k\}$ 表示云数据中心镜像资源 i 的初始值，r_{i_t}，$i \in \{1, 2, \cdots, k\}$ 表示任意时刻 t 云数据中心资源资源镜像 i 的数量，$r_{i_{ta}}$，$i \in \{1, 2, \cdots, k\}$ 表示任意时刻 t 云数据中心未分配的资源镜像 i 的数量；在云计算数据中心分别为这 k 种资源镜像模板创建其初始值所给定数目的镜像，同时启动对各种资源进行定时监控管理的时钟，即资源保持时间 t_j，$j \in (1, 2, \cdots, k)$；

Step2：判断是否收到资源镜像不足的报警信息，即判断是否出现满足公式 $r_{i_{ta}} \leqslant \beta_i \cdot r_{i_t}$ 的情况，其中，β_i 为资源镜像 i 的预警系数，选择合理的预警系数可以保证云数据中心在用户请求增加的情况下能持续提供服务，而不至于致使用户请求后需要长时间的等待；若出现报警，则进行 Step3，否则，进行 Step4；

Step3：检查增补资源是否会超出云数据中心资源镜像库的容量范围，即，判断是否满足公式 $\sum_{i=1}^{k} v_i \cdot r_{i_t} \cdot N_{i_t} \geqslant M$，其中，$N_{i_t}$ 表示资源镜像 i 在 t 时刻总的镜像数量；若是，则进行 Step5，否则，则进行 Step6；

Step4：检查各种云资源镜像是否存在富余状态，若是，则进行 Step7，否则，则进行 Step2；云数据中心的资源管理任务每隔一个固定的时间段 t_c 检查各种云资源镜像的数量，如果对于某种资源镜像，如资源 j 而言，从最近一次预警进行资源增补或资源回收时刻开始，时间间隔超过了资源保持时间 t_j，$j \in (1, 2, \cdots, k)$，该资源一直未发生过资源预警提示，那么就认为此时，云数据中心的资源 j 的镜像处于富余状态；

Step5：减小资源预警系数 β_i 的值，检查是否有足够的空间进行资源增补操作，若是，则进行 Step6；否则，部分收回在最近一段时间内使用频率较低的资源镜像所占用的系统空间，进行 Step6；

部分收回是基本的资源回收策略，即从云资源镜像库中删除其中使用频率较低的那部分资源。这样就可以释放它们所占用的空间，便于后续应用继续。

使用频率的高低不是个固定的值，完全取决于云的提供商及其运营策略，如有 y 种资源，其中有 u 种在某段时间内使用的次数超过了 w 次，另外 $y-u$ 种被使用的次数没有超过 w 次，云提供商可以根据自己的运营策率，认为 $y-u$ 种资源使用的频率较低，这里 y、u、w 完全没有任何固定的界限，完全由云提供商的资源使用现状进行设定或调整。

Step6：启动资源镜像增补操作，即从模板库中克隆资源镜像 i 对应的镜像，并将所克隆的资源镜像 i 增加至镜像库，然后进行 Step4；

若 Δr_{i_t} 为 t 时刻增加资源镜像 i 的数量，资源 i 的镜像在发生

第 m 次预警时与该资源镜像最近一次发生资源增补或缩减的时间间隔为 t_{i_m}，$m=0$，1，$2\cdots$，∞ 则在第 m 次预警时需增加资源 i 的镜像模板数 Δr_{i_t} 为

$$\Delta r_{i_t} = \frac{q_i}{t_{i_m}} \qquad (4-1)$$

其中，q_i 为资源镜像 i 模板的增补系数，由资源种类和运营策略决定。

可以确定，云数据中心在第 m 次预警后的 t 时刻资源 i 的镜像模板总数和未被分配的模板数分别如公式（4-2）和公式（4-3）所示：

$$r_{i_t} = r_{i_{t-1}} + \Delta r_{i_t} = r_{i_{t-1}} + \frac{q_i}{t_{i_m}} \qquad (4-2)$$

$$r'_{i_{ta}} = r_{i_{ta}} + \Delta r_{i_t} = r_{i_{ta}} + \frac{q_i}{t_{i_m}} \qquad (4-3)$$

其中，$r_{i_{ta}} \leqslant \beta_i \cdot r_{i_{t-1}}$，$r'_{i_{ta}}$ 为 t 时刻未被分配的资源 i 的镜像模板数；

Step7：判断是否需要执行资源缩减操作，即判断是否满足公式 $r_{j_{ta}} \geqslant \beta_j \cdot (r_{j_{t-1}} - p_j)$，$j \in (1，2，\cdots，k)$，其中，$p_j$ 为资源 j 的缩减系数，它由资源种类、数量及云提供商的运营策略决定；若是，则进行 Step8，否则，执行 Step2；

Step8：执行资源缩减操作，执行 Step2。

对于资源 j 而言，每次在 t 时刻回收其镜像数目为 Δr_{j_t}

$$\Delta r_{j_t} = p_j \qquad (4-4)$$

此时，云数据中心在资源缩减后的 t 时刻镜像模板 j 的总数为：

$$r_{j_t} = r_{j_{t-1}} - p_j \qquad (4-5)$$

YUNJISUANJIENENG YUZIYUANDIAODU

本算法以共享存储结构为基础，用户在申请部署镜像之前，云中心首先根据历史记录预测下一时刻可能用到的镜像资源数量，在用户请求到达时，即可马上响应用户，提供相应的服务，从而能较好地缓解多镜像共享拷贝部署所带来的性能下降问题。该算法实现流程如图 4-3 所示。

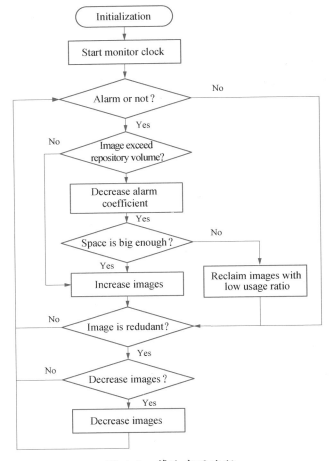

图 4-3　算法实现流程

本算法的执行过程是一个循环过程，分析云计算应用服务的实际过程。不难发现，这一过程是合理的，因为云数据中心一旦提供了云计算服务，那么其镜像资源总是处于一个从资源不足到

资源超量的动态过程。为了提高云计算的服务质量和云中心各种
资源的使用效率，在实际应用过程中，各种云资源镜像的数量总
是处于不断地增加和缩减的动态变化过程中。

　　鉴于非共享存储结构对镜像的密集传输将严重影响运行中的
虚拟机的网络性能，且共享存储结构具有对镜像的集中性管理优
势，本章给出了基于动态预测的资源共享与快速部署方法，建立
了相应的实现模型。

YUNJISUANJIENENG

YUZIYUANDIAODU

实验结果与分析

为了验证本方法的合理性、有效性，将通过实验的方法进行验证，并将所得到的结果与相同条件下传统方法得到的结果进行比较。

实验配置

实验过程中所采用的硬件平台为采用一台高档 PC 机，CPU 主频为 2.66 GHz、内存 4.0 GB、硬盘为容量 500 GB、转速为 7 200 转 / 分、接口为 SATA 的希捷高速硬盘，PC 在实验过程中用作 NFS 服务器，并安装 64 位的 CentOS 6.5 操作系统。客户端是一台普通 PC 机，CPU 主频为 2.3 GHz、内存 2.0 GB、硬盘为容量 500 GB、转速为 7 200 转 / 分，上面安装 Ubuntu 14.10 操作系统，硬件平台和客户端之间通过局域网链接。

为了研究本书所提出的基于动态预测的云计算资源部署方法的有效性及其相对于传统部署方法的优势，实验过程中，采用了开源的公共云计算环境 OpenNebula 为实验平台，分别对传统的共享存储结构下的镜像资源部署方法和本书所提出的动态预测部署方法进行了模拟仿真。比较的性能指标正是对在不同时间段内，不同的用户请求的情况下，完成所有请求镜像部署所花费的平均时间。为了简单与分析方便起见，实验过程中只模拟了一种类型的资源镜像的情况。

实验结果分析

　　模拟传统的云计算资源在部署策略时，采用的是在共享存储结构服务器中，首先指定镜像模板库的路径，并在模板库中存放一个 4.0 GB 大小的镜像作为资源模板，通过在设置虚拟机运行时的存储路径，使得当用户请求部署资源镜像时，系统能够实现自动从共享存储空间的模板库中克隆相应镜像到虚拟机运行时的运行路径中，并在用户请求开始响应时开始计时，直到镜像在用户的私人空间运行起来为止，记为用户申请的资源镜像的部署时间。

　　此处给出的基于动态预测的资源部署方法，在实验过程中，假设系统提供的资源镜像库的空间足够大，假设镜像资源的初始镜像数分别为 5 和 50 两种情况，资源采用的资源预警系数 β 的取值为 0.2 的情况。同样，记录每个从用户请求开始到部署完成的时间，最后通过总的部署数目和部署时间，计算得到在不同情况下，部署资源镜像所花费的平均时间。

　　为了验证两种方法在云计算资源部署时的效率，实验过程中，通过模拟在不同时间间隔内不同数量的用户向云中心请求云计算资源镜像的部署，云中心响应用户请求，并完成部署时，每个请求从开始响应到完成部署所花的平均时间。选择的时间间隔从 10 分钟、20 分钟、30 分钟，在这些时间间隔中，用户的部署请求数从 2 个、4 个……逐步增至 48 个，实验结果如图 4-4、图 4-5 和图 4-6 所示。

　　其中，图 4-4 给出的是采用传统镜像共享方法进行云镜像资源部署的结果，而图 4-5 和图 4-6 给出的分别是初始镜像为 5 和 50 时基于动态预测方法进行云镜像资源部署的实验结果。从图中的变化情况可以看出，采用传统镜像共享方法和基于动态预测方法，所带来的时间开销异常巨大。图 4-4 表明采用传统镜像共享的方法进行云镜像资源部署时，所需要的时间开销非常大，通常

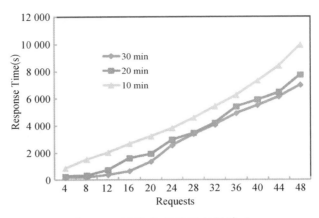

图 4-4　镜像共享资源部署情况

从数百秒到数千秒甚至上万秒不等。对于部署同样数量的虚拟机镜像，时间间隔越小，每个虚拟机部署平均所需的时间越长；在特定时间段内，随着待部署虚拟机镜像数目的增加，部署每个虚拟机平均所需的时间就越长，而且随着待部署虚拟机数量的增加，部署每个虚拟机平均增加的时间就越大。这说明镜像共享法给每个请求提供的都是同一个镜像，所有的请求应用都通过该镜像向自己的运行空间复制一个镜像的副本。当用户请求增加时，造成多个应用线程共同争夺 CPU 资源、通信接口资源等，服务器为了响应每个用户的请求，必须频繁地进行线程切换，从而造成大量的时间开销；而且需要部署的虚拟机数目越多，那么所造成的资源竞争与争夺就越明显，这就致使部署每个虚拟机平均增加的时间就越大。此外，从图 4-4 中还可以看出，从时间间隔的角度看，间隔时间 20 分钟和 30 分钟内部署虚拟机的规律比较接近，虚拟机部署平均所需的时间相差不是很大，而时间间隔为 10 分钟的情况，虚拟机部署平均所需的时间则明显要高于间隔时间为 20 分钟和 30 分钟的情况。这说明，在 20 分钟和 30 分钟内部署实验中的虚拟机，并没有达到实验系统资源竞争的上限，而 10 分钟内部署相同数量的虚拟机，则对实验系统资源竞争产生了压力。这也表明，在一定时间内，用户的并发请求超过一定数目时，会严重影响虚拟机的部署效率。

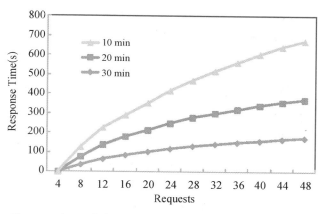

图 4-5 初始镜像为 5 时基于动态预测的云资源部署

　　与采用传统镜像共享的方法进行云镜像资源部署时的时间开销完全不同的是，图 4-5 和图 4-6 给出的是基于动态预测两种方法进行云镜像资源部署。图 4-5 给出的是初始镜像为 5 的情况，而图 4-6 给出的是初始镜像为 50 的情况。从图 4-5 可知，在三种不同的时间间隔实验中，当需部署的虚拟机数量为 4 时，所需的时间都基本上为 0，而后随着请求部署的虚拟机数量增加，部署虚拟机的平均时间都会增加，但增加的幅度越来越小，并且总体上平均时间开销远远小于传统镜像共享的方法进行资源镜像部署的情况。这主要是由于初始的镜像为 5，当需部署的虚拟机镜像小于 5 时，系统直接将虚拟机镜像的路径拷贝给用户即可应用。而随着用户请求部署的虚拟机数目增加，由于服务器需要不断增加 CPU 时间来克隆更多的镜像，使得镜像的平均响应时间不断增加。但是由于通过预测策略，可以提前克隆相应的镜像，这使得真正部署虚拟机的时间可以忽略不计，增加的时间主要是由于克隆镜像增加给服务器带来的压力增加而造成的。但由于克隆过程不存在传统共享方法那样，需要在不同的应用请求之间来回切换，因此，采用预测方法，部署虚拟机的平均时间要远远小于传统共享方法。

　　图 4-6 给出的是一个极端的情况，即初始镜像为 50，也就是说当初始的镜像数大于实际请求部署数时，采用动态预测的方法，

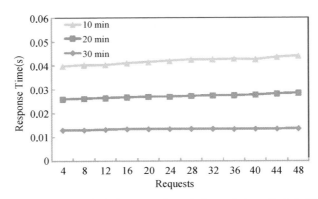

图 4-6　初始镜像为 50 时基于动态预测的云资源部署

部署虚拟机的时间基本上可以忽略不计，都小于 0.1 秒，而且不管是在哪种时间间隔情况下，部署时间基本上没有什么大的变化，都非常小，相对于传统镜像共享的方法可以忽略不计。可见，基于动态预测两种方法进行云镜像资源部署具有巨大的优势。带来这种巨大优势的原因主要是，对于动态预测部署法而言，用户请求的虚拟机镜像都在镜像库中，并且在整个运行过程中，云计算中心会根据实际的预测信息动态调整镜像数量。一旦用户发出请求，只需模板库中镜像的路径拷贝给用户即可，而不必像传统镜像共享的方法那样按照虚拟机，争夺网络及 IO 资源。

　　进一步分析，不难发现，对于传统镜像共享的方法，在相同的时间间隔内，当用户请求增加时，云计算资源镜像的部署时间急剧增加；并且，当用户请求数相同时，时间间隔越小，云计算资源镜像部署的平均时间也越长。造成上述这些情况的共同原因是，在单位时间间隔内，用户请求数目越多，不同进程在访问共享镜像过程中造成的资源及接口上的冲突就越严重。要改变这种情况，就需要尽量减少单位时间内用户请求的数目，从而提高镜像资源的部署效率。

　　相比较而言，基于动态预测的部署方法则不会造成资源冲突的情况。这主要是因为在云计算镜像资源部署过程中，系统会实时预测云中心镜像库中的镜像数，当资源镜像数不足而发生预警时，云中心将自动进行资源克隆，克隆的资源镜像源可能会有多个，这时在克隆的过程中，能够大大提高资源的配置率，从而提高整体的资源补充和部署效率。在这种情况下，当用户请求部署云镜像资源时，只需将镜像的路径指定给用户即可完成，因此，部署非常简单和快速。

事实上，上述基于动态预测的云计算资源部署方法的实验结果是相对比较理想的情况，还需要一定时间的原因主要是云数据中心克隆镜像资源需要花费一定的时间，这种情况其实可以进一步减小，从而降至很低的水平。这只需将云计算的资源预警系数 β 的值适当增加，即当云数据中心有相对较多的资源的时候就开始补充镜像，这时，若有用户请求，只需作简单的镜像路径指定，而无须用户进行等待资源克隆，从而大大提高部署效率。可以明显看出，基于动态预测的云计算资源部署方法明显优于基于共享的部署方法。

YUNJISUANJIENENG
YUZIYUANDIAODU

113

第五章

IO 密集型应用
建模与节能

对于云计算应用而言，按照任务对于资源分配的需求特征，通常可分为CPU密集型、内存密集型、网络密集型和IO密集型。每种类型的任务运行时对资源的需求是不相同的，对于系统的压力也是不一样的。CPU密集型应用主要消耗CPU资源，这些CPU资源通常用于处理一批进程或者科学计算。在很多时候对于云数据中心而言，海量的Web服务应用、邮件服务或者其他类似的服务可能导致CPU使用率提升。对于内存密集型应用，通常由于没有单独的应用仅仅消耗内存，而不使用其他的资源，因此这里所讨论的内存密集型应用是相对的，即这类应用以消耗内存资源为主，同时使用少量的CPU或者IO资源，现在新兴的内存计算就符合这类应用的资源使用情况。对于网络密集型应用，由于云计算是通过网络提供服务，为用户提供超强的计算能力和海量的存储能力的，大部分云计算应用都需要消耗网络，所以这里的网络密集型应用也是相对的，即这类应用更多的是需要高速的带宽，而对CPU资源并没有很强的刚性需求，如流媒体视频播放服务等。本章主要讨论IO密集型应用，顾名思义IO密集型应用会使用大量的IO资源，对服务器端的IO性能要求很高，并且在海量用户的访问下，查找、增加、备份和删除的压力会越来越大。

IO 密集型应用的特点

在研究 IO 密集型应用之前，首先应该找到 IO 密集型应用的特点。

CPU 特征

对于 IO 密集型应用而言，它是需要消耗 CPU 资源的。从资源分配的角度去考虑，CPU 由 6 个部分构成，通常用百分比显示，由 sar 命令监控可以得到如图 5-1 所示的形式：

```
$ sar -u 2 10

Linux 2.5.17-92.el4 ()          08/30/2013

08:28:36 PM    CPU    %user    %nice    %system    %iowait    %steal    %idle

08:28:38 PM    all    0.24     0.00     0.02       0.78       0.00      98.97

08:28:40 PM    all    0.50     0.00     0.54       0.00       0.00      98.97
```

图 5-1　sar 命令输出示意图

从图中可以看出，列举出来的 CPU 参数分别为 user、system、nice、steal、iowait 和 idle。其中，user 指的是用户态进程所占用 CPU 时间的百分比；system 是内核态进程所占用 CPU 时间片的

117

百分比；nice 指的是改变过优先级的进程所占用 CPU 时间的百分比，在 linux 下可以用 nice 和 renice 命令改变进程的优先级；steal 指当虚拟机监控程序（hypervisor）在服务其他虚拟处理器时，当前虚拟 CPU 等待物理 CPU 的时间占比，即被其他虚拟机占用当前虚拟机 CPU 时间的占比，它只会产生于虚拟机上，由其他虚拟机占用了当前虚拟机的 CPU 资源所导致；iowait 表示进程因等待 IO 操作所等待 CPU 时间所占的百分比；idle 就是空闲 CPU 时间所占的百分比。IO 密集型应用在大多数情况下都占用 iowait 的时间片，这表明 CPU 在等待 IO 设备的执行，CPU 因此会被阻塞，同时产生大量的上下文切换。

上下文切换特征

上下文切换的数量也可以视为 IO 密集型应用的一个重要特征。上下文是指 CPU 寄存器和程序计数器在任何时间点的内容。当挂起一个进程，或从内存中恢复下一个执行的进程时，都会导致上下文切换的产生。一个硬件中断的产生，同样也会导致内核收到信号后进行上下文切换。使用 vmstat 命令可以看到上下文切换的使用情况，如图 5-2 所示：

```
# vmstat 1
procs                memory        swap       io     system       cpu
 r  b   swpd    free  buff  cache   si   so   bi   bo   in   cs us sy wa id
 2  0 145940  17752 118600 215592    0    1    1   18  109   19  2  1  1 96
 2  0 145940  15856 118604 215652    0    0    0  468  789  108 86 14  0  0
 3  0 146208  13884 118600 214640    0  360    0  360  498   71 91  9  0  0
 2  0 146388  13764 118600 213788    0  340    0  340  672   41 87 13  0  0
 2  0 147092  13788 118600 212452    0  740    0 1324  620   61 92  8  0  0
 2  0 147360  13848 118600 211580    0  720    0  720  690   41 96  4  0  0
 2  0 147912  13744 118192 210592    0  720    0  720  605   44 95  5  0  0
 2  0 148452  13900 118192 209260    0  372    0  372  639   45 81 19  0  0
 2  0 149132  13692 117824 208412    0  372    0  372  457   47 90 10  0  0
```

图 5-2　vmstat 命令输出示意图

在上图中，system 栏下的 cs 栏就代表了系统中上下文切换的每秒进程数。在云计算服务器上，运行着大量的 IO 密集型应用，这势必会导致物理机和虚拟机产生大量的中断和上下文切换，在此也将上下文切换数量作为判断 IO 密集型应用的一大特征。

内存特征

为了防止内存泄漏，会使用虚拟内存。虚拟内存是计算机管理内存所采用的一种技术，使得应用程序认为其拥有连续的可用的内存（一个连续完整的地址空间），并且空间很大，然而实际上被分割成多个内存碎片，并且很大一部分被暂时存储在外部的磁盘上。在进行数据交换时，如果物理内存不够，系统就会把部分数据导入到硬盘，从而把硬盘的部分空间当作内存来使用，这部分被当作内存的硬盘空间就称为虚拟内存（Linux 系统也称作交换空间 Swap）。另外，Swap 分区的大小对于系统的性能至关重要。由于 Swap 交换的操作属于 IO 的操作，如果系统中存在多个 Swap 交换分区，Swap 空间就会以轮询的方式进行操作和管理，这样也会大大均衡 IO 的负载，同时加快 Swap 交换的速度。监控 Swap 如图 5-2 所示，memory 栏下的 swpd 表示使用的 Swap 空间的大小。Swap 栏下的 so 表示每秒写入虚拟内存的数据大小，si 表示每秒从虚拟内存中读取、写入内存中的数据大小。由于云计算服务器上运行着大量的 IO 密集型应用，频繁的 IO 读写操作会导致内存紧张，虚拟内存会被大量使用以保证任务的正常执行，因此虚拟内存的使用情况可以作为一项重要的参考依据。

系统负载特征

在驱动程序不适合中断的情况下，有时需要将任务推迟处理，Linux 为此提供了两种方法：任务队列和内核定时器。任务队列的使用非常灵活，可以或长或短地延迟任务到之后处理，在写中断处理程序时任务队列非常有用。当系统高负荷工作时，内核调度器无法保证系统的正常需求。这时，系统会将一部分进程暂时放入阻塞队列中去。放入阻塞队列中的任务会因为缺少资源而被阻塞，等待将来的某一时刻再被重新唤醒。如图 5-2 所示，process 栏下的 r 表示运行队列，b 表示阻塞队列。通过监控阻塞队列中的任务数，不难发现，系统中有多少进程处于阻塞状态，从而分析系统是否处于繁忙。在很多情况下，这些队列都是因为等待 IO 资源而被阻塞的。所以阻塞队列中的进程数可以视为 IO 密集型应用的重要判定特征。

IO 特征

对于 IO 密集型应用而言，服务器端的存储设备的 IO 读写速率与其密切相关。由于 IO 应用在读写类型上可以分为顺序读写和随机读写两类，因此在考虑基本的每秒硬盘读写速率的同时，还需要考虑每秒读取扇区数、每秒合并的数目等来分析 IO 应用的具体特征。使用 iostat 命令可以得到如下形式的输出：

```
# iostat -x 1

avg-cpu: %user    %nice    %sys    %idle
          0.00     0.00    57.1 4  42.86

Device:  rrqm/s wrqm/s  r/s  w/s  rsec/s  wsec/s  rkB/s  wkB/s  avgrq-sz avgqu-sz await svctm %util
/dev/sda  0.00 12891.43 0.00 105.71 0.00 106080.00 0.00 53040.00 1003.46 1099.43 3442.43 26.49 280.00
/dev/sda1 0.00   0.00  0.00  0.00  0.00    0.00   0.00   0.00    0.00    0.00    0.00  0.00   0.00
/dev/sda2 0.00 12857.14 0.00 5.71 0.00 105782.86 0.00 52891.43 18512.00 559.14 780.00 490.00 280.00
/dev/sda3 0.00  34.29  0.00 100.00 0.00 297.14   0.00 148.57    2.97  540.29 3594.57 24.00 240.00

avg-cpu: %user %nice %sys %idle
0.00 0.00 23.53 76.47

Device:  rrqm/s wrqm/s  r/s  w/s  rsec/s  wsec/s  rkB/s  wkB/s  avgrq-sz avgqu-sz await svctm %util
/dev/sda  0.00 17320.59 0.00 102.94 0.00 142305.88 0.00 71152.94 1382.40 6975.29 952.29 28.57 294.12
/dev/sda1 0.00   0.00  0.00  0.00  0.00    0.00   0.00   0.00    0.00    0.00  0.00  0.00   0.00
/dev/sda2 0.00 16844.12 0.00 102.94 0.00 138352.94 0.00 69176.47 1344.00 6809.71 952.29 28.57 294.12
/dev/sda3 0.00 476.47  0.00  0.00  0.00  952.94   0.00 1976.47    0.00  165.59  0.00  0.00 276.47
```

图 5-3　iostat 命令输出示意图

在图 5-3 中，各参数的含义如下：rrqm/s 表示每秒钟与这个设备有关的读取请求的合并数；wrqm/s 表示每秒钟与这个设备有关的写入请求的合并数。rsec/s 表示每秒钟读取的扇区数；wsec/ 表示每秒钟写入的扇区数；rkB/s 表示 IO 设备的每秒钟读取速率；wkB/ 为 IO 设备的每秒钟写入速率；avgrq-sz 表示平均请求扇区的大小；avgqu-sz 表示平均请求队列的长度。Await 表示平均每个 IO 请求处理的时间（以微秒为单位）。svctm 表示 IO 设备平均每次 IO 操作所消耗的服务时间（以毫秒为单位）。如果 await 的值与 svctm 很接近则表示几乎没有 IO 等待，磁盘目前的性能很好；如果 await 的值远高于 svctm 的值则表示 IO 队列等待太长，运行在系统上的 IO 操作将会变得很慢。%util 表示在统计时间内，处理 IO 的时间除以总共时间的比值。

网络特征

由于云计算是基于网络的，因此有关服务器端与客户端交互的 IO 密集型应用与服务器端的网络带宽密切相关。对于这类应用，在网络带宽上，由于涉及大量的上传与下载操作，因此网络速率可以作为一项重要的判断依据。使用 ifstat 可以查看系统的网络使用情况，如图 5-4 所示：

```
# ifstat -a
              lo                    eth0                eth1
KB/s in   KB/s out    KB/s in   KB/s out    KB/s in   KB/s out
0.00      0.00        0.28      0.58        0.06      0.06
0.00      0.00        1.41      1.13        0.00      0.00
0.61      0.61        0.26      0.23        0.00      0.00
```

图 5-4　ifstat 命令输出示意图

ifstat 工具是个网络监控的工具，这个命令比较简单，主要看的是网络流量。默认 ifstat 不监控回环接口，显示的流量单位是 kB。kB/s in 表示网络接收的流浪，kB/s out 表示网络发送的流量。同时将上传或下载的流量与硬盘读写速率进行比对，通过观察这些流量和该应用导致的 IO 读写速率是否可以匹配，从而更好地判断是否为 IO 密集型应用。

IO 密集型应用的特征模型

IO 密集型应用六元组

针对 IO 密集型应用的研究分析，不难发现 IO 密集型应用存在着一些共性的特征。在运行 IO 密集型应用时，CPU、上下文切换、虚拟内存、运行队列、IO 性能和网络上都体现出了一些共有的特征。本章将这些特征分成六大类，每一类的名称表明了各自所代表的含义。同时，具体到每一类，挑选出最能代表 IO 密集型应用的属性，将其作为对于 IO 密集型应用而言的判断依据。可用以下六元组来表示，即为 F（t）=（CPU，Csw，Mem，Pro，IO，Net），对于每一个参数的具体含义分析如下：

1. CPU

CPU 表示 CPUiowait 的值，即 iowait 在 CPU 方面的百分比，它代表了 CPU 在 IO 上的使用资源。如果是 IO 密集型应用，那么 CPU 的 iowait 占用很高的时间，表明 CPU 在频繁等待某种 IO 操作，为了研究这一参数的影响，可以定义阈值 C 来对不同类型的应用进行区分。

2. Csw

CSW 表示每秒上下文切换的数量。如果是 IO 密集型应用，那么上下文切换一般都很高。系统中大量的上下文切换，可能是系统进程导致的，也可能是系统因等待某高优先级操作导致，同样为了区分不同应用在这一特性上的区别，可以定义阈值 W 来表示。

3. Mem

Mem 表示虚拟内存的大小。如果是 IO 密集型应用，会使用虚拟内存，并且有大量页面置换产生，说明内存分配了大量资源用于 IO 操作，为了探讨，可以定义阈值 M 来进行区分不同的应用。

4. Process

Process 主要表示每秒阻塞队列中的任务数。当负载较高或资源紧张时，系统就会把一些任务放入阻塞队列中，等待合适的时机去执行。此处定义了一个阈值 P。

5. IO

IO 表示每秒 IO 设备读写速率。IO 操作会导致硬盘上的读写速率大幅提升，同时从读写扇区数，每秒读写 IO 设备数等其他参数，还可以进一步判断是大文件还是小文件，是连续读写操作还是随机读写操作，此处定义了一个阈值 I 来表示读写速率。

6. Net

Net 表示每秒发送和接收的网络流量。如果是 IO 密集型应用，那么接收或者发送的流量会很高。网络上监测到大量流量数据，表明正在传输数据，可能是文件上传下载服务或者流媒体服务，此处给出了一个阈值 N 来对 IO 密集型应用与其他类型的区分。

阈值分析

根据上述给出的 IO 密集型应用特征六元组 F（t）=（CPU，Csw，Mem，Pro，IO，Net），每一个参数都对应了一项阈值。CPU 对应的是 iowait 所占百分比的阈值 C；Csw 对应的是每秒上下文切换的数量的阈值 W；Mem 对应的是虚拟内存的大小的阈值 M；Pro 对应的是每秒钟的阻塞队列中的任务数阈值 P；IO 对应的是

IO 设备的每秒读写速率 I；Net 对应的是网络带宽的每秒流量阈值 N。

对于不同的环境、不同的系统，这些阈值的具体值不是唯一的，应该根据系统的配置，云数据中心的性能要求和实际情况来制定。在整个运行过程中，随着云数据中心上运行的任务越来越多，这个阈值会有一个动态调整的过程，从而保证系统的正常运行。对于 CPU 而言，一般情况总体使用率不要超过 70% 为好，即 user+system+iowait+nice+steal+idle < 70%，CPU 使用率超过 70%，会导致系统中的进程运行效率下降，从而降低了用户的使用体验。对于上下文切换而言，不同的系统由于 CPU 结构、核数不同，上下文切换数量阈值也是有差异的。但不管什么情况，上下文切换过高，就会导致 CPU 像个搬运工一样，频繁在寄存器和运行队列之间奔波，在线程切换上花费了大量时间，而不是用于真正工作的线程上。因此定义合理的上下文切换数量阈值对于判断 IO 密集型应用尤为重要。对于内存，这里主要考虑虚拟内存，虚拟内存不是越大越好，这样会导致系统误以为内存很大，从而加载过多的应用导致未来不可预知的错误发生。同时虚拟内存太大会占用系统的硬盘空间，导致碎片产生，影响 IO 资源的使用效率。对于阻塞队列，一般来说系统负载同样和 CPU 核数有关。当阻塞队列中的进程数很高时，显然系统性能遇到了瓶颈，一般来说，阻塞队列中的任务数与 CPU 核数有 2:1 的关系，例如系统为单核的话，每秒阻塞队列中的任务数在 2 以下是正常的。如果超过 4 倍的关系，即每秒阻塞队列中的任务数超过 4，那么系统的性能将大幅下降。对于 IO 读取速率而言，不同的 IO 设备有着不同的速率，对于阈值 I，应该根据系统执行 IO 操作的平均读写速率而定。同样，对于网络带宽，阈值 N 也同样应该根据云数据中心的平均带宽而定值，从而当典型的 IO 密集型应用运行时，以上的相关数值能够得以很好地匹配。

IO 密集型应用的判定算法

在未知应用执行的过程中，监测使用到的物理机、虚拟机、管理服务器和存储节点的详细机器状态值，包括 CPU 使用状态、内存分配情况、中断及上下文切换数量、运行队列和阻塞队列、IO 使用情况和网络传输速率等。然后将这些状态值生成日志文件保存下来，同时对这些状态值进行如下分析，从而能够较快判定未知应用的任务类型。

Step1：对 CPU 数据进行分析，比较当前 CPUiowait 的百分比和阈值 C。如果满足当前 iowait 大于阈值 C，那么转到下一步，否则，转到 Step7；

Step2：分析每秒钟的上下文切换数量。比较上下文切换数量的数量和阈值 W。如果满足上下文切换数大于阈值 W，则转到下一步，否则，转到 Step7；

Step3：分析内存中虚拟内存所占的空间大小。比较虚拟内存大小和阈值 M，如果虚拟内存大小大于阈值 M，则转到下一步，否则，转到 Step7；

Step4：分析每秒钟阻塞队列中的任务数。将该数量和阈值 P 进行比较，如果每秒钟的阻塞队列中的任务数大于阈值 P，则转到下一步，否则，转到 Step7；

Step5：分析 IO 设备的读写速率。检查 IO 设备读写速率是否

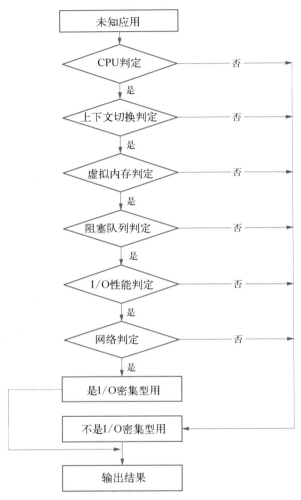

图 5-5　判定算法示意图

很大并且将其和阈值 I 进行比较，如果大于阈值 I，则转到下一步，否则，转到 Step7；

　　Step6：分析网络带宽上的流量。检查是否有大量的网络流量并且和阈值 N 进行比较，如果大于阈值 N，则系统判定该应用是 IO 密集型应用，退出，否则，转到 Step7；

　　Step7：系统判定该应用不是 IO 密集型应用，退出。

　　如果以上 6 项同时满足条件，系统就会判定该未知类型的应用为 IO 密集型应用，并在之后为其分配合理的 IO 调度策略和算法，提升 IO 密集型应用的效率。如果有一项不满足条件，系统会判断该未知类型的应用不是 IO 密集型应用。

IO 密集型应用的迁移

在云计算平台中有大量的物理机，每一台物理机上的配置是不同的，同一种配置的物理机由于运行着不同的程序，它们的负载也是不相同的。有的物理机上运行着大量的科学计算型应用，那么其 CPU 资源会被大量使用，然而 IO 资源和网络资源很有可能被大量闲置，造成系统负载不均衡。然而 IO 密集型应用主要消耗 IO 资源，对 CPU 资源使用的并不是很高，因此可以通过上述特征模型，将一个运行着已被证实的 IO 密集型应用的虚拟机迁移到一台 IO 资源较为闲置的物理机上，从而达到系统整体的负载均衡。

物理机到虚拟机的迁移

物理机到虚拟机的迁移是指将物理机上使用的操作系统和运行在上面的程序和数据迁移到 VMM（Virtual Machine Monitor）所管理的虚拟机上。这种迁移方式主要是使用各种工具和软件，把物理服务器上的数据和系统状态制作成一个镜像，然后在新建的虚拟机中使用这个镜像，并且替换物理服务器中的各个资源，包括存储设备和网卡驱动。之后需要在虚拟服务器上安装原来物理服务器上的驱动程序，同时将虚拟机的地址（如 TCP/IP 地址等）设置为和原来的物理机一样。在重启虚拟机后，虚拟机就可以完全替代原来的物理机进行工作了。

　　物理机到虚拟机的迁移有三种方式：手动迁移、半自动迁移和 P2V 热迁移。手动迁移是指操作者手动完成所有的迁移操作，这需要操作者对物理机系统和虚拟机环境非常了解。半自动迁移需要用到专业的工具辅助迁移，把迁移过程中某些手动环节进行自动化处理，从而减少人工操作，比如将物理机里的磁盘数据转换成虚拟机的格式。热迁移是指在迁移中避免宕机，整个过程中物理机依旧保持使用，这需要工具的支持。目前 Microsoft Hyper-V 和 VMware vCenter Converter 已经能够提供热迁移功能，同时可以避免宕机。

虚拟机到虚拟机的迁移

　　虚拟机到虚拟机的迁移是指在不同的虚拟机上进行操作系统和数据的迁移，这种迁移通常会考虑到物理机上的差异和处理不同类型的虚拟化硬件。虚拟机从一个物理机上的 VMM 迁移到另一个物理机上的 VMM，这两个 VMM 的类型可以相同，也可以不相同，例如从 VMware 迁移到 KVM 或者从 KVM 迁移到 KVM 上。可以使用多种方法将一个 VM Host 系统上的虚拟机迁移动到另一个 VM Host 系统上。

　　虚拟机到虚拟机的迁移技术可以分为离线迁移技术、在线迁移技术和内存迁移技术。离线迁移即常规迁移、静态迁移，是指在迁移之前需要先将虚拟机暂停，其中如果该虚拟机与其他虚拟机是共享存储的，那么只拷贝系统状态，不拷贝存储资源到目的主机，最后在目的主机上重建环境，恢复执行。在线迁移，又称实时迁移，它是指在迁移的过程中，虚拟机上的服务依然正常运行。在这种迁移方式下，虚拟机可以在不同的物理服务器之间进行迁移，这种迁移的逻辑步骤与离线迁移几乎完全一致。对于内存迁移，目前的 XEN 和 KVM 都采用了主流的预拷贝策略，主要的过程为在迁移开始之后，源物理主机的 VM 仍在运行，目的主机 VM 尚未启动。迁移通过循环方式，将源物理机 VM 的内存数据分批发送到目的物理机的 VM 上。循环第一轮把所有的内存页中的数据发送到目的 VM 上，之后的每一轮循环都要重新发送上一轮预拷贝过程中被 VM 写过的脏页内存。到所有的内存数据都被发送完毕后，预拷贝就此结束，进入停机拷贝阶段，源主机将会被挂起，并且停止更新内存。最后一轮循环中的脏页内存这时候会被传输到目的主机的 VM 上。预拷贝机制从整体上降低了迁移内存过程中停机拷贝阶段的数据量，同时保证了安全稳定，具有良好的适用性。

此处采用的迁移技术主要运用了虚拟机到虚拟机迁移中的实时迁移技术。首先假设一个物理机 P1 上运行着一台虚拟机 V1，V1 上执行着一个应用 A1。物理机 P1 上的 IO 资源已经非常紧张，读写性能十分低下，然而系统中有些物理机上的 IO 资源却基本没有使用，处于空闲状态。这样整个系统的 IO 资源负载很不均衡，不利于云数据中心的健康稳定。使用前面的模型，如果 A1 经过判定算法判定为 IO 密集型应用后，这时候 P1 的 IO 资源已经非常紧缺，无法满足 A1 的需求导致 A1 的处理效率大幅下降，通过遍历系统中其他的物理机，找到 IO 资源比较空闲的物理机 P2。这时计算物理机 P2 是否能承受一台 V1 规模的虚拟机，同时计算 P2 上是否能够提供 A2 所需要的各种资源。经过计算，如果 P2 可以胜任这项工作，那么此时可以通过实时迁移技术，将虚拟机 V1 从物理机 P1 迁移到物理机 P2 上。迁移的开始阶段，服务在源主机 P1 上的 V1 中运行，当迁移进行到一定阶段，目的主机 P2 已经具备了运行系统的必须资源，在 P2 上新建了一个与 V1 一模一样的虚拟机 V2，上面运行着和 A1 状态一模一样的任务 A2，经过一个非常短暂的切换，源主机 P1 将控制权转移到目的主机 P2，同时在原物理 P1 上销毁 V1 虚拟机。此时由于任务由 A1 变为 A2，执行宿主由 P1 中的 V1 上迁移到了 P2 上的 V2 上，而 P2 可以为 A2 提供大量的 IO 资源，因此 A2 的执行效率相比 A1 得到了大幅提升，同时对于服务本身而言，由于切换的时间非常短暂，V2 上的所有数值都和 V1 上完全一样，因此用户感觉不到服务的中断，整个迁移过程对用户是透明的。

针对 IO 密集型
应用的模型应用策略

IO 密集型应用是云计算环境下最常用的应用之一，在云计算服务器上运行着大量的 IO 密集型应用，其中，FTP 上传下载服务是最为典型的云存储服务。本节以 FTP 上传下载服务为切入点，深入系统地研究了 IO 密集型应用的特点，并提出了相应的效率提升策略。

影响文件传输效率的因素

磁盘对文件传输的影响

通常在云数据中心，安装着大量的存储设备，这些存储设备持久地为云数据中心提供存储资源。这些设备类型迥异，通过分布式文件系统组织起来，其中磁盘占据了很大一部分的比例。在磁盘上传输文件，需要经历以下过程：首先必须找到柱面，即磁头需要经过移动，对准到正确的磁道上，这个过程是寻道，所耗费时间称为寻道时间。然后磁盘通过旋转，将目标扇区旋转到磁头下，这个过程耗费的时间叫旋转延迟时间。数据在磁盘与内存之间的实际传输所消耗的时间即传输时间。通常，磁盘的传输时间与文件个数、寻道时间、旋转延迟时间和传输时间有关。可表示为：

$$T_{disk} = \sum_{i=1}^{n} (T_{si} + T_{ai} + T_{ti})$$

其中 n 表示文件个数，T_{si} 表示寻道时间，T_{ai} 表示旋转延迟时间，T_{ti} 表示传输时间。在云计算服务器上，存储着海量的不同格式和大小的文件，这其中就包括大量的小文件。在传输大量的小文件时，磁头的时间并不是消耗在传输时间上，而是大量地消耗在寻道时间和等待时间上，这将造成系统 IO 资源的巨大浪费。

网络对文件传输的影响

当客户端与服务器进行 IO 交互时，每上传或者下载一个文件，都要进行请求和响应。首先，发送端需要发送一个请求消息，通知接收端即将发送文件，请做好准备，如打开端口、用户密码认证等，这个时间是请求时间。然后接收端向发送端发送一个响应消息，告诉发送端自己已经准备好，可以接受，这个过程所消耗的时间是响应时间。之后双方建立连接，完成数据传输，这个时间是传输时间。通常，文件的总体传输时间与文件个数、文件的请求时间、文件的传输时间和文件的请求响应时间有关。可表示为：

$$T_{trans} = \sum_{i=1}^{n} (T_{rqi} + T_{tpi} + T_{rpi})$$

其中 n 表示文件个数，T_{rqi} 表示文件的请求时间，T_{tpi} 表示文件的传输时间，T_{rpi} 表示文件的请求响应时间。由于离散的小文件是一个接一个的，因此，执行某一个文件的请求时，其他文件都处于闲置状态，什么执行操作也没有。同时，由于网络带宽等原因，当客户端的网络状况不好时，等待的时间会非常长，因此大量的时间会被消耗在等待连接的响应上，而传输一个小文件本身所占用的时间并不长，因此传输效率会非常低下。

中断对文件传输的影响

执行一次 IO 操作必然导致系统中断产生。中断的响应时间就是中断的响应过程的时间，中断的响应过程是当有事件产生，进入中断之前必须先记住当前正在做的事情，然后去处理发生的事件，处理这个过程的时间，叫作中断响应时间。中断响应时间与关中断的最长时间、CPU 内部寄存器的时间、进入中断服务函数的执行时间和开始执行中断服务例程（ISR）的第一条指令时间有关。

文件类型对文件传输的影响

对于基于文件传输的 IO 密集型应用而言，首先对于文件类型，对于多媒体文件（视频文件、音频文件、MP3 等），由于多媒体文件大多数都已经经过了成熟的高度压缩处理而生成了专门的格式，因此很难会有更好的压缩方式使其进一步压缩，甚至已经无法压缩。就目前的压缩技术来看，即使可以再进一步压缩，必定会以牺牲视频文件、音频文件的画质、音质为代价，因此多媒体文件是进一步压缩中，压缩比非常小的一类文件。对于压缩比大的文件，大多指的文本、数据、表格文件或者日志文件等，这些文件中存在大量重复的数据，同时文字信息比较多，压缩软件可以通过特定的算法，将这些重复的信息使用某一变量代替，从而尽可能减少文件的大小，在解压的时候，使用反替换就可以得到原来的文件。这样对于云计算服务器上海量的数据文件，例如客户端上传的日志文件、数据库文件、档案文件等，都可以采用打包压缩的方式进行预处理，从而减少传输时间。

文件大小对文件传输的影响

对于文件大小，传输海量小文件时，系统会耗费大量资源去进行寻址操作。如果满足海量小文件传输的时间＞打包的时间＋

打包文件传输的时间＋解包的时间，则认为打包是值得的，应该对海量小文件进行打包传输操作。同时从小文件传输的时间考虑，应该有：

$$F_{size} > \max \left(F_{disk}, F_{net}, F_{interrupt} \right)$$

其中 F_{size} 是指一个文件是否需要打包的阈值大小。F_{disk} 表示经过磁盘推算出的小文件大小，F_{net} 表示经过网络状况推算出的文件大小，$F_{interrupt}$ 表示经过中断推算出的文件大小。F_{size} 阈值大小应该大于以上推算出的结果的最大值，这样就能够保证在任何情况下，这个文件都是必须进行打包的。在对小于这个阈值的这些文件进行打包以后，可以降低文件传输过程中不必要的时间所占用的比例，提高了传输时间的利用率，从整体上改善了传输效率。

基于按文件大小降序的打包传输策略

一个客户端请求上传或下载一个文件夹，传统的打包策略是统一打包策略，即将文件夹整体打包为一个文件。在文件均为适合打包的文件时，有着良好的效率，然而当文件夹中有不适合打包的文件时，这种做法显然浪费了很多时间和资源。

文件遍历算法以及 PackageQueue 和 TreeMap

在使用打包策略以前，必须首先获取每一个文件的内容和大小。在文件夹中，整个文件夹相当于一棵树的根节点，里面的子文件夹相当于一般节点，文件相当于叶子节点。对于 Linux 和 Windows 系统而言，即使采用 B+ 树去存储，它们仍然满足这一规律。因此，使用 DFS 算法可以完全遍历这个文件夹，即从根节点开始遍历，最终可以到达每一个文件。

DFS 算法即深度优先算法，正如算法名称那样，深度优先搜索的核心思路是尽可能"深"地搜索图。在深度优先算法中，通常会设置标记位来判断是否访问过。对于新发现的节点 v，如果有以此节点为起点而未探测过的边，就沿此边继续搜索下去。当节点 v 的所有边都已经被搜索过，搜索将回溯到发现该节点 v 的那条边的始节点。这一过程将会一直进行，直到发现从源节点出发，可以到达的所有节点为止。如果此时存在未被访问过的节点，则选择其中一个作为源节点并重复上述过程，整个过程反复进行，直到该图中所有可达的节点都被访问过为止。在使用 DFS 算法时，相对于图来说，树是更为简单的情况，节点 v 即下一个需要遍历的文件或者文件夹，当访问到文件时，保存该文件的路径和大小后即可立即返回到上一层，进行之后的遍历。搜索过程如图 5-6 所示。

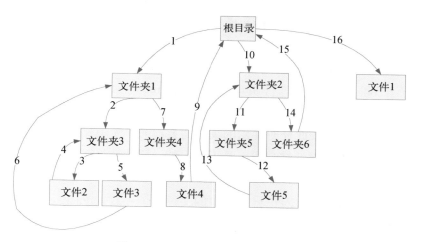

图 5-6　DFS 遍历文件夹示意图

文件的遍历算法有很多，然而对于深度优先的搜索，递归过程会在调用之前进行，为某个目录分配的搜索资源要在该目录所有子目录搜索完毕之后才能释放，而广度优先的搜索则是在本次搜索的之后才开始深入搜索，其耗费的系统资源要比深度优先搜索少得多，因此采取广度优先遍历。其次，递归算法可以简化算法的复杂度，但是会占用大量的栈空间，同时也会产生大量的函数调用代码，当文件夹规模很大的时候很容易引起"堆栈下溢"，因此采取非递归算法。综上，采取单线程非递归的广度优先遍历算法进行文件的遍历。最后在操作 IO 的时候，由于大部分 IO 设备是不支持并行存取的，用多线程来进行文件搜索，反而会造成大量的互斥操作，影响速度，因此，可以采取单线程非递归的广度优先遍历算法。

在遍历完整个文件夹后，每一个文件的信息都被保存起来，这里定义了一个 TreeMap 用于保存文件信息。不使用数组的原因是在于，数组是通过数组下标来对其内容索引的，同时一个数组只保存 1 组数据，内容十分有限，而在 Map 中可以通过一个对象来对另一个对象进行索引，用来索引的对象叫作 key，被索引的对象叫作 value。这里每个文件带有两个信息，一个是文件名的完整名称，另一个就是该文件的大小。此外，通过文件的完成名称，可以获取该文件的后缀。通过分析后缀可以判断文件的类型。文件类型对于判断文件是否应该打包十分重要。这里不使用 HashMap 的原因是 TreeMap 和 HashMap 类似，都是其通过 hashcode 对其内容进行快速查找。而 TreeMap 运用到了排序树的思想，会自动地对其中的内容进行排序，并将数据按照有序的顺序进行保存。此处所使用的策略需要得到一个有序的结果，而 HashMap 中元素的排列顺序是不固定的，因此选择了 TreeMap 这一数据结构。

应用过程中，对于将要打包的文件，统一放入 PackageQueue 里。PackageQueue 就是一个队列。通过如下所述的策略后，文件夹中所有需要打包的文件都会被放进打包队列 PackageQueue 中去。在文件遍历算法结束以后，PackageQueue 中保存的文件会被统一进行打包，打包完毕后会置一个特殊标记符，从而区分这个打包文件和一般压缩文件。在传统的打包过程中，IO 操作是闲置的，通过上文给出的流水线打包策略，将 PackageQueue 生成多个小部分，异步打包，可以进一步提升传输效率。

基于文件大小降序的文件打包传输策略

此处给出的基于文件大小降序的文件打包传输策略，策略如下：

1. 首先定义一个打包队列（Package Queue），初始状态置为空。然后再定义一个降序的树图 TreeMap；

2. 当一个发送端请求发送一个文件夹时，按照深度优先遍历算法遍历整个文件夹下的内容，每当遍历到一个文件，如果该文件的类型适合打包，则放入打包队列中，否则将文件的完整文件名作为 Key 值，将文件的大小作为 Value 值放入 TreeMap 中；

3. 由于 TreeMap 是按照 Value 值进行降序排序的，因此当遍历完所有的文件后，TreeMap 中就保存了按照文件大小降序排序的一个文件集合；

4. 根据给定的小文件阈值，将 TreeMap 中第一个 Value 值小于该阈值的文件及其后面的所有文件放入打包队列中；

5. 将 TreeMap 中剩余未放入打包队列的文件即刻进行上传，同时将打包队列中的文件进行打包；

6. 当打包队列中的文件打包完毕后，对该打包文件设置一个特殊标记符，然后进行上传；

7. 接收端收到所有的文件后，对有特殊标记符的文件进行解包操作，这样便可得到所有原文件。

按照如上算法，发送端仅对部分需要打包的文件进行压缩处理，其余不需要打包的文件正常传输。在接收端收到所有的文件以后，再将打包队列产生的压缩文件进行一次解包处理，就可以得到所有的文件。这样极大地缩短了该任务的运行时间，相应地也就减小了不必要的 IO 资源的浪费使用。

流水线打包策略

考虑到实际应用过程中，每当文件被完全打包完毕才进行 IO 传输，那么在文件打包过程中，IO 完全处于空闲状态。这样做不利于系统的负载均衡和资源利用。为了充分利用服务器资源，进一步提升文件传输的效率，本章借鉴了工业制造和 CPU 工作原理，可以在打包策略中引入流水线机制。

流水线简介

在 CPU 中的工作中，大量使用了流水线技术。以 I486 为例，I486 拥有五级流水线。分别是：取指（Fetch）、译码（D1, main decode）、转址（D2, translate）、执行（EX, execute）、写回（WB）。某个指令可以在流水线的任何一级。

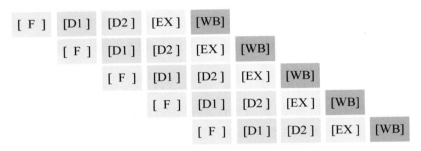

图 5-7　I486 流水线示意图

在图 5-7 中，可以看到在 I486CPU 流水线里，第一步是第一条指令进入取指阶段；然后在第二步第一条指令进入译码阶段，同时第二条指令进入取指阶段；第三步第一条指令进入转址阶段，第二条指令进入译码阶段，第三条指令进入取指阶段；在第四步第一条指令进入执行阶段，第二条指令进入转址阶段，第三条指令进入译码阶段，第四条指令进入取指阶段；在第五步第一条指令进入写回阶段，第二条指令进入执行阶段，第三条指令进入转址阶段，第四条指令进入译码阶段，第五条指令进入取指阶段。在众多领域里，流水线设计非常常见，并且处理效率通常很高。

基于分片传输的流水线打包机制

基于流水线的思想，下面将打包过程进一步细化。其中对于传统的压缩成一个压缩包的策略，将最终压缩包分解为多个子压缩包。每个子压缩包的打包、传输、解包流程可以类似为一条流水线中的指令。

在传输端开启多个线程，将打包队列中的文件打包成多个文件。当第一个压缩文件生成时，即刻进行传输，同时一个新的线程来对打包队列的下一个部分进行相同的操作，达到一边打包一边传输。由如上示意图可以看出，当每一个子包压缩完毕后，CPU 立刻进行下一个子包的压缩，从而充分利用 CPU 资源，让CPU 全程进行打包压缩处理。IO 和网络资源也得到了极大利用，并不用等待所有的文件全部压缩完毕后才开始进行传输，而是对每个子包进行分开传输，从而进一步提高了 IO 效率。

由上图可以看出 CPU 一直处于工作状态，而且同一时刻有且仅有一个 CPU 线程是工作的，因此对于 CPU 而言并没有超负荷工作。同时由于不用等待整个打包全部结束再去上传，流水线采取一边打包一边传输的异步工作模式，使得网络和 IO 资源得到了充分利用，从而使得整个效率得到了极大提升。

性能优化分析

使用流水线打包方式进行文件传输和传统打包方式进行传输在理论速率上存在如下关系：

$$s_k = \frac{T_1}{T_k} = \frac{n \times k \times \tau}{(k + n - 1) \times \tau} = \frac{n \times k}{k + n - 1}。$$

其中 T_k 表示 k 级流水线完成该任务所需要的时间，当 n 很大的时候，s_k 趋近于 k，那么则表明提高了 k 倍的效率。即表明当采取 k 条线程，分别进行打包传输解包的过程时，上传和下载的理论值可以提高 k 倍。

需要注意的是，使用流水线技术从打包过程中并不需要消耗额外的 CPU 去进行打包工作，然而本节所给出的流水线策略是由一个新的线程所产生的。对于一般的系统而言，产生一个新的线程必然会申请维护该线程所需的各种资源，这其中必然包括 CPU 资源、内存资源、进程控制块中新的线程 ID 等。因此，在使用流水线策略时，需要考虑虚拟机和物理机的 CPU 和内存情况。不同环境下，对于维护新线程所需的资源是不同的，按照上文提出的阈值关系，应该视系统情况而定。

 实验与验证

开发工具和测试环境

为了验证特征模型的正确性与有效性，通过大量的实验进行检验，这些实验包括 IO 密集型应用，也包括非 IO 密集型应用。通过对大量的实验结果与分析，证明了该模型正确，能有效反映 IO 密集型应用的特征，同时又能有效地从不同的应用中区分 IO 密集型应用，为资源的有效利用提供帮助。

此处的 IaaS 环境基于 CloudStack 云计算平台，系统版本 4.10，搭建了一个小型的云计算系统，其中有 1 个管理服务器 Management，2 个主机节点 Host，和 1 个存储节点 Storage。主机节点 Host 的操作系统为 Redhat server5.5，处理器 Inter I5 3470@3.60 GHz，内存 8 GB DDR3，硬盘容量 1 TB。Host 上的虚拟机，操作系统为 Ubuntu12.04 版本，处理器为 1 GHz×2，内存为 2 GB，网卡的带宽为 1.0 Gbs，磁盘转速为 7 200/ 分钟。具体参数如下表 5-1：

表 5-1　实验环境硬件参数

Machine Type	Memory	Disk	CPU	Network Card
IBM	4 GB　DDR3 Kingston	1 TB 7 200 r/s	I3 2130 @3.4 GHz	1 000 Mbps

（续表）

Machine Type	Memory	Disk	CPU	Network Card
DIY1	8 GB DDR3 Kingston	1 TB 7 200 r/s	I5 3470 @3.60 GHz	1 000 Mbps
DIY2	8 GB DDR3 Kingston	1 TB 7 200 r/s	I5 3470 @3.60 GHz	1 000 Mbps
HPC	2 GB DDR3 Kingston	5 00 GB 7 200 r/s	AMDPhenom II X4 B97 @3.2 GHz	1 000 Mbps

IO 密集型应用的模型验证

在此实验环境下，阈值 C 设定为 40%，阈值 W 设定为 10 000/s，阈值 M 设定 16 MB，阈值 P 设定为 2/s，阈值 I 设定为 1 MB/s，阈值 N 设定为 1 MB/s。

实验一：向 FTP 服务器上传 13.6 GB 的文件，文件一共 14 个，每个大小 1 GB 左右。FTP 服务器是主机 Host 上的一台虚拟机。显然，这是一个典型的 IO 密集型应用。

实验数据如下：

图 5-8 的数据表明，在 100～1 900 秒的任务执行时间里，CPU 的 iowait 所占用的百分比一直处于 50% 以上，而且较为剧烈。1 900 秒以后，任务结束，CPU 消耗趋近于 0。可见，IO 密集型应用 CPU 的 iowait 变化很明显。

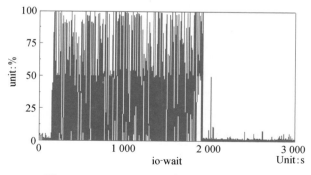

图 5-8　CPUiowait 所占 CPU 的百分比

图 5-9 的数据表明，在 100～1 900 秒的任务执行时间里，上下文切换达到了 15 000 次 / 秒，说明系统很忙碌，CPU 在频繁等待 IO 的执行。1 900 秒以后，任务结束，上下文切换变为 0。可见，对于 IO 密集型应用而言，上下文切换很频繁。

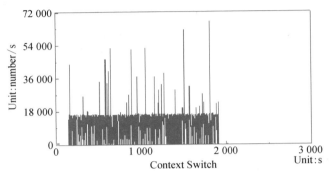

图 5-9　上下文切换每秒数量

图 5-10 的数据表明，在 100～1 900 秒的任务执行时间里，虚拟内存逐步上升，最后使用了 16 MB，表明该任务需要消耗虚拟内存。1 900 秒后，任务执行结束，虚拟空间未释放。

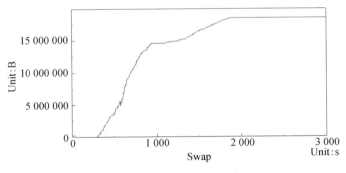

图 5-10　虚拟内存使用情况

图 5-11 的数据表明，在 100～1 900 秒的任务执行时间里，阻塞队列达到每秒 2.6 个左右，表明系统因为某种原因，产生了大量阻塞，同时 block ＜ 4，即小于 CPU 核数，表明系统并没有完全满负荷，仍然处于正常状态。1 900 秒后，任务执行结束，阻

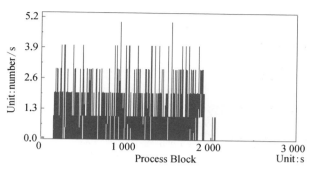

图 5-11　进程阻塞队列数

塞队列降为 0。

　　图 5-12 的数据表明，在 100～1 900 秒的任务执行时间里，在硬盘上监测到大量的写数据，均值大于 1 MB/s，这表明硬盘正在保存大量数据。1 900 秒以后，任务执行结束，速率将为 0。可见，对于 IO 密集型应用而言，读写操作很频繁。

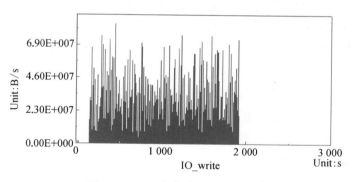

图 5-12　硬盘每秒写文件速度

　　图 5-13 的数据表明，在 100～1 900 秒的任务执行时间里，网络接收监测到了大量数据，均值大于 1 MB/s，表明网络中有大量数据向本机发送。1 900 秒以后，任务执行结束，速率将为 0。

　　由上面的数据，根据六元组 F（t）=（CPU，Csw，Mem，Pro，IO，Net）进行判定：

　　1. CPU：user ＜ 5%，system ＜ 5%，iowait ＞ 40%。

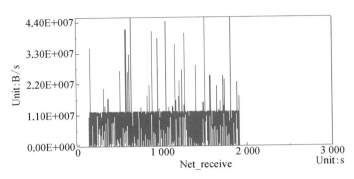

图 5-13　网络每秒接收速度

CPUiowait 占用很高的资源，表明 CPU 在频繁等待某种 IO 操作。

2. System：中断不高，上下文切换 > 15 000。系统中大量的上下文切换，表明系统级操作使用较高，可能是系统进程导致，也可能是系统因等待某高优先级操作导致。

3. Mem：监测到使用了虚拟内存，有 16 MB，同时有页面置换产生，说明内存分配了大量资源用于 IO 操作。

4. Process：阻塞队列中任务数为 2.8 个 / 秒，同时均小于 4，4 为 CPU 核数，表明系统不是满负荷状态，此虚拟机还能承受其他任务。

5. IO：硬盘写速率大于 10 MB/s，硬盘读速率不高。IO 写有大量数据，这表明，IO 上有大量写操作。

6. Net：网络接收速率大于 10 MB/s，网络发送速率不高。网络上监测到大量接收数据，表明正在有大量数据从外部来到本机，且刚好等于硬盘写的速率。

结论：通过以上可以判断该应用为 IO 密集型应用，判定结果正确。

实验二：在科学计算服务器上运行计算并输出 2 亿以内质数的运算。科学计算服务器是主机 Host 上的一台虚拟机。显然，这不是一个典型的 IO 密集型应用。实验数据如下（横坐标为时间，单位为秒）：

图 5-14 的数据表明，在整个执行过程（100～800 秒）中，iowait 比较低，大部分时间为 0，远小于阈值 40%。

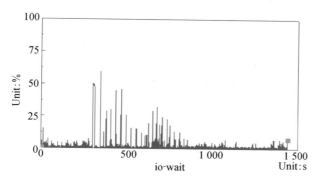

图 5-14　CPUiowait 所占 CPU 的百分比

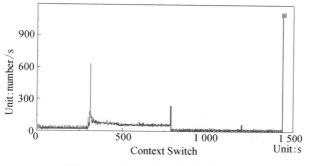

图 5-15　上下文切换每秒数量

图 5-15 的数据表明，在整个执行过程（100～800 秒）中，上下文切换非常低，只有 100 左右，远小于 10 000。

图 5-16 的数据表明，在整个执行过程（100～800 秒）中，

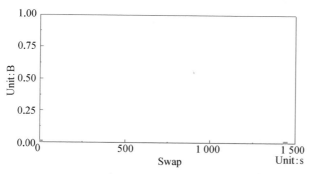

图 5-16　虚拟内存使用情况

虚拟内存没有使用，表明该任务没有消耗虚拟内存。

图 5-17 的数据表明，在整个执行过程（100～800 秒）中，阻塞队列达到每秒 0.8 个左右，非常低，小于阈值 2，系统处于正常状态。

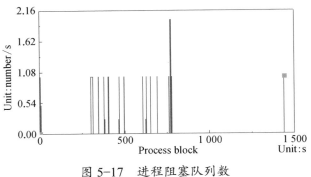

图 5-17　进程阻塞队列数

图 5-18 的数据表明，在整个执行过程（100～800 秒）中，在硬盘上没有监测到硬盘读写的大量读写，在大多数时间内，该应用使用的 IO 资源并不高。

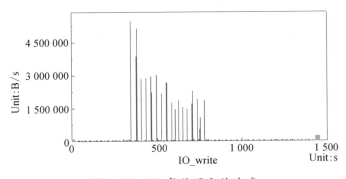

图 5-18　IO 每秒写文件速度

图 5-19 的数据表明，在整个执行过程（100～800 秒）中，同时网络也没有监测到很大的数据，只有 40 B/s 左右，该应用基本不消耗网络资源。

对比实验一和实验二，这是两类完全不同的应用，它们所表

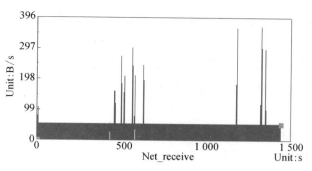

图 5-19　Net 每秒接收速度

现出来的性能参数完全不同，根据六元组 F（t）＝（CPU，Csw，Mem，Pro，IO，Net）分析：

1. CPU：iowait ＜ 10%。CPU 的 iowait 所占百分比很低，表明系统的 CPU 并没有等待 IO 的操作。

2. Csw：上下文切换＜ 100。表明系统并没有使用系统调度操作。

3. Mem：没有虚拟内存分配，也没有页面置换发生。

4. Process：阻塞队列中的任务数＜ 1，表明系统正常状态，较为空闲。

5. IO：硬盘上没有监测到大量读和写的数据，表明没有 IO 操作的执行，该任务基本不消耗系统硬盘资源。

6. Net：网络上未监测到大量数据，表明该任务基本不消耗网络带宽资源。

结论：通过以上可以判断该应用不是 IO 密集型应用，判定结果正确。

打包策略实验与分析

打包策略的验证

对于磁盘平均寻道时间，一般为 7.5～14 ms 之间，本实验中，这里取 10 ms。磁盘是 7 200 转 / 分的磁盘，平均写入速度维持在 24 MB/s 是正常的。而寻道时间占用传输时间的 10% 以下是不浪费 IO 性能的，即可推算出 F_{disk}=24 MB/s × 100 ms=2.4 MB。

当客户端和服务器交互时，一个请求的响应时间为通常为 20 ms 左右，IO 应用的响应时间也不应该大于传输时间的 10%，以 150 Mb/s 的带宽而言，150 bps × 200 ms=3.75 MB。即可得到 F_{net}=3.75 MB。

中断时间，考虑到 CPU 主频是 3.4 GHz，处理一条时钟周期维持在纳秒级别，速度非常快。同时，内存采用 DDR3 双通道，前端总线达到 1 333 MHz，理论传输速率可以达到 1 333 MHz × 8Bytes × 2=21.28 GB/s，因此在平均一条中断占用 20 个时钟周期的情况下，$F_{interrupt}$=21.28 GB/s × 20/3.4 GHz=125 B。

因此此处的 F_{size} 应该大于 3.75 MB。即小于 3.75 MB 的文件，不管该文件的文件类型是什么，都应该进行打包，从而缩短无效时间的占用，从整体上减少传输时间，提升传输效率。向 FTP 服务器上传 2 GB 大文件。

实验一：先是向 FTP 服务器上传 2 GB 的大量文本文件，平均每个文件大小在 200 kB 左右。然后将这些文件打包，打包后的大小为 400 MB，打包完毕后上传。比较这两种状态下的传输效率和运行时间。实验结果如图 5-20 所示：

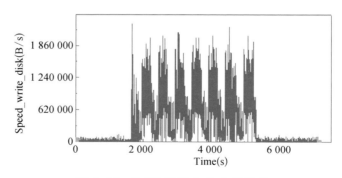

图 5-20　2 GB 压缩文件上传速率

如图 5-20 所示，该任务为客户端向服务器端传送了 2 GB 的海量小文件，这些文件都是文本文件。任务从 2 000 秒开始，到

5 200 秒结束。由于都是小文件，因此传输过程中，系统是一个文件传送完毕后，进行下一个文件的传输，因此会频繁地进行磁盘寻道，服务请求响应和中断等操作，这些操作会占用大量的时间，导致传输效率下降。在整个过程中，传输速率的峰值为 1.9 Mb/s，速率相对很低，总共消耗了 50 分钟时间。

图 5-21 给出的将 2 GB 的海量小文件打包为一个 400 MB 的压缩文件，上传至服务器后再解包的实验结果。从图中可以看出，任务从 200 秒开始，到 250 秒时，为文件打包过程，从 250 秒到 600 秒为上传时间，从 600 秒至 650 秒是解包时间。由于文本文件是非常适合进行压缩的，因此从文件大小上看，压缩了近 80%。从传输时间上看，由于只有 1 个压缩文件，从而避免了寻找小文件带来的频繁寻道操作和网络请求操作等，整个过程消耗了 8 分钟时间。从传输速率上看，平均传输速率达到了 14 Mb/s，远远高于未打包时的 1.9 Mb/s。

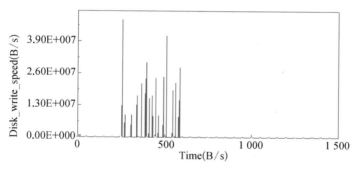

图 5-21　400 MB 压缩文件上传速率

实验二：先是向 FTP 服务器上传 2 GB 的混合文件，平均每个文件大小在 3 MB 左右，其中有视频文件，也有文本文件；然后运用 TreeMap 打包策略对这些文件进行打包处理，文件大小将为 1.19 GB，然后再上传至 FTP 服务器。对比这两种方式的传输效率和运行时间。

实验结果如图 5-22 所示：

图 5-22 给出的是客户端向服务器端不经压缩传送 2 GB 混

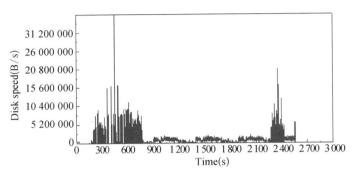

图 5-22　2GB 混合文件上传速率

合文件的结果，这些文件中有文本文件，也有视频文件，平均大小为 3 MB。任务从 200 秒开始，到 2 500 秒结束。由于这些文件同样由大量的小文件组成，系统一个接一个传输的过程中，大量的时间会被磁盘寻道，网络请求和中断等操作占用。由图可以看到，文件平均传输速率在 3 Mb/s 左右，整个过程消耗了 41 分钟。

　　图 5-23 给出是将 2GB 的混合文件打包为一个 1.2 GB 的压缩文件后进行上传、解压所需时间的实验结果。从图中可以看出，任务从 200 秒开始，到 300 秒时，为文件打包过程，从 300 秒到 1 600 秒为传输时间，1 600 秒到 1 700 秒是文件的解包过程。由于文件是由混合文件构成，因此文件压缩比没有纯文本文件的那样高。通过上文提出的打包策略，将其中适合打包的文件进行筛

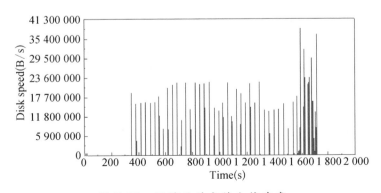

图 5-23　压缩后的文件上传速率

选，统一进行打包，最后大小由 2 GB 下降为 1.2 GB。然后客户端向服务器端传送了 1.2 GB 的打包后的文件。从传输速率上来看，传输速率维持在 6 Mb/s 左右。从传输时间上来看，整个过程消耗了 25 分钟。

由以上实验结果可以看出，当文件是混合文件时，通过上述优化策略进行优化以后，FTP 应用的传输效率依然得到了提升，任务执行时间也得到了缩短。从任务执行时间角度去分析，由 41 分钟降为 25 分钟，缩短了 40%。实验结果达到了预期的目的。

实验结果及分析

对于 IO 密集型应用的特征模型，使用两组不同的实验来验证 IO 密集型应用六元组的使用情况。首先用户向云数据中心的 FTP 服务器上传文件来模拟典型的 IO 密集型应用的类型，获取该任务运行时系统状态值，并记录下来，如果该实验状态值符合 IO 密集型应用六元组所规定的阈值范围以内，则说明 IO 密集型应用六元组模型可以正确判断一个未知应用的符合该模型所表示的特征，从而判断该应用是 IO 密集型应用，同时为该应用提供后续的优化策略。

用户在云数据中心的虚拟机上运行 2 亿以内的质数统计运算并打印输出，这是非 IO 密集型应用，获取该任务运行时的系统状态值并记录下来。由于这个应用模拟的是科学计算，它们在运行时会消耗大量的 CPU 资源和内存资源，对于 IO 设备的抢占程度很低，因此所表现出来的状态特征会和 IO 密集型应用六元组模型有明显差异，通过计算从而说明 IO 密集型应用六元组可以计算一个未知应用不在 IO 密集型应用六元组所规定的范围以内，从而判断该应用是非 IO 密集型应用。

此外，还做了其他多组实验，结果如表 5-2 所示。

表 5-2 实验结果

实验任务	CPU	Csw	Mem	Process	IO	Net	模型判定结果	实际应用类型	实验是否正确
矩阵乘法计算	iowait < 5%	Csw < 4 000	Swap 为 0	run|block < 1	几乎为 0	几乎为 0	非 IO 密集型	科学计算型	正确
计算 π	iowait < 5%	Csw < 4 000	Swap 为 0	run|block < 1	几乎为 0	几乎为 0	非 IO 密集型	科学计算型	正确
FTP 小文件上传	iowait > 40%	Csw > 10 000	Swap > 16 MB	run|block > 2	write > 1 MB/s	receive > 1 MB/s	IO 密集型	IO 密集型	正确
FTP 大文件下载	iowait > 45%	Csw > 10 000	Swap > 16 MB	run|block > 2	read > 1 MB/s	send > 1 MB/s	IO 密集型	IO 密集型	正确
FTP 小文件下载	iowait > 40%	Csw > 10 000	Swap > 16 MB	run|block > 2	read > 1 MB/s	send > 1 MB/s	IO 密集型	IO 密集型	正确
爬虫应用	iowait < 5%	Csw < 4 000	Swap 为 0	run|block < 1	几乎为 0	receive > 100 kB/s	非 IO 密集型	网络密集型	正确

分析表 5-2 可得出，FTP 服务器上的文件上传和下载等应用，各项参数都符合 IO 密集型应用特征模型，因此系统判定它们为 IO 密集型应用。然而对于矩阵乘法计算、π 的计算等应用，由于在 IO 读写上，基本监测不到 IO 设备的读写，系统判定它们为非 IO 密集型应用。对于视频服务和爬虫应用，由于在 CPU 上，CPUiowait 所占百分比很小，因此系统判定它们为非 IO 密集型应用。以上多组实验表明，上文给出的 IO 密集型六元组代表了 IO 密集型应用的共性特征，未知应用通过该模型的判定，能够很好地识别出是否为 IO 密集型应用，具有很高的成功率，达到了预期的目的。

对于 IO 密集型应用的效率提升策略，同样采用了两组实验来验证。实验一比较了海量的小文本文件上传效率和将其压缩后的文件上传效率，由于文本文件本身存在大量冗余数据，同时又是大量的小文件，因此可压缩比非常高。在压缩之前，文件总大小为 2 GB，平均文件大小 200 kB，它的上传速率仅为 1.9 Mb/s，并且总耗时为 50 分钟。经过本章提出的基于文件大小的压缩算法压缩后，体积缩小为 400 MB，压缩比接近 1：5。整个打包、上传、解包的过程一共耗时 8 分钟，时间减少了 42 分钟，满足 4.1 节提到的海量小文件传输的时间打包的时间 + 打包文件传输的时间 + 解包的时间。上传速率有 1.9 Mb/s 提升至 14 Mb/s，提升了接近 7 倍。整个实验数据表明，对于都是文本文件的情形，所提出的策略可以极大地提升 IO 密集型应用的传输效率。

实验一比较了混合文件上传效率和将其经过本章提出的打包策略压缩后的文件上传效率。由于是混合文件，其中有适合压缩的文件，也有不适合压缩的文件，因此这个实验更符合实际生活中的一般情况。在压缩之前，文件总大小为 2 GB，平均文件大小为 3 MB，上传速率仅为 3 Mb/s，并且总耗时为 41 分钟。经过给出的基于文件大小的压缩算法压缩后，体积缩小为 1.19 GB，压缩比接近 1：1.8。整个打包、上传、解包的过程一共耗时 25 分钟，时间减少了 16 分钟，同样也满足 4.1 节提到的海量小文件传输的时间 > 打包的时间 + 打包文件传输的时间 + 解包的时间。上

传速率由 3 Mb/s 提升至 6 Mb/s，提升了接近 1 倍。整个实验数据表明，对于都是一般的文件传输情况，本章所提出的策略可以提升 IO 密集型应用的传输效率，改善云数据中心 IO 资源的使用及分配情况。

第六章

CPU 密集型应
用模型与策略

云任务的执行不会直接提交到物理主机，而是在相应的虚拟机中提交执行。因为根据虚拟化技术，虚拟机是直接处理用户提交任务的最小处理单元。所以对于云任务所需资源的分配，就是对虚拟机的资源分配。目前，对于虚拟机的资源分配主要有以下几个方面：CPU 的频率和数目、内存的大小、磁盘的大小和网络带宽的流量大小等。如果对一个虚拟机的资源分配确定，那么此虚拟机的计算能力（取决于 CPU 的频率和核数）、虚拟机的运行能力（内存）、虚拟机的存储能力（磁盘）和虚拟机的网络能力（带宽大小）等也就相应确定。与之相应，物理主机上对虚拟机资源的分配也就确定。

应用任务类型分类

YUNJISUANJIENENG

YUZIYUANDIAODU

每一种应用程序都有自己的特征。那么其特征就表现在对不同资源的需求，就像 Web server 对系统资源的需求和 file server 不一样。比如有的应用程序（科学计算），需要大量的 CPU 资源；有的应用程序（流媒体），需要大量的内存资源；有的数据库服务，则需要大量的 IO 读写操作等。根据不同应用程序的需求不同，可以对应用程序的类型进行分类，可以大致分为以下四类：

CPU 密集型应用

一个 CPU 密集型的应用程序需要大量使用 CPU。CPU 密集型的应用程序一般都是基于 CPU 的批处理或数学计算。需要高容量的 Web 服务器、邮件服务器和任何类型的渲染服务器也通常被认为是 CPU 密集型应用。

IO 密集型应用

一个 IO 密集型应用程序需要大量使用内存和底层存储系统。这是由于这样的事实：一个 IO 密集型应用程序处理大量数据（在内存中）。一个 IO 密集型应用程序不需要太多的 CPU 或网络存储系统（网络上除外），数据库应用程序、ftp 服务器通常被认为是 IO 密集型应用程序。

内存密集型应用

　　一个内存密集型应用程序需要大量地占用内存，和 IO 密集型程序的区别是，相对于对底层存储系统的使用比较少，而是把大量的数据一次性调入内存进行处理。比较典型的应用则是数据密集型应用的处理，比如 SAP 内存计算等。

网络密集型应用

　　一个网络密集型应用程序需要大量地占用主机的网络资源或者带宽资源。当然，网络密集型应用同 IO 密集型应用两者之间的界限容易混淆。在云计算中，网络密集型应用通常也会大量占用底层的磁盘等资源，而区分 IO 密集型应用与网络密集型应用，重点在于判断哪一个是其性能的瓶颈。如果网络带宽不够，则是网络密集型应用；反之则是 IO 密集型应用。

CPU 密集型应用
模型原则和流程

CPU 密集型应用模型原则

CPU 密集型应用模型对于应用类型的判定很重要，所以 CPU 密集型应用模型应该遵循以下原则：

1. 全系统
建立的模型应该是采集系统信息与全系统关联起来，而非仅针对某个独立的组件。

2. 准确性
根据模型判断应用类型应该有足够的精确度，先期建立的模型越准确，对于应用类型的判定就越精准，后期的应用优化处理越有优势。

3. 通用性
模型的框架应该在云计算这个异构系统中，适用于不同的物理主机。虽然不同的物理主机具有不同的性能，其具体的性能指标有所不同，但是如果其模型框架适当正确，那么可以通过一定的比例设定性能指标，仍然可以保证模型的准确性。

4. 快速
CPU 密集型模型应该可以成为能够快速判断应用类型是否是

CPU 密集型应用的基准，否则，对于应用的处理效率来说，其意义不大。

5. 简单

CPU 密集型模型可以尽可能简单，在不影响准确性的前提下，要尽量减少监控程序对物理主机本身的影响。

CPU 密集型应用模型流程

CPU 密集型应用模型的建模基本流程如图 6-1 所示，它包含了如下三个主要步骤：第一步，采样，采集系统性能各项参数及信息；第二步，建立模型，总结各项性能的参数特点，确定模型所需的特征参数和指标；第三步，判断，实时监控物理主机的性能指标，对应用类型进行判断。

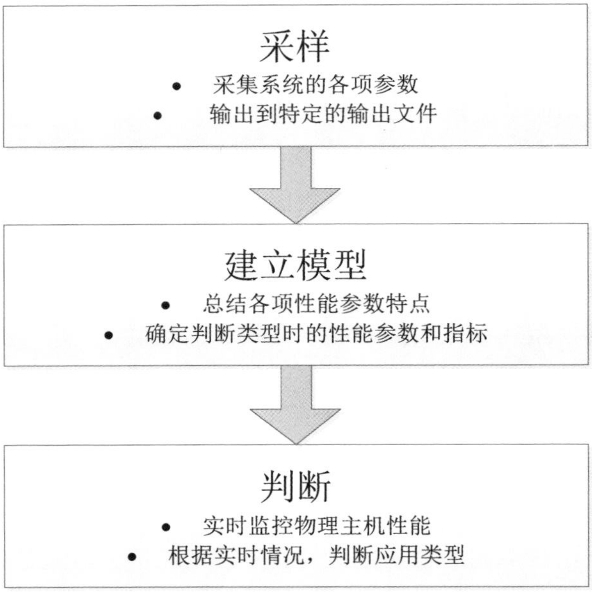

采样
- 采集系统的各项参数
- 输出到特定的输出文件

建立模型
- 总结各项性能参数特点
- 确定判断类型时的性能参数和指标

判断
- 实时监控物理主机性能
- 根据实时情况，判断应用类型

图 6-1　CPU 密集型应用类型模型建立流程

CPU 密集型应用模型分析

对于 CPU 密集型应用，如何定性定量地研究和建立其模型，是非常关键的。从哪些系统性能参数和指标，能够分析和研究 CPU 密集型应用的特点，反映出 CPU 密集型应用的特点以及建立模型的指标性数据。这样可以通过一些参数数据，以用作判断 CPU 密集型应用程序的基准指标。

CPU 资源特征

大量研究表明，CPU 密集型应用主要消耗的是 CPU 资源，也有少量的内存资源（主要是虚拟机的系统所占用）等。占用 CPU 资源的因子主要分为四部分，即 usr、sys、wai 和 idle。其具体的意义如下：

usr：代表用户空间消耗的 CPU 百分比；sys：代表内核和中断占用 CPU 的百分比；wai：代表 IO 等待的 CPU 百分比；idle：代表 CPU 的空闲时间百分比。

CPU 密集型应用在物理节点上表现为 usr 的变化最为显著，其中有 usr ＞＞ sys+wai，sys 和 wai 取值则比较少，但是 wai 可以判断应用是否有密集的 IO 操作。其中，usr 和 wai 存在对 CPU 资源的竞争关系。当 CPU 密集型应用对于 CPU 资源需求紧缺时，那么检测的 wai 的值基本为 0；而当有密集的磁盘读写时，则 wai 的值则远远大于 usr。CPU 密集型应用程序消耗 CPU，主要体现在 usr 的变化上，而其他的参数变化非常不显著。当 wai 变化大时，对磁盘资源需求比较多，而 CPU 一直处于硬盘 IO 等待，并不符合 CPU 密集型应用的特点。

系统平均负载 loadavg

虽然 CPU 使用率能够说明当前系统 CPU 的使用情况，但是无法反映出 CPU 的负载利用率。即 CPU 使用率为 100%，也不能认定系统处理能力达到极限。如何判定 CPU 的负载利用率，则要参考系统平均负载参数。系统平均负载（loadavg），即特定时间间隔内运行队列中的平均进程数。通过不同的应用对 CPU 的使用情况进行观察，发现根据 CPU 所承载的负载变化，其性能可明显分为三个不同的阶段：在第一个阶段，CPU 上活动进程数的增加对每个应用而言基本上没有影响，即每个应用的执行时间基本上和进程没有增加前差不多，此阶段称为性能良好阶段；第二个阶段，随着 CPU 上活动进程数的增加，当前应用的执行时间会相应延长，但延长的时间处于缓慢增加阶段，而不是非常剧烈，称为系统性能可以接受阶段；第三个阶段，随着 CPU 上活动进程数的增加，当前应用执行时间会急剧增加，通常，增加的时间会以指数形式增加，此阶段称为系统性能急剧下降阶段。

为了较好地区分这三个不同的阶段，充分利用好 CPU 的处理效率，定义两个阈值 M 和 K（M ＜ K）来分别区分 CPU 的工作状态所处的阶段。即当 CPU 上活动进程数小于 M 时，则其处于性能良好阶段；当 CPU 上活动进程数大于 M 小于 K 时，则其处于性能可接受阶段；而当 CPU 上活动进程数大于 K 时，则其处于性能急剧下降阶段。显然，为了保证 CPU 的处理效率，应该尽量避免其工作处于性能急剧下降阶段。

网络负载

CPU 密集型应用在物理节点上的网络负载几乎为零，因为此类应用不需要对外界进行大量数据交换。在实际的监测中，发现仍然存在非常少量的数据交换，这可以通过云计算管理平台的监控机制监控虚拟机的运行状态得到。由于虚拟机的存储与计算是分离的（不在一个物理主机上），对于磁盘的读写操作都会产生一定的网络流量。但是对于百兆带宽甚至千兆带宽的网络来说，对其影响作用很小，可以用作分析 CPU 密集型应用的一个特征。

磁盘负载

对于磁盘 IO 操作在物理节点的反映来看，CPU 密集型应用对磁盘 IO 的操作需求很少。对于磁盘转速在 7 200 r/m，读写速率一般大于 60 MB/s 的机械磁盘来说，CPU 密集型应用的磁盘 IO 的读写速率一般维持在 100 kB/s 左右（包括一些监控程序的影响）。所以，磁盘 IO 的读写速率，可以作为衡量 CPU 中 wai 大小的因素。通过不同应用对磁盘 IO 的使用情况进行观察，发现 CPU 中 wai 的变化规律，其主要分为两种情况。第一种情况，当其磁盘读写速率为 1 MB/s 以上时，磁盘 IO 操作成为计算机的主要任务，所以 wai 会远大于 usr；第二种情况，当磁盘读写速率为 100 kB/s 左右，磁盘 IO 操作对系统的影响很小，wai 会远小于 usr。显然，当磁盘 IO 的读写速率过高时，其 wai 也会相应偏高。那么如果 wai 过高，且 wai 大于 usr，那么可以表明此应用不是 CPU 密集型应用。

CPU 密集型应用不会占用大量的内存资源，但是每一台虚拟机的开销要占用物理节点一部分内存资源。除此之外，CPU 密集型应用不会对物理节点的内存资源有更多的需求。

上下文切换

一个标准的 Linux 内核可以支持运行几十个甚至上万个进程。

对于一个普通的 CPU 处理器，Linux 内核系统会调度和执行这些进程。每个进程都会被 CPU 分配相应的时间片来运行，而当一个进程用完时间片或者被更高优先级的进程抢占后，它就会被备份到 CPU 的运行队列中，同时其他进程则占据 CPU 资源，进行运行处理。这个进程之间在 CPU 上运行切换的过程被称作上下文切换。可见，过多的上下文切换会使得 CPU 资源浪费在处理进程运行切换的无效工作上，会对系统造成很大的开销。对于 IO 密集型的应用来讲并不需要太长的时间片，因为系统主要是 IO 操作；而对于 CPU 密集型的应用来说需要长的时间片以保持缓存的有效性。所以 CPU 密集型应用运行时，其每秒上下文切换的数量变化幅度是非常小的。因而每秒上下文切换的数量可以作为判断 CPU 密集型应用的特征之一。

而对于内存资源来说，一般 KVM 虚拟机所消耗的内存，主要包含两方面：一是虚拟机操作系统所带来的开销；二是应用程序的结构不同所带来的，有的应用自己本身根据需要，要开辟出很大的内存，而如果没有特别申请，则会根据 KVM 虚拟机的内存调度机制来解决。所以，CPU 密集型应用有可能用到很多内存资源，但是其 CPU 资源的消耗更为显著。当内存资源的多少影响不到 CPU 密集型应用的处理效率时，就可以把相应的应用划分为 CPU 密集型应用。

由此，可以看出 CPU 密集型应用的重要特征，并且把 CPU 密集型应用模型定义成一个五元组模型：

$$T=\{usr, loadavg, Net, IO, csw\}$$

usr 为用户所占用 CPU 的时间百分比；loadavg 代表则 CPU 系统平均负载；Net=｛rec，send｝，rec 代表每秒的流量接收速率，send 代表网络带宽的每秒发送速率；IO=｛read，write｝，read 代表磁盘 IO 每秒读操作的速率，write 代表磁盘 IO 写操作的速率。经过大量实验分析与验证，并且对其进行了定性定量分析处理，如表 6-1。

表 6-1　CPU 密集型应用模型

参　数	一般变化规律		本章实验环境具体指标
Usr	Usr 变化比较剧烈		Usr 的变化增幅大于 20%
Csw	Csw 与阈值 C 比较，csw 一般小于 C		Csw ＜ 5 000，C 取 5 000
sys，iow	sys+iow 两者加起来，小于阈值 K		sys+iow ＜ 5%，K 取 5%
rec+send	rec+send 小于阈值 N		rec+send ＜ 10 kB/s，N 取 10 kB/s
read+write	Read 的速率几乎为 0，而 read+write 的速率则小于 D（监控程序的磁盘写）		read+write ＜ 100 kB/s，D 取 100 kB/s

模型描述

　　由 CPU 密集型应用的模型定义和模型特征表，就可以参照此模型对未知的应用进行类型判别，确定其是否为 CPU 密集型应用。第一，对 CPU 中的 usr 进行监测，判定 usr 是否增幅变化很大，增幅阈值为 Z，在本章后面实验环境中增幅 Z 为 20% 以上；第二，对 csw 进行监测，判断每秒上下文切换的值是否低于某一阈值 C，在本章后面实验环境中上下文切换的阈值 C 为 5 000；第三，对 CPU 中的 sys 和 iow 进行监测，观察其值是否小于一个阈值 K（当前环境 K 为 5%）；第四，对接收和发送流量进行监控，观察其网络交换量的大小 N（当前环境 N 为 10 kB）；最后，对磁盘 IO 的读写操作进行监控，观察其是否有频繁的 IO 操作 D（当前 D ＜ =100 kB/s）。如果所有条件均满足，则可以判定未知应用为 CPU 密集型应用。而系统平均负载可以作为物理主机处理能力的标志。表 6-1 则列出了 CPU 密集型应用的模型框架，第一列是参数名称；第二列是性能变化情况；第三列则是当前环境下的具体参数指标。

基于 CPU 密集型
应用的调度处理策略

首先，关于物理主机处理 CPU 密集型应用的极限，是指在不影响服务规则的情况下，物理主机同时能够承载多少台 CPU 密集型虚拟机（多少个 CPU 密集型应用任务）。其目的在于尽可能减少物理主机开启的数量，节省物理主机的能耗。为了找出在物理主机上，承载以 CPU 密集型为主的虚拟机的最大阈值，可以采用 loadavg 参数进行衡量物理主机的 CPU 性能。

loadavg 是从进程数目的角度衡量 CPU 的空闲程度。每一个正在运行的进程或者等待运行的进程，都会使 loadavg 的值增加 1。对于单核的 CPU，那么 loadavg 就可以反映当前系统 CPU 的忙碌程度；而对于多核的 CPU，loadavg 需要除以 CPU 的的核数以反映单个计算核的忙碌程度 B，即如下公式（6-1）。而根据公式（6-1），可以得出其基于 CPU 密集型应用的调度流程，如图 6-2。

$$B=loadavg/(CPUnumber)。 \qquad (6-1)$$

在图 6-2 中，系统一直监测物理服务器的 loadavg 参数，并且根据每台物理服务器的 CPU 性能情况，设定最小阈值 M 和最大阈值 K。同时，根据公式（6-1）计算参数 B，并且判断 B 是

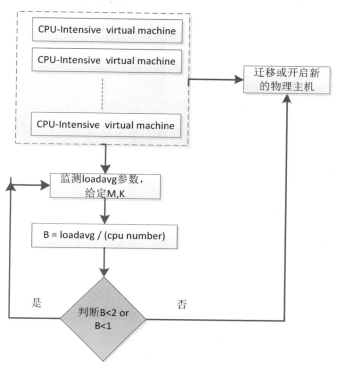

图 6-2　CPU 密集型应用调度示意图

否大于 2 或者小于 1。如果 B > 2，则代表系统性能比较差，单个 CPU 处理的进程数大于 2，处于忙碌状态。而 B < 1，则代表系统性能很空闲，单个 CPU 处理进程数小于 1，那么处于空闲状态。所以为了不使系统负载过重或系统长时间处于空闲状态，则要对该物理服务器上的虚拟机进行迁移。如果 B 处于（1，2）之间，系统性能处于良好状态，则返回继续监控。

其次，当 CPU 密集型应用确实需要进行迁移时，那么迁移的数量则又会成为一个需要考虑的因素。因为，为了一台虚拟机（云应用）而重新开启一台物理主机，则这台物理主机处理能力大部分被闲置，造成极大的空闲浪费。而原本的物理主机迁移一台虚拟机后，其处理负载基本也处于饱和状态，处理效率也比较低。如果迁移虚拟机时，可以根据其处理能力的不同迁移不同数量的

虚拟机，使两台物理主机都尽可能达到处理性能的最佳性能点，那么会提高处理效率和降低资源的空闲浪费。如图 6-3，则显示了迁移的部分示意图。

图 6-3 中，显示了当 B＞2 时，虚拟机的迁移示意图。当监控到 B＞2 时，系统会在开启或选择一个适当的物理服务器，迁移适当的虚拟机，使得 B 处在（1，2）之间，把系统负载降下来。而如果 B＜1 时，则会把所有虚拟机迁移到其他物理服务器上，关闭此物理服务器。

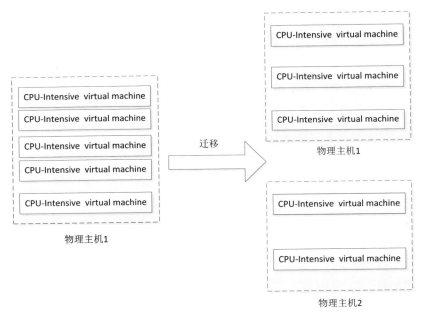

图 6-3　CPU 密集型应用适量迁移示意图

基于 CPU 密集型与不同类型应用的混合处理

　　根据 CPU 密集型应用模型的特点，分析是否可以通过部署不同类型的应用程序，与 CPU 密集型应用消耗的资源进行互补。此处考虑一种消耗磁盘资源很多的应用，而暂定其为 IO 密集型应用。通过分析其应用特点，给出一个假设：是否可以从这点出发，探究两者的互补性——当把两个不同类型的应用程序部署到同一台物理主机时，在保证不会降低每一个应用程序的处理效率的前提下，是否可以提高物理主机的各项资源使用率。比如所提到的 CPU 密集型应用程序和 IO 密集型应用程序，虽然这两种类型的应用程序也会消耗相同的资源，但是两者消耗的主要资源是不同的。CPU 密集型应用程序主要就是 usr 消耗 CPU 资源，而其他几个参数只是用来佐证模型的正确性，同时其他资源，比如网络带宽资源、磁盘 IO 资源、内存资源等，都基本上处于空闲状态。而 IO 密集型应用程序主要是 wai 消耗 CPU 资源，频繁的磁盘读写消耗磁盘 IO 资源、由于读写缓存机制消耗的大量内存资源等。

　　考虑当把这两种不同类型的虚拟机（即不同类型的应用程序）搭配放到同一台物理主机上运行时，两个虚拟机叠加所带来的影响，会使得物理主机各项资源得到均衡的使用。那么为了验证假设存在的合理性，从上文的模型分析，从理论角度出发，来分析其可能性和正确性。

CPU 资源的互补

从 CPU 资源的角度出发，可以分析互补后对于 CPU 资源利用率的影响。首先，CPU 密集型应用模型中，usr 对于 CPU 资源的消耗很多，而作为一种典型 IO 应用 ftp 服务器实验得出 IO 密集型应用的一些特点，wai 对于 CPU 资源的消耗也非常多。如果单从两者的百分比来看，那么这两种类型不存在可以相互叠加的情况，因为这样会加剧对 CPU 资源的竞争程度。不过，仔细考虑不难发现，两种不同类型的应用程序消耗 CPU 资源的原因不同。CPU 密集型应用程序主要是 usr，那是因为虚拟机获得了 CPU 资源，程序执行的时间。而 IO 密集型应用程序主要是 wai，那是因为虚拟机要频繁地读写磁盘，CPU 等待磁盘写入完成时间。可见，当 IO 密集型应用程序单独运行时，CPU 等待处理的时间就会非常长，CPU 一直在等待处理，而没有去处理其他的事情，但是 CPU 的利用率却一直比较高，可见 CPU 资源一直在被虚假利用——即 CPU 资源并没有处理程序，只是在等待硬盘中断。所以，不能简单地把 CPU 利用率加起来计算。

当 CPU 处于等待时间的时间段时，其下一个 CPU 时间片就可以用来处理 usr 的请求。而当 CPU 长时间等待磁盘 IO 操作的状态时，可以分配给 usr 更多的时间片进行处理，这样 CPU 不会长时间处于等待状态，会提高 CPU 的利用率，同时也不会过大地增加 CPU 的负载。

而 CPU 资源的这种切换，可以从上下文切换看出其特征。由于 CPU 密集型应用程序需要比较多的时间片进行连续处理 usr 请求，所以其上下文切换的次数一般都非常小。相比 IO 密集型应用程序，IO 密集型应用程序大量的 CPU 资源花费在等待磁盘 IO 的时间，而且还需要在 usr 和 wai 之间进行转换，所以其上下文切换的次数非常多。两者结合有可能呈现不一样的特征，可以从其特性来佐证 CPU 资源的使用情况。

磁盘 IO 资源的互补

CPU 密集型应用程序的磁盘 IO 读写速率很低，由此可以认为这种类型的应用程序对于磁盘 IO 的操作很少。相对而言，IO密集型应用程序的磁盘 IO 读写速率比较高，所以其对于磁盘 IO的操作就会非常多。这样两种不同应用程序对于磁盘的需求差别比较大，不存在对于磁盘 IO 操作的竞争。所以，两种不同类型应用程序的同时运行，可以提高磁盘 IO 资源的利用率，而不会加重磁盘 IO 的负载或者过度使用磁盘 IO，致使其工作寿命缩短。

内存资源的互补

CPU 密集型应用程序对于物理主机中的内存资源的利用，主要是基于虚拟机本身的操作系统等一些因素，并不会占用太多的内存资源。而 IO 密集型应用程序会使用虚拟内存，并且有大量页面置换产生。但是其对于内存资源使用就是几十 MB 而已，相对于以 GB 为单位的物理主机来说，内存资源的需求比较小。那么两者对于内存资源的需求加起来，也不会使其成为系统性能的瓶颈。

网络带宽资源的互补

在 CPU 密集型应用程序中，大多都是科学计算型任务居多，而不需要过多地与外界进行数据的交换，所以对于网络带宽的资源来说，利用率不是很高，即物理主机不需要承担很大的网络负载。IO 密集型应用程序如果只是对磁盘进行读写，而不与外界进行数据的交换，那么 IO 密集型应用程序在云数据中心的意义就无法体现出来，而在云数据中心中，很多的 IO 密集型应用程序都是关于云存储的应用。所以，一方面 IO 密集型应用程序需要对磁盘进行大量的 IO 操作，另一方面也需要强大的网络带宽资源来支撑数据的传送。所以 IO 密集型应用程序就可以很好地弥补物理主机网络负载过低的情况。

从以上四个方面看，对两种不同应用类型的应用程序部署在一起后，对物理主机上各项资源的利用所产生的影响进行分析，从原理上，可以得出此结论：当 CPU 密集型应用程序与 IO 密集型应用程序部署在一起运行时，会综合利用物理主机的各项资源，同时不会存在对某种特定类型资源过度的使用，而导致物理主机性能下降。

本章提出一种基于 CPU 密集型应用与其他应用的混合调度，具体可分为以下三种情况，可以提高系统的资源利用率和处理效率，如图 6-4～图 6-6。对本节的假设和分析，下一章将通过实验来验证其正确性和合理性。

图 6-4 中，当新的云任务来临时，如果判定不为 CPU 密集型应用任务，那么基于上文给出的原理，就可以把其直接分配到以 CPU 密集型应用为主的物理主机上运行，而不必再申请新的物理

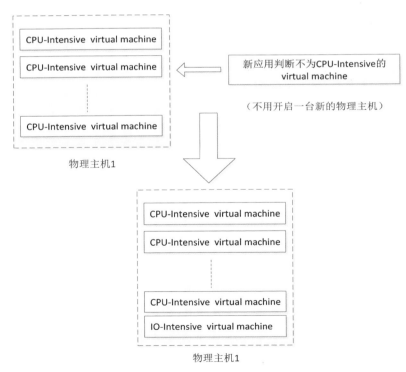

图 6-4　基于 CPU 密集型应用的不同任务调度 1

主机。这样会减少物理主机的数量，同时使得物理主机 1 的资源可以充分利用。

　　图 6-5 中，当监测到以非 CPU 密集型应用任务的物理主机空闲很大时，那么基于上文的分析，就可以把这台物理主机上所有的应用任务直接分配到以 CPU 密集型应用为主的物理主机上运行，而可以休眠或者关掉这台物理主机。这样会减少物理主机的数量，同时使得物理主机 1 的资源可以充分利用。

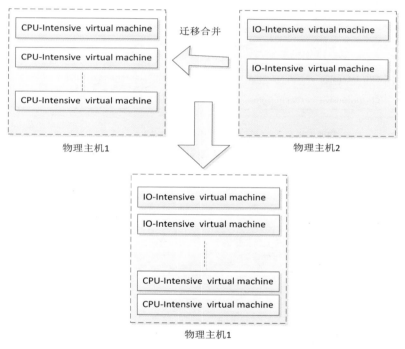

图 6-5　基于 CPU 密集型应用的不同任务的虚拟机合并

　　图 6-6 中，当监测到一台非 CPU 密集型应用任务的物理主机和一台 CPU 密集型应用任务的物理主机，两者负载很大时，那么根据上文分析与应用混合原则，可以把这两台机器上的虚拟机互相进行一定数量的迁移，使两台物理主机的各项资源均衡利用，也达到降低负载和提高处理效率的目的。

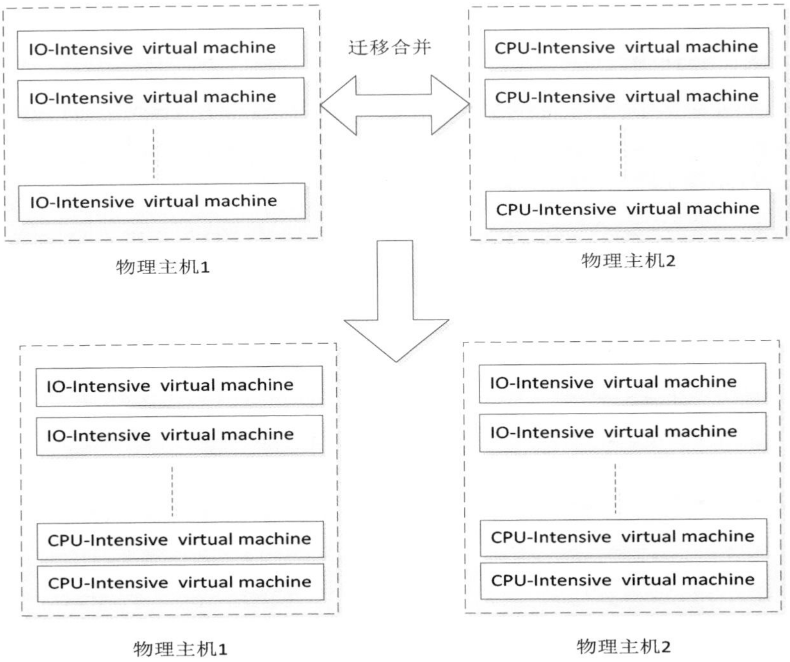

图 6-6　基于 CPU 密集型应用的不同任务虚拟机互相迁移

实验与讨论

实验环境

　　本章所采用的实验基于 CLOUDSTACK 云计算管理平台，采取的就是 cloudstack+kvm 的结构，其框架结构如图 6-7。有一台服务器作为管理服务器，其余的物理主机可以作为 Agent，搭载装有 KVM 的 Linux 系统，为 cloudstack 云计算平台提供各种物理资源。具体的实验平台环境，如表 6-2。

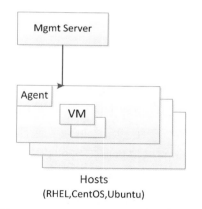

图 6-7　cloudstack+kvm 系统架构图

表 6-2　系统软件版本号

System Application	Version
Cloudstack	4.4
KVM	0.12.1
MySQL	5.1.61
NFS	4.0

实验环境中的物理主机详细配置与第五章描述相同，如表 5-1。
整个实验的 CLOUDSTACK 网络架构图以及配属方案如图 6-8。

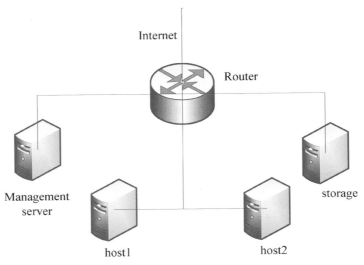

图 6-8　网络拓扑图

从图 6-8 给出的网络框架图以及物理主机配置情况可以看出，
整个实验系统平台有四台物理主机，型号为 IBM 的物理主机作为
管理服务器，用来管理一个和多个区域（通常情况下是指数据中
心，包含供客户访问的虚拟机所运行的物理机）。而型号为 DIY
的物理主机则作为运行大量虚拟机的客户机。最后型号为 HPC，
作为二级存储，用来存放模板、快照和卷。而主存储服务器，在
私有云环境下，一般存储节点与计算节点结合在一起。由于实验
条件的限制，实验中把虚拟磁盘放在虚拟机所在物理主机上。其

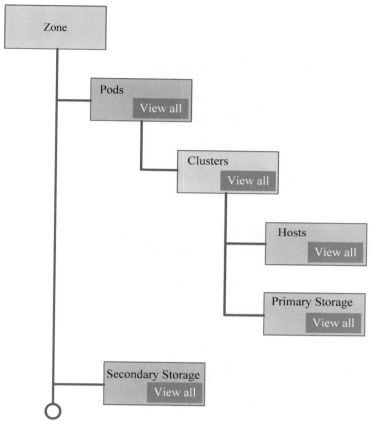

图 6-9　cloudstack 区域结构图

详细的系统区域结构如图 6-9，而系统资源示意图如图 6-10。

实验结果与分析

　　为了验证不同类型应用混合叠加的效果，此处通过实验验证了 CPU 密集型应用模型、CPU 密集型应用的调度机制和 CPU 密集型与 IO 密集型应用的混合调度机制。

　　虚拟机的资源配置、内置操作系统和程序的结构不同都会对程序的执行结果产生一定的影响。这是必然的，因为 CPU 的频率不同、核数不同等，会对虚拟机的性能产生影响。但是，尽管有

图 6-10　cloudstack 资源示意图

些因素必然会对处理结果产生影响，但此处不是讨论哪些因素的改变会优化或提升处理效率，而是专注于本身虚拟机所消耗的资源。无论虚拟机等配置因素对执行结果有何影响，应用程序依托的虚拟机所消耗的资源是确定的。比如科学计算，无论其处理效率如何，其一定是主要消耗 CPU 资源的。而反映虚拟机消耗资源的情况则主要是物理主机的性能参数。所以此处所给出的实验，主要是关注物理主机的性能情况，通过物理主机的性能反应来推断虚拟机的资源消耗情况。

CPU 密集型模型实验

此处对一些典型的 CPU 密集型应用做了大量的实验，比如矩阵运算、圆周率计算和质数计算等。700×700 的矩阵运算，运行在 MPI 框架下的 C 程序；圆周率计算为标准 C++ 程序，计算到小数点后 1 千万位；质数计算到 1 亿个数的标准 java 程序。

基于 CPU 密集型应用特征模型，实验中均采取相同规格的虚拟机（即 CPU 为 1.0 GHz×2、内存为 1 GB、磁盘为 30 GB 和网络资源无限制），独立运行程序。为了验证 CPU 密集型应用在物理节点上所产生的资源消耗特征，依次分别在一台物理服务器上运行 1台虚拟机至 7 台虚拟机（物理服务器内存为 8 GB，虚拟机内存为 1 GB 时，最大可部署 7 台虚拟机），且同时运行相同的程序。此次实验重复 20 次，以减小偶然误差。若想要准确地验证 CPU 密集型应用的资源特征，同时验证物理节点承载虚拟机时的资源消耗特征，就要在一台物理节点上，对虚拟机进行叠加实验。因为 CPU 密集型应用对资源的需求都是一定的，增加需求的数量，就会增加所需资源的需求，这样就会很容易地从监控的数据中分析出何种资源是 CPU 密集型应用所需的，何种资源是非必需的，从而验证和总结 CPU 密集型应用的特征模型。具体的实验结果分析如下。

　　图 6-11、图 6-12 分别描述了运行 CPU 密集型应用的虚拟机数量与 CPU 中 usr 和处理时间的关系，横坐标为虚拟机的数量，纵坐标分别为 usr 占 CPU 的百分比和应用处理时间。可以看出当虚拟机数量小于 4 时，其应用处理完成的时间为 730s 左右；而当虚拟机数量大于 5 时，其应用处理的时间增加百分之 50%。所以虚拟机的数量大于 6 时，CPU 的使用率达到最大值，物理节点的处理效率会剧烈的降低。而其数量小于 4 时，每增加一台虚拟机，则 usr 的增幅在 25% 左右，但是应用程序的处理效率不会降低。所以可以认为当虚拟机数量处于［0，4］时，其节点性能处于性

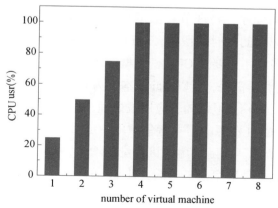

图 6-11　usr 和虚拟机数量之间的关系

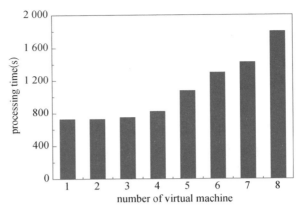

图 6-12　执行时间和虚拟机数量之间的关系

能良好阶段；当在（4，6］时，节点性能处于可接受阶段；当在
（6，+∞）时，其节点性能处于性能急剧下降阶段。

　　图 6-13、图 6-14 分别描述了运行 CPU 密集型应用的虚拟机
数量与 CPU 中 wai 和 sys 的关系，横坐标为虚拟机的数量，纵坐
标分别为 wai 占 CPU 的百分比和 sys 占 CPU 的百分比。从图中
可以看出，把横坐标分为 7 个部分，即代表虚拟机数量从 1 台递
增至 7 台。同时任意一个阶段的监控时间为 1 600 s，且每个阶段
之间间隔 1 200 s。每阶段上方都标有具体的时间，表示程序运行
1 600 s 时，相对应资源变化的时间，默认都是 1 600 s。但是图
6-13 所标记的时间，比较特殊。当每台虚拟机运行相同的 CPU
密集型应用程序，物理节点上运行的虚拟机数量大于 4 时，在
1 600 s 标记时间的时间段内，wai 的值基本为 0。这是因为虚拟
机所处理的应用主要是 CPU 密集型应用，其中 CPU 的所有资源
都被 usr 所竞争消耗，所以 wai 基本上为 0，即其 wai 的变化时间
就会小于 1 600 s。但是随着应用被处理，在应用即将结束的时间
内，usr 对 CPU 资源的需求竞争减弱，那么 wai 就会逐步占用一
定的 CPU 资源。而随着虚拟机数量的增多，对 CPU 资源竞争逐
渐增大，其处理效率越来越低，其 wai 的标记时间从 1 600 s，一
直降到 240 s。可见，CPU 密集型应用主要消耗 usr 资源。

　　而从图 6-14 可知，当运行的虚拟机数量为 4 以下时，其物理节

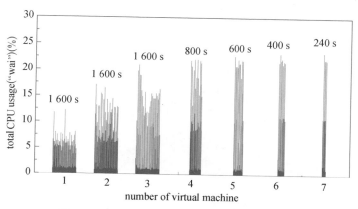

图 6-13　iowait 与虚拟机数量之间的关系

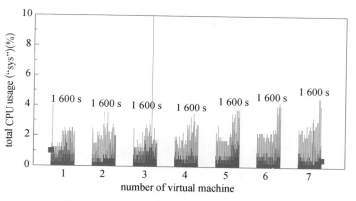

图 6-14　sys 与虚拟机数量之间的关系

点处于系统性能良好阶段。由于监控程序需要向磁盘写入数据，所以 wai 会消耗一定的 CPU 资源。一般情况下，wai 的值也非常小，低于 10%。图 6-14 中的 sys 变化是因为 CPU 进程间进行的切换，所以 sys 的变化在整个监控过程中一直存在。但是 sys 消耗的 CPU 资源无论在什么情况都特别小，其值一般都小于 4%。可见 CPU 密集型应用对 sys 的消耗很少。因此，CPU 密集型应用主要消耗的是 usr 资源，其他的 wai 和 sys 等都不会有显著变化，且其值都非常小。

　　图 6-15 和图 6-16 分别展示在整个实验过程中，物理节点的每秒网络接收和发送流量的速度随虚拟机数量的增加而变化的情况。图 6-15 和图 6-16 的时间轴区间分段与图 6-13 的一样，其纵

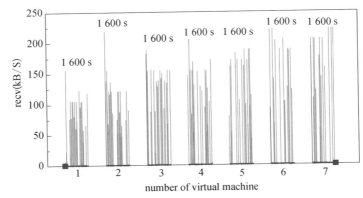

图 6-15　网络接收速度与虚拟机数量之间的关系

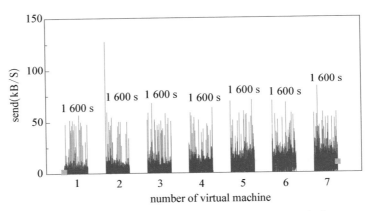

图 6-16　网络发送速度与虚拟机数量之间的关系

坐标表示每秒接收或者发送流量的速度。其中接收流量速度峰值大约 200 kB/s，而其平均速度经计算不到 100 kB/s；发送流量速度平均则小于 30 kB/s。因为通过 vpn 对虚拟机进行管理控制，需要对虚拟机和管理服务器发送一定的信息。同时，虚拟机也需要定时向系统反馈一定的信息，所以会产生少量的网络流量。但是相比于千兆的网络带宽能力，可以认为 CPU 密集型应用产生很少的网络流量。其网络流量的速度，可作为其模型参数之一。

　　图 6-17 和图 6-18 是在实验过程中，物理节点上磁盘的读写操作情况与虚拟机数量之间的关系。图 6-18 的横坐标的内容与图 6-13 的一样，其纵坐标为每秒读取磁盘或者写磁盘的速度。可

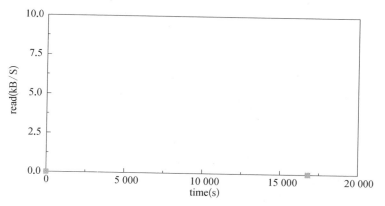

图 6-17　磁盘读速率与虚拟机数量之间的关系

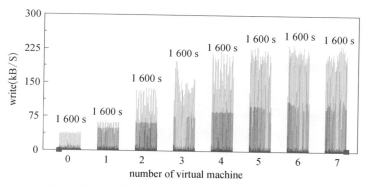

图 6-18　磁盘写速率与虚拟机数量之间的关系

以从图中看出：在整个实验过程中，CPU 密集型应用基本不会对磁盘进行读取，所以磁盘 IO 的读速率基本为 0；因为监控程序要对磁盘进行写操作，所以有一定的磁盘写速率。但是其写速率一般不超过 100 kB/S，相对于 7 200 r/m 的磁盘来说，其压力较小。可知，CPU 密集型应用不会产生大量的磁盘 IO 读写操作。因此，磁盘的读写速率也可作为 CPU 密集型应用典型的特征之一。

图 6-19 则是实验过程中，物理节点中上下文切换的变化趋势与虚拟机数量之间的关系。每秒上下文切换次数会随着虚拟机数量的增多而增加，但是变化幅度很小。因为 CPU 密集型应用需要的时间片比较长，所以每秒上下文切换变化相对平缓。而随着

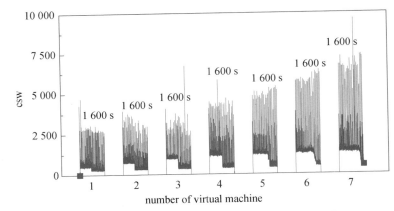

图 6-19　上下文切换次数与虚拟机之间的关系

CPU 密集型应用的递增，增加了 CPU 处理的进程数，所以每秒上下文切换次数会相应增加。在物理节点的性能良好阶段，其每秒 csw 的平均值总是低于 3 000。而对于 IO 密集型应用来说，即便通过简单的文件上传或拷贝，其上下文切换次数可以达到 5 000 以上，故可以将 csw 作为 CPU 密集型应用的特征之一。

　　而为了验证内存对应用的处理效率的关系，实验中把虚拟机的内存配置分别提升为 2 GB（最多 4 台虚拟机）和 4 GB（最多两台虚拟机），其他配置不变，其处理时间与处理效率与内存为 1 GB 时一样，均为 730 s 左右。实验结果表明，对于 CPU 密集型应用而言，为保证操作系统性能最好，则内存最少为 1 GB。

　　同时，在 KVM 中，虚拟机的虚拟 CPU（vCPU）都作为 KVM 管理进程中的一个线程调度到一个 CPU 上去执行。由于 vCPU 的频率高低是通过在 CPU 上执行时间的多少，而影响其处理应用的时间和处理效率，因此 vCPU 频率的高低在物理主机的反映都是一致的，所以对于不同频率的 vCPU，实验反映效果都是一致的。

　　为了验证 CPU 密集型应用模型的正确性，通过分析多个应用程序的特征，参照 CPU 密集型应用模型判断规则，判断是否是 CPU 密集型应用类型。尽管实验中所用到的虚拟机，其虚拟机的 CPU 频率都是随机设定的，但已验证此模型对于不同 vCPU 的配置，仍然适用。所得的结果如表 6-3。

表 6-3 the results of model validation

application name	growth of usr	sys+iow	Csw	send+recv	Read+write	Judge (Yes or No)	Result
Prime Numbers	20%	9.4%	< 5 000	< 200 kB/s	< 100 kB/s	Yes	TRUE
PI calculation	25%	8%	< 5 000	< 200 kB/s	< 100 kB/s	Yes	TRUE
Matrix operations (500 × 500)	21%	7%	< 5 000	< 200 kB/s	< 100 kB/s	Yes	TRUE
crawler algorithm	21%	4%	< 5 000	< 200 kB/s	< 100 kB/s	Yes	TRUE
FTP server to download files	3%	40%	> 10 000	> 1 MB/s	> 1 MB/s	No	TRUE
The FTP server to upload 2 GB files	5%	42%	> 10 000	> 1 MB/s	> 1 MB/s	No	TRUE
Streaming media server	7%	4%	< 5 000	> 1 MB/s	> 1 MB/s	No	TRUE
The database server	15%	36%	> 10 000	< 200 KB/s	> 100 kB/s, < 1 MB/s	No	TRUE

表 6-3 中给出的爬虫算法采用的是深度优先搜索策略，即利用关键词对新浪网站进行网页抓取。对于流媒体服务器实验，实验中在一台虚拟机上建立流媒体服务器，提供对终端的视频服务。对于数据库服务器实验，则是基于 python 的脚本，模拟对数据库的随机操作。

对于所有实验，参数数据的监测、收集和应用类型的判定，都以 10 分钟为基准时间，且进行 20 遍，消除实验的误差性。因为虚拟机的启动运行、物理主机的资源分配等都需要一定时间，会对参数产生一定的干扰。短时间内所采集的数据，对于判断应用类型的准确性有很大的影响。而过长的判定时间，则会对系统性能产生负面影响。如何定义判定时间的长短，是影响效果的因素之一。

CPU 密集型应用程序调度实验

为了找出在物理主机上，承载以 CPU 密集型为主的虚拟机的最大阈值，同样是根据上面的实验，可以从 loadavg 参数中得出结论，实验结果如图 6-20。

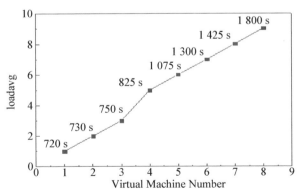

图 6-20　loadavg 与虚拟机数量之间的关系

根据公式（6-1），如果 B 的值大于 1，则表明已经有进程在排队等待 CPU，这意味着 CPU 已经开始有点"疲于应付"了。图 6-20 主要表示五分钟之内，物理节点的系统平均负载（loadavg）

与虚拟机数量之间的关系，同时图中的每一个点都标出了此时处理 CPU 密集型应用所用时间。在当前的系统中，当物理主机承载的虚拟机数量 Vm ＜ 4 时，loadavg ＜ 4，其根据公式（6-1），则 B ＜ 1，CPU 密集型应用处理时间不会发生太大变化，均为 730 s 左右，即为性能良好阶段；当 Vm 处在［4，7）时，loadavg ＞ 4 且 loadavg ＜ 8，则 B 大于 1 且小于 2，物理主机的处理时间增加会低于 50%，即性能可接受阶段；当 Vm 的数量处于［7，+ ∞）时，loadavg ＞ 8，B ＞ 2，则其处理时间为 1 400 s 左右，增加了一倍多。至于 Vm ＞ 8 时，处理时间会成几何倍增加。所以此时称为性能急剧下降阶段。对于物理主机的 loadavg 阈值 M 和 K，此实验环境下可以设为 4 和 8。而对于物理主机的迁移阈值来说，其系统 CPU 的忙碌程度以公式（6-1）中的 B 来表示。参照迁移流程如图 6-2 所示，如果 B ＞ 2，那么就进行迁移；否则，不进行迁移。

　　而对于迁移虚拟机的数量，对于整体资源利用率和处理效率的影响，通过大量的实验，根据迁移流程图 6-2，结合本实验具体环境，一台物理主机的虚拟机迁移阈值为 6，即一台物理主机上的 CPU 密集型应用数量为 6 时，即进行迁移。实验中对于迁移数量分为迁移 1 个（物理主机 1 承载 5 台虚拟机，物理主机 2 承

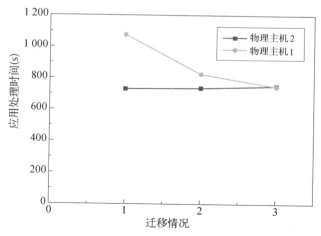

图 6-21　虚拟机迁移不同情况处理时间

载 1 台虚拟机)、2 个（物理主机 1 承载 4 台虚拟机，物理主机 2 承载 2 台虚拟机）和 3 个（物理主机 1 承载 3 台虚拟机，物理主机 2 承载 3 台虚拟机）三种情况，分别记录两台物理主机的执行情况和性能。如图 6-21，横坐标表示迁移的三种情况——即分别为迁移 1 台、2 台和 3 台虚拟机，两条折线则分别表示物理主机 1 和物理主机 2 处理 CPU 密集型应用的执行时间。而图 6-22 则显示的是迁移的三种情况的 loadavg 参数。图 6-23 则表示虚拟机迁移不同情况下，两台物理主机中 CPU 资源中，usr 使用 CPU 的百

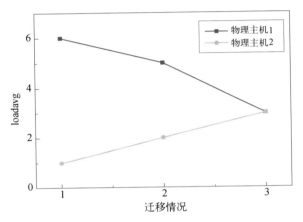

图 6-22　虚拟机迁移不同情况的 loadavg

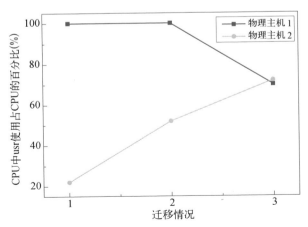

图 6-23　虚拟机迁移不同情况下 usr 消耗 CPU 资源百分比

分比。

从这三张图中可看出，基于 CPU 密集型应用的虚拟机调度中，在实验所给出的硬件配置环境下，当物理主机处理 CPU 密集型应用达到极限 6 时，那么采用第二种情况，即迁移 2 台虚拟机到新的物理主机上，其处理效率和资源利用率都比较高。相比较第一种情况，即迁移 1 台虚拟机，其处理效率分别提高 25%；相比较第三种情况，即迁移 3 台虚拟机，其处理效率提高 10%，但是 CPU 的平均负载 B 则都小于 1，两台物理主机都有空闲浪费。只有当迁移 2 台虚拟机时，处理效率和资源使用率两者都可达到理想状态。

CPU 密集型与 IO 密集型应用程序混合调度实验

为了使 CPU 密集型应用和非 CPU 密集型应用程序进行混合调度，达到资源使用效率最佳，实验中采用了两个比较典型的程序进行了验证。其中选用计算 PI 的程序作为典型的 CPU 密集型应用程序，计算方法为利用 arctan（x）的幂级数展开式，迭代 10 亿次；而非 CPU 密集型应用程序则选择比较典型的 ftp 服务器，通过上传或下载 1 GB 的大文件，模拟简单的云存储应用。因为云存储的应用主要是针对磁盘进行操作，所以研究的云存储相关的应用，大多定义为 IO 密集型应用程序。虽然 ftp 服务器需要一定的带宽支持，但是其对服务器更多的负担则是对磁盘 IO 的读写操作，不需要大量的往返交互性，对网络的实时性要求相对比较低。实际上，它算是一种复合型的应用程序，不过此处更多的是把它作为 IO 密集型应用程序处理，或者说 IO 密集型应用特征更明显。

对于云存储可以有两种形式。第一种形式是存储与计算集成，即虚拟机的全部都在一个 PC 服务器上，此时，对虚拟机的操作就是对物理节点的操作。第二种形式是云存储的服务器会分担虚拟磁盘的 CPU 压力，从而其虚拟 CPU 的开销就会比较少。对于第一种形式，存储与计算分离，即虚拟机的虚拟机磁盘与虚拟机的虚拟 CPU 是分离的，不在一个节点上。虚拟机的磁盘在专用处理的云存储服务器上，而虚拟机的虚拟 CPU 则在另外一个节点上。它们通过网络相互发送指令，从而连接成一个整体。比较而言，第一种形式下，虚拟机产生的所有负担都会被宿主机（物理节点）所承担，不会有额外的负担。而第二种形式，则会产生大量的开销，增加传输时间。

实验过程中，分别采用了这两种不同的形式，对于两种不同应用类型的互补性分别做了几组不同的实验来进行验证，不同应用类型的应用程序部署在一起后，物理主机的资源利用率是否可以得到提高。

在单一密集型应用程序的不同数量的条件下，依次加入不同类型不同数量的应用程序，观察其对原有执行效率和性能的影响。其中，所有应用程序的虚拟机规格为相同规格的虚拟机（即 CPU 为 1.0 GHz×1、内存为 1 GB、磁盘为 30 GB 和网络资源无限制）。

首先，通过实验，验证了第一种形式比第二种形式的处理效率和传输效率要高一倍甚至很多，如图 6-24 和图 6-25 所示。其次，实验中测量了不同数量 CPU 密集型应用和不同数量 IO 密集型应用（ftp 服务器）在同一个物理服务器上的执行时间，如图 6-26～图 6-28 所示。

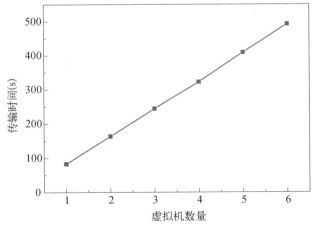

图 6-24　第 1 种形式 ftp 服务器数量与传输时间的关系

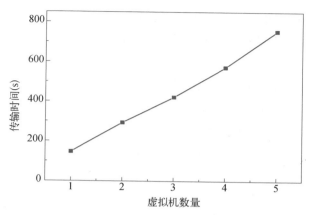

图 6-25　第 2 种形式 ftp 服务器数量与传输时间的关系

从图 6-24、图 6-25 中可看出，随着 ftp 服务器数量的增多，传输文件的时间会增加，两者呈明显的线性关系。虽然 ftp 服务器传输文件的效率跟物理服务器的磁盘性能密切相关，但是，当磁盘性能相同的时候，其传输效率则只与 ftp 服务器的数量相关。从实验结果可以看出，第一种形式的传输时间明显要小于第二种形式的传输时间，当 ftp 数量为 1 时，第二种形式比第一种形式的传输时间多出一倍，并且对 CPU 资源的消耗也比第一种形式要多，因为在第二种情况下，需要使用 CPU 资源来把接收的文件再进行

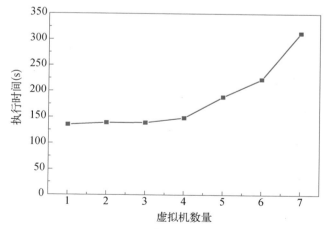

图 6-26　CPU 密集型应用数量与执行时间之间的关系

191

转发。可以看出，第二种形式的传输效率和消耗资源都比第一种形式的要高出很多，因此，下文对于此种形式的云存储应用不予以考虑。

从图 6-26 中可以看出当虚拟机数量大于 4 时，其执行时间开始延长，而当虚拟机数量大于 5 时，其执行时间增长比较快，呈指数增长的趋势。这跟前文描述内容中得出的结论一样，其基于 CPU 密集型应用的调度阈值。

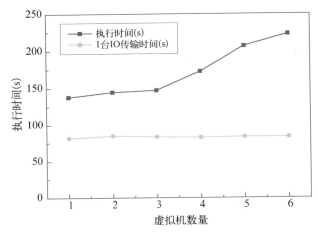

图 6-27　1 台 ftp 服务器与不同数量 CPU 密集型虚拟机的处理情况

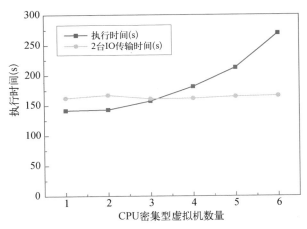

图 6-28　2 台 ftp 服务器与不同数量 CPU 密集型虚拟机的处理情况

另一组实验是在一台物理服务器上，分别部署不同比例的
CPU 密集型应用与 ftp 服务器，如图 6-27～图 6-30 所示。

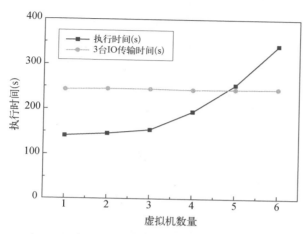

图 6-29　3 台 ftp 服务器与不同数量 CPU 密集型虚拟机的处理情况

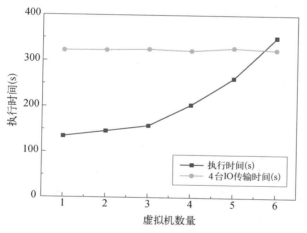

图 6-30　4 台 ftp 服务器与不同数量 CPU 密集型虚拟机的处理情况

　　从这些图中可以看出，其 ftp 的传输时间不会随着 CPU 密集
型应用的数量增加而增加，表明 ftp 服务器（非 CPU 密集型应用）
与 CPU 密集型应用对资源的偏向性不一致，两者存在一定的互补
性。而 ftp 服务器的传输时间则与 ftp 服务器的数量有关系，表明

同类应用的资源偏向性一致，会产生对相同资源的竞争，导致其效率下降。

根据实验结论结合上节的相关内容，从而可以得出结论，在实验条件给出的物理参数条件下，当物理主机上的性能参数 B（公式 6-1）处于（0，1）和（2，+∞）时，云计算资源利用率非常低，因为这时的物理服务器的性能处于空闲或过载两种极端情况。当 B 处于（1，2）区间时，考虑混合多少 ftp 服务器则是有意义的，这时服务器处于合理的工作区间，可以考虑在该区间，CPU 密集型应用与非 CPU 密集型应用混合运行的最佳比例。事实上当 B 在（1，2）时，CPU 密集型应用数量为 4 或 5，而当 CPU 密集型应用的数量为 4 或 5 时，ftp 服务器应用的混合数量，如表 6-4 所示。

表 6-4　4 或 5 个 CPU 密集型虚拟机执行时间与
不同数量 ftp 服务器之间的关系

ftp 服务器数量 CPU 密集型数量	0	1	2	3	4
4 个 CPU 密集型虚拟机	148.47 s	172.73 s	181.48 s	194.88 s	204.12 s
5 个 CPU 密集型虚拟机	188.77 s	210.12 s	212.63 s	254.43 s	272.48 s

从上表中可看出，随着 ftp 服务器数量增加，4 个 CPU 密集型虚拟机的处理效率依次降低了 16.2%、22.3%、31% 和 37.8%；而 5 个 CPU 密集型虚拟机的处理效率依次降低了 11.7%、11.7%、35.1% 和 44.7%。而相同的 ftp 服务器数量，前者比后者的处理效率分别高 21.3%、18.1%、14.7%、23.7% 和 25.0%。显而易见，当 ftp 服务器应用与 CPU 密集型应用两者进行综合运行时，CPU 密集型的数量最好选择为 4 台，而 ftp 服务器的数量则要根据其磁盘性能和用户的需求而定，可以使整个物理服务器的资源综合利用，且性能保持在良好范围之内。图 6-31～图 6-34 分别从 loadavg、usr、网络接收速率和磁盘写入速率四方面，反映了当 4 个 CPU 密集型虚拟机和 3 台 ftp 服务器混合运行时物理服务器的资源使用情况。

从这四张图中可看出，应用上文所讨论的 CPU 密集型应用模型，网络和磁盘资源等没有形成空闲浪费。结合 CPU 密集型应用模型根据 loadavg 参数，可以判定当物理服务器性能参数 B 处于正常范围，则 CPU 密集型应用与非 CPU 密集型应用的结合，物

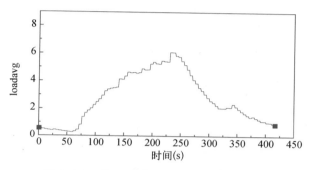

图 6-31　物理服务器 loadavg 参数情况

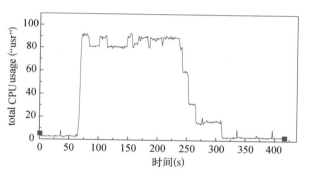

图 6-32　物理服务器 usr 资源使用情况

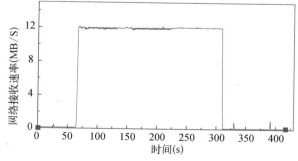

图 6-33　物理服务器网络发送情况

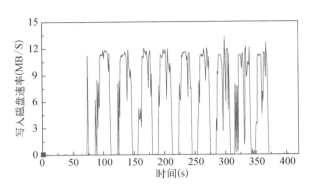

图 6-34　物理服务器磁盘写入情况

理服务器上承载虚拟机数量的增多，并不会给物理服务器的 CPU
资源增加过多额外的负载；如果让 usr 消耗资源保持在 80% 左右，
那么能够较好地提高物理服务器侧资源利用率，同时还能够保持
CPU 密集型应用的处理效率。考虑 ftp 服务器应用需要大量使用
网络带宽资源和磁盘 IO 资源——两者达到 12 MB/s，而对于 CPU
密集型应用运行时网络带宽使用只有每秒几十 kB 和磁盘 IO 的读
写速率也不超过 100 kB/s，可见在 CPU 密集型应用的服务器上增
加 IO 密集型应用，其网络带宽资源和磁盘 IO 资源可被充分利用。
这表明 CPU 密集型应用与非 CPU 密集型应用存在混合调度，其
混合调度策略可以充分综合利用各项资源（至少类似 ftp 服务器应
用的虚拟机可进行混合运行）。

　　结合前文所提出的在云环境下，三种基于 CPU 密集型应用
与非 CPU 密集型应用混合的调度策略，可根据物理服务器性能参
数 B 作为判断 CPU 密集型应用迁移条件与实验结果分析，得出如
下结论：对 CPU 密集型应用与非 CPU 密集型应用进行混合调度，
从而达到减少物理主机，提高资源利用率的目的。该结论与前面
的理论分析相一致，验证于理论的正确性。

第七章

应用识别模型及
资源分配策略

按需分配作为云计算的优点之一，给用户节约了很大的硬件投资成本，带来了极大的便利，但是用户往往很难清楚了解自己所需的资源量，这样就可能会申请过多的资源，造成浪费，因此，建立应用识别的模型，通过模型有效的识别各种类型应用所消耗各种资源的情况，然后根据资源消耗比重来对应用进行分配，对提升资源使用效率，减少浪费起到很好的指导作用。

云计算应用类型识别模型

应用识别模型可以通过如下方式建立，即通过对应用进行模拟运行的方式来对应用的类别进行识别，首先监控各种已知类型的应用在运行过程中消耗计算机各个资源的情况；然后得到能区分不同类型应用的特征参数集，用于区分和识别不同类型的应用。采用 KNN 算法结合特征识别模型，给出了一个能识别出不同应用消耗各种物理资源比重的算法。由于在计算机应用过程中，体现资源消耗情况的参数比较多，可以通过相似度计算找出并剔除对不同类型应用影响都比较小的参数变量。

应用类型

众所周知，在传统的计算机中不同类型应用在运行时所消耗的各种资源的占比是不同的，例如，对一个曲线网格的流体动力学的计算，地震数据资料的处理等，需要大量的 CPU 资源来处理；而对于大文件的传输比如 FTP，对网盘的上传和下载等却对网络带宽和磁盘资源的要求比较高。通常根据应用在运行时主要消耗资源的种类，可以将应用分为 CPU 密集型应用、内存密集型应用、网络密集型应用和 IO 密集型应用等。

在云计算环境下也不例外，云数据中心按照用户提交的请求

199

为用户提供虚拟主机服务，用户可以远程管理、维护和定制自己的虚拟机，在虚拟机上运行自己的应用。这些远程运行的虚拟机，根据用户运行应用的不同，所消耗的物理主机的各种资源比重也不同，例如，用户运行一个高性能的计算任务，则该虚拟机主要消耗的是物理主机的 CPU 资源；而如果用户利用所申请的虚拟机作为 FTP 服务器，则该虚拟机主要消耗的是物理主机的磁盘资源与 IO 资源。因此根据用户应用的类型，为应用分配合理的虚拟机，以及为虚拟机分配合适的宿主机，既能科学合理地利用物理主机的资源，又能让用户获得较好的应用体验。

标准测试工具

对四种标准的应用类型进行研究，通过分析这四种应用类型运行时使用的虚拟机的资源使用情况，建立能识别四种类型应用的模型。为了达到这一目的，首先需要找到这四种标准类型的应用，由于本书所描述的云环境是基于 linux 的环境，此处采用的测试工具作为标准的应用类型，这些测试工具都是国际上通用的开源的测试工具，在国际上有广泛的应用。

首次需要介绍的是 Sysbench，它是一个开源的、模块化的、跨平台的多线程性能测试工具，可以用来进行 CPU、内存、磁盘 IO、线程、数据库的性能测试。为了建立应用识别模型，采用 Sysbench 对 CPU 性能的测试采用寻找最大素数的方式来测试 CPU 性能；应用 Sysbench 对磁盘 IO 性能的测试是生成多个文件，对这些文件的操作可以采用随机读、随机写、随机读写、顺序读写、顺序读、顺序写的方式来测试磁盘 IO 的性能，文件个数和总文件的大小都可以通过设置参数指定。应用 Sysbench 对内存的测试是通过对内存的读写操作进行的，同时读写的数据总大小和内存块的大小可以通过参数自定。

Netperf 是一种网络性能测量工具，主要针对基于 TCP 或 UDP 传输的性能测试。Netperf 根据应用的不同，可以进行不同模式的网络性能测试，即批量数据传输（bulk data transfer）模式

和请求 / 应答（request/reponse）模式。Netperf 测试结果所反映的是一个系统能够以多快的速度向另外一个系统发送数据，以及另外一个系统能够以多快的速度接收数据。Netperf 工具以 client/server 方式工作。server 端是 netserver，用来侦听来自 client 端的连接，client 端是 netperf，用来向 server 发起网络测试。在 client 与 server 之间，首先建立一个控制连接，传递有关测试配置的信息以及测试的结果。在控制连接建立并传递了测试配置信息以后，client 与 server 之间会再建立一个测试连接，用来回传递着特殊的流量模式，以测试网络的性能。

Netperf 测试类型包括 TCP_STREAM、UDP_STREAM、TCP_RR、TCP_CRR、UDP_RR 五种。

1. TCP_STREAM

Netperf 缺省情况下进行 TCP 批量传输。测试过程中，netperf 向 netserver 发送批量的 TCP 数据分组，以确定数据传输过程中的吞吐量。

2. UDP_STREAM

UDP_STREAM 用来测试进行 UDP 批量传输时的网络性能。需要特别注意的是，此时测试分组的大小不得大于 socket 的发送与接收缓冲大小，否则 netperf 会报出错提示。为了避免这样的情况，可以通过命令行参数限定测试分组的大小，或者增加 socket 的发送 / 接收缓冲大小。

3. TCP_RR

TCP_RR 方式的测试对象是多次 TCP request 和 response 的交互过程，但是它们发生在同一个 TCP 连接中，这种模式常常出现在数据库应用中。数据库的 client 程序与 server 程序建立一个 TCP 连接以后，就在这个连接中传送数据库的多次交互过程。

4. TCP_CRR

与 TCP_RR 不同，TCP_CRR 为每次交互建立一个新的 TCP 连接。最典型的应用就是 HTTP，每次 HTTP 交互是在一条单独的 TCP 连接中进行的。因此，需要不停地建立新的 TCP 连接，并且在交互结束后拆除 TCP 连接，交互率一定会受到很大的影响。

5. UDP_RR

UDP_RR 方式使用 UDP 分组进行 request/response 的交互过程。由于没有 TCP 连接所带来的负担，所以推测交互率一定会有相应的提升。

STREAM 是业界广为流行的综合性内存带宽实际性能测量工具之一。随着处理器处理核心数量的增多，内存带宽对于提升整个系统性能越来越重要，如果某个系统不能够足够迅速地将内存中的数据传输到处理器当中，若干处理核心就会处于等待数据的闲置状态，而这其中所产生的闲置时间不仅会降低系统的效率，还会抵消多核心和高主频所带来的性能提升因素。STREAM 具有良好的空间局部性，是对 TLB 友好、Cache 友好的一款测试。STREAM 支持 Copy、Scale、Add、Triad 四种操作，下面分别介绍四种操作的含义：

Copy 操作最为简单，先访问一个内存单元读出其中的值，再将值写入另一个内存单元。

Scale 操作先从内存单元读出其中的值，做一个乘法运算，再将结果写入另一个内存单元。

Add 操作先从内存单元读出两个值，做加法运算，再将结果写入到另一个内存单元。

Triad 的含义是将三个操作组合起来，在本测试中表示的意思是将 Copy、Scale、Add 三种操作组合起来进行测试。具体操作方式是：先从内存单元中读两个值 a、b，对其进行乘加混合运算（a+ 因子 ×b），将运算结果写入另一个内存单元。

此外还有很多关于系统测试的工具，如 Iperf、IOzone 等，由于在建立应用识别模型过程中没有用到，就不一一赘述。

云环境下的应用识别模型

应用识别模型建立的前提是通过在云平台的虚拟机中的系统标准测试工具作为标准 CPU 密集型应用、标准 IO 密集型应用、标准网络密集型应用、标准内存密集型应用，并且使用系统性能监控工具 dstat 实时监控测试工具运行时系统各项性能参数的使用情况。由于所获得的系统性能参数不清楚到底哪些因素或属性对不同云计算应用类型影响大，因此，可以通过采用合理的技术手段，针对标准的应用类型，尽可能检测到多的参数，考虑到得到的参数可能太多，这样会造成两个问题，一个是使得分析过程过于复杂，从而致使其可用性受到严重影响；另一个是这些参数中大多数可能对不同类型云应用的区分影响很小，甚至没有影响，因此，如何从这众多的参数中剔除这些影响很小甚至没有什么影响的参数，找出对不同应用类型影响最明显的参数。建立应用参数特征模型非常重要，因为只有这样才可能应用该特征模型对其他已知类型的应用进行检测与识别，从而判定特征模型的正确性。

为了监控云应用运行过程中资源的消耗情况，可通过在云平台的虚拟机中运行一些系统标准测试工具作为标准 CPU 密集型应用、标准 IO 密集型应用、标准网络密集型应用和标准内存密集型应用，并且使用系统性能监控工具实时监控测试工具运行时系统各项性能参数的变化情况，此处使用的标准测试工具如表 7-1。

表 7-1　标准测试工具集及其版本号

标准应用类型	测试工具	版本号
CPU 密集型	Sysbench	0.4.10
IO 密集型	Sysbench	0.4.10
网络密集型	Netperf	2.6.0
内存密集型	Sysbench	0.4.10
空闲型	除了本机监测进程外没有其他应用运行	

通过使用 dstat 命令可以监控虚拟机 CPU 使用情况、磁盘 IO 的读写速率、内存的使用情况、网络的接收与发送速率、系统中断等各种信息，运行结果如图 7-1 所示。

图 7-1　dstat 监控程序运行结果

图 7-1 中的每一列对应一种性能参数的值如 usr 表示 CPU 用户进程占用的 CPU 资源的百分比，sys 为系统进程占用的 CPU 资源的百分比等，每一行为某个时刻的系统性能参数值。通过在同一台虚拟机上运行不同的标准测试工具并监控系统性能参数，截取测试工具运行时的一段时间作为不同应用类型的样本数据。对每种应用类型的测试通过改变测试工具的参数来获得尽可能多样的数据，保证该应用类型的多样性，因此每种类型的测试都会有很多组数据，对每种类型测试数据的第 i 组数据的每一列进行求均值，可以得到一个集合记为 Pi，Pi 的表示如下：

$$Pi = \{p_{i1}, p_{i2}, p_{i3}, ..., p_{in}\}$$

p_{ij} 表示第 i 组数据的第 j 列的性能参数，以图 7-1 为例 p_{11} 表示的图中 usr 列的性能参数的均值。

然后将该类型的 m 组实验数据集合 P_i 进行组合，可以得到该类型应用运行时性能参数矩阵 P，矩阵 P 表示为：

$$P = \begin{bmatrix} P_1 \\ P_2 \\ \vdots \\ P_m \end{bmatrix} = \begin{bmatrix} p_{11} & p_{12} & \cdots & p_{1n} \\ p_{21} & p_{22} & \cdots & p_{2n} \\ \vdots & \vdots & \vdots & \vdots \\ p_{m1} & p_{m2} & \cdots & p_{mn} \end{bmatrix}$$

其中矩阵的每一列也是通过监控程序监控的一个性能参数指标如 usr、sys、read、hid 等与图 7-1 中的运行结果的每一列对应，每一行对应集合 P_i。

由监控工具获取的系统每一项性能参数的单位是不同的，如 CPU 性能参数表示占用 CPU 资源的百分比，而磁盘性能参数为系统每秒读写磁盘的数据大小一般为 kB 或者 MB，这样得到的每种应用类型的性能矩阵的每一列的数据之间相差会很大。为了减小数据差异带来的误差，对数据进行归一化后再对数据进行计算。归一化的方法为：

$$p'_{ij} = \frac{p_{ij}}{\max(A_j, B_j, C_j, D_j, E_j)} \quad i \in [1, m], j \in [1, n] \quad (7\text{-}1)$$

公式（7-1）中 A、B、C、D、E 分别为 CPU 密集型、IO 密集型、网络密集型、内存密集型、空闲型应用的标准性能参数矩阵，其中 p_{ij} 为标准性能参数矩阵或测试性能参数矩阵 P 的第 i 行第 j 列的值，A_j，B_j，C_j，D_j，E_j 分别为矩阵 A、B、C、D、E 的第 j 列所有元素的集合。通过上面的方法归一化后标准性能参数矩阵和测试性能参数矩阵的每个元素的范围在 $[0, 1]$ 区间。

得到的性能参数矩阵每一列表示系统的一个特征参数，如 CPU 参数有 usr、sys、wait，Disk 参数有 read 和 write 等。由于有的特征参数对于任务类型的判别贡献度很小，因此找到这些影响小甚至没有影响的列，并将其剔除，将剩余的列组合成一个集合，该集合就可用于建立特征识别模型。寻找这些贡献度小的列的方法是计算 CPU 密集型、内存密集型、网络密集型和 IO 密集型应用性能参数矩阵归一化后的每一列的相似度，四类标准性能参数矩阵某一列的相似度的计算如下：

$$S_j = \frac{\sum_{i=1}^{m}\left|a'_{ij} - b'_{ij}\right| + \sum_{i=1}^{m}\left|a'_{ij} - c'_{ij}\right| + \sum_{i=1}^{m}\left|a'_{ij} - d'_{ij}\right| + \sum_{i=1}^{m}\left|b'_{ij} - c'_{ij}\right| + \sum_{i=1}^{m}\left|b'_{ij} - d'_{ij}\right| + \sum_{i=1}^{m}\left|c'_{ij} - d'_{ij}\right|}{6n} \quad j \in [1, n] \quad (7\text{-}2)$$

其中 a'_{ij}，b'_{ij}，c'_{ij}，d'_{ij} 分别为矩阵 A、B、C、D 的第 i 行第 j 列的值，n 为每个性能参数矩阵的行数，四类性能参数矩阵的行数相等都为 n。S_j 越小说明四种类型的性能参数矩阵该列的值越相近，因此对分类结果影响越小，当 S_j 小于阈值 ε 时，则在实际的识别分类过程中认为该列对分类结果的影响很小，可以不予考虑，删除该列。最后将剩余的性能参数列组成一个集合作为云应用的识别模型 T，其表示如下：

$$T=\{t_1, t_2, \cdots, t_k\} \quad k < n。$$

其中 t_i 为如图 7-1 所示监控程序得到的某一列的系统性能参数指标，如 usr、sys、read、write 等，k 为经过消除后剩余参数指标列的个数，n 为原来的监控的系统性能参数列的个数，这里 k 的值是小于 n 的。剩余的应用性能参数为选取特定列，它们用作应用识别模型参数，可用于对应用进行分析预测。

云环境下的应用识别算法

得到识别模型后，待识别应用的特征性能数据可根据模型提取有效的列，再应用类型识别算法进行识别，识别过程可采用和借鉴 K 最邻近算法的思想进行。此处选择 KNN 算法作为分类识别算法主要是因为 KNN 算法是一种简单有效的非参数方法，在准确率和召回率方面表现出众；算法复杂度线性于训练样本，而在实际的识别过程中所选取的训练样本规模相对较小且固定，所以采用 KNN 算法相对比较高效；另外，由于 KNN 方法主要靠周围有限的邻近的样本，而不是靠判别类域的方法来确定所属类别，因此对于类域的交叉或重叠较多的待分样本集来说，KNN 方法较其他方法更为适合。

KNN 分类算法介绍

作为一种基于实例的文本分类算法，K 近邻法（K-Nearest Neighbor，简称 KNN）算法被认为是向量模型（Vector Space Model）下最好的分类算法之一，K 近邻法假设给定一个训练文本集，其中的训练样本类别事先给定，分类决策时，对新到来的待测样本点，根据其 K 个最近邻法的训练样本点的类别，通过多数表决或权重机制判别等方式进行预测。因此，K 近邻法不具有显式的学习过程，实际上利用训练数据集对特征向量空间进行划分，并作为其分类的模型。

利用 KNN 算法对待分类文本进行分类的过程是：分类器在训练集里查找与待分类文本 d_j 最相似的 k 个文本，根据这些相似训练文本的类别所属情况给文本 d_j 的候选类别逐一评分，将最相似的 k 个文本和 d_j 的相似度作为 k 近邻文本所在类的类别权重，将各类中邻居文本的类权重之和作为该类别与文本 d_j 的相似度，把 d_j 归入相似度最大的类别中。

图 7-2　KNN 算法的实例图

图 7-2 中，训练样本集共有两类，三角形和正方形，而图中的测试样本是中间的圆。在实际生活中，最想得到的结果是中间的圆被判归到哪个类别中，是正方形一类还是三角形一类？这就是一个简单的文本分类问题。运用 KNN 分类算法，当 $K=4$ 时，离其最近的四个样本中，由于三角形占 3/4，这样中间的圆将被判归为三角形一类中，当 $K=9$ 时，离圆最近的 9 个样本中，由于正方形占 5/9，所以圆被判别到正方形一类中，这就是对 KNN 分类原理的一个直观描述。

算法中采用适当的 K 值对该算法结果有重要影响，K 值的具体确定方法如下：可以通过很多次实验确定；来获得使得分类误差率相对来说最小的 K 值作为最优 K 值。

作为一种有监督机器学习的非参数方法，KNN 分类器在文本分类方面效率高、使用简便。但是该算法具有一些明显的弱点：

首先，KNN 是一种懒惰的学习方法，计算过程均是在分类时才开始进行，因此体现出训练时快但用于分类时慢的特点，分类时间是非线性的，随着训练样本数的增加，分类用时急剧上升。

其次，KNN 分类器的分类效率受到训练样本分布情况的影响较大。当数据分布倾斜现象严重时，其分类性能可能变得很差。但是在实际使用时，却很难使得训练样本的分布达到均匀的要求，数据分布倾斜现象十分突出。

第三，文本向量的特征高维性不仅使得数据稀疏现象严重，也使得算法的效率被严重降低。

合理有效的特征降维是提高 KNN 分类效率的关键因素之一。此处应用类型识别算法就是基于 KNN 算法的，并充分考虑到 KNN 算法的这些缺点，对算法做了些改进，使算法尽量避免这些不足。

基于 KNN 云应用类型的识别算法

通过前面的讨论可以得到识别模型，然后根据该模型提取待识别应用的特征性能数据的有效列，达到降维的目的，这样在应用识别算法时就可以提高算法的分类效率。训练样本规模方面，由于 KNN 是一种懒惰算法，要扫描全部训练样本并计算相似度，系统开销会很大，针对这个问题，在选取标准训练样本时对每种类型的样本在其内部先进行粗略压缩，压缩的方法是对样本任意两行都采用欧式距离计算相似度：

$$d_{ecu} = \sqrt{\sum_{j=1}^{k} (x_{mj} - x_{nj})^2} \qquad m \neq n \text{。} \qquad （7-3）$$

k 为该类型矩阵的列的个数识别模型中列的个数，为根据识别模型剔除对应的列后标准性能参数矩阵中第 m 行第 j 列的元素。当 d_{ecu} 小于某个阈值 N 时，可以认为该矩阵的这两行相似，删除其中一行。这样可以大大减少样本空间的样本数量，而且不会影响分类效果。

各取压缩过的上文提到的 5 种类型的性能矩阵中的 m 个，组合成为一个标准性能矩阵作为训练样本集 S，这样可以使得样本空间中各个已知样本的分布不会倾斜某个类而影响分类效果。

在 KNN 算法中相似度计算方式有很多，欧氏距离是最常见的距离度量，而余弦相似度则是最常见的相似度度量，很多的距离度量和相似度度量都是基于这两者的变形和衍生。根据欧氏距离和余弦相似度各自的计算方式和衡量特征，分别适用于不同的数据分析模型。欧氏距离能够体现个体数值特征的绝对差异，更多地用于需要从维度的数值大小中体现差异的分析；而余弦相似度则更多的是从方向上区分差异，而对绝对的数值不敏感。因此，在云应用类型识别模型中可采用欧式距离计算相似度：

$$distance[i] = \sqrt{\sum_{j=1}^{k} (c_j - s_{ij})^2},\qquad(7\text{-}4)$$

$distance[i]$ 为测试样本 c 与第 i 行训练样本的欧式距离。

算法在类别判定时采用加权投票法，即根据距离的远近，对近邻的投票进行加权，距离越近则权重越大（权重取距离平方的倒数）。分别用 w（idl）、w（c）、w（io）、w（bw）、w（m）代表空闲应用类型、CPU 密集型应用类型、IO 密集型应用类型、网络密集型应用类型、内存密集型应用类型和空闲类型的权重，并且它们满足：

w（idl）+w（c）+w（io）+w（bw）+w（m）=1。

最后，输出各类型的权重 w（c），w（io），w（bw），w（m），w（idl）或应用类型，某个未知应用通过识别算法得到的某个权重越大说明该未知应用在运行时占用的该类资源就越多。

云计算应用类型识别算法的流程如下：

输入：将经过预处理标准性能矩阵 S 作为训练样本，性能矩阵对应的标签 label 数组（存放 5 种类型对应的标签值），利用识别模型提取特征列后的未知应用的性能集合 C。

输出：w（c），w（io），w（bw），w（m），w（idl）或者任务的类型。

Step1：导入训练样本集 S，标签 label 数组，测试数据 C。

Step2：循环遍历 S 中的所有样本数据，运用公式（7-4）与测试数据进行相似度计算，将计算结果存到 $distance$ 数组中。

Step3：设定参数 K 的值。

Step4：对 distance 数组进行 K 次小堆排序，在排序过程中当

distance［*i*］要跟 *distance*［*j*］中的值进行交换时，label［i］跟 label［j］也进行交换。

Step5：遍历标签 label 数组中的前 *k* 个元素，如果 label［i］是某一类的标签值，则将该类的统计值加上 *distance*［*i*］的平方。

Step6：分别计算各类型统计值占总统计值的比例，作为属于各个类型的比重。

Step7：w（c）如果大于阈值 η_1，则输出该类型的任务为 CPU 密集型任务，转至 Step13；否则转到 Step8。

Step8：w（io）如果大于阈值 η_2，则输出该类型的任务为 IO 密集型任务，转至 Step13；否则转到 Step9。

Step9：w（bw）如果大于阈值 η_3，则输出该类型的任务为网络密集型任务，转至 Step13；否则转到 Step10。

Step10：w（m）如果大于阈值 η_4，则输出该类型的任务为内存密集型任务，转至 Step13；否则转到 Step11。

Step11：w（idl）如果大于阈值 η_5，则输出该类型的任务为空闲型任务，转至 Step13；否则输出 w（c）、w（io）、w（bw）、w（m）的值，转到 Step13。

Step12：输出 w（idl）、w（c）、w（io）、w（bw）、w（m）的值，转至 Step13。

Step13：算法结束。

其中，算法中 $\eta_1 \sim \eta_5$ 为不同应用类型判别的阈值，可以根据实际情况设定。从识别算法的流程可以得出，该算法的时间复杂度是 O（Kn），算法的复杂度还是取决于训练样本的规模，通过应用公式（7-3）可以适当减少训练样本中的多余项，在不影响分类效果的同时适当减少了样本的规模，提高了算法的执行效率。

云应用类型识别过程

未知应用到来，首先通过模拟运行监控未知应用的系统性能参数，模拟运行就是试运行，将用户请求的任务在一台虚拟机上运行一段时间 *T*（30 s ＜ *T* ＜ 50 s），在试运行期间监测任务对资

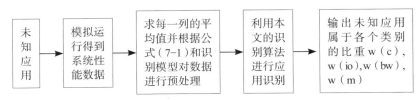

| 未知应用 | → | 模拟运行得到系统性能数据 | → | 求每一列的平均值并根据公式（7-1）和识别模型对数据进行预处理 | → | 利用本文的识别算法进行应用识别 | → | 输出未知应用属于各个类别的比重 w（c），w（io），w（bw），w（m） |

图 7-3　云应用识别过程

源的消耗情况，并根据监测结果对任务未来的资源需求情况做出预测。然后对系统性能参数数据进行预处理，处理方式是按照应用识别模型剔除无关性能参数列，求每列参数的平均值，并按照公式（7-1）进行归一化处理，经过预处理的测试样本跟训练样本的数据统一起来；再利用识别算法对云计算应用进行识别。

　　通过计算得到未知应用的所属不同类别的权重，并对该未知应用对物理主机的各个资源的消耗情况进行预测和分析，方便之后对该应用虚拟资源的分配量做一个预测，而不会因为盲目分配造成虚拟资源的浪费。除此之外，还可以对运行该应用的虚拟机进行物理主机的选择。在云计算中，虚拟机是资源调度的基本单位，虚拟化技术可以使一台物理主机虚拟出多台虚拟机，这些虚拟机对物理主机的资源使用存在竞争关系，因此，合理为虚拟机选择物理主机，不仅可以合理利用物理资源，而且还可以在一定程度上提高应用的执行效率。

基于应用类型的
资源分配策略

基于应用类型的虚拟机分配策略

在前文通过对应用资源使用情况的分析与预测，可以得到未知应用属于某种类型的比重 w（c）、w（m）、w（bw）、w（io）、w（idl），分别代表该应用属于 CPU 密集型应用的比重、属于内存密集型应用的比重、属于网络密集型应用的比重、属于 IO 密集型应用的比重，以及属于空闲类型应用的比重。得到应用类型的比重后就可以对该应用资源的消耗情况进行分析和预测，根据分析情况给应用分配一个合适的虚拟机，达到虚拟资源合理分配的目的，减小了分配的盲目性。另外，根据应用的类型还可以选择虚拟机放置策略，即将以使用某种资源为主导的虚拟机分配到相应资源充裕的物理主机上，尽量避免在一台物理主机上放置多个执行相同应用的虚拟机，从而避免资源冲突与竞争，达到不同类型的应用互补，提升物理资源使用效率的目的。

基于应用类型的云计算资源分配策略分为两部分：一是在虚拟资源层将应用分配到一台合适的虚拟机上；二是在物理资源层将虚拟机部署到合适的物理主机上。分配策略如图 7-4 所示。

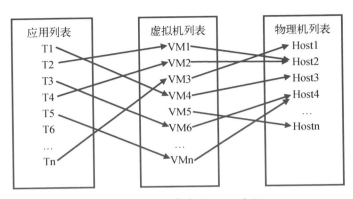

图7-4　云计算资源分配过程

　　图7-4中应用列表表示用户提交到云数据中心的应用，应用类型是多种多样的；虚拟机列表是运行用户提交的应用的不同配置的虚拟机，通常情况下一台虚拟机运行一个用户提交的应用。物理机列表是指放置这些虚拟机的物理服务器的集合，通常物理主机的个数远小于虚拟机个数，一个物理主机可以放置多台虚拟机运行，这些虚拟机运行是相互隔离、并行运行的。图7-4所代表的含义是将应用分配到虚拟机上，再将虚拟机放置到物理主机上，例如将应用T3分配到虚拟机VM6上，而虚拟机VM6被放置在物理主机Host4上，其他类似。

　　云计算最大的优点是按需分配资源，用户可以根据需求来配置虚拟机的各项参数，如CPU主频、核数、内存大小、磁盘空间、带宽大小等。但这种按需分配的做法交给用户的前提是，在开展云计算应用之前，用户必须非常清楚其应用所需要的资源种类、数量。这是非常困难甚至是不现实的，即便是IT领域的专业人士都不一定能够做到。目前，大多数云数据中心的资源分配策略都是根据物理主机的单一资源如CPU或者内存作为限制条件进行资源分配，当该物理主机的该类资源剩余量不足以再放置需求比较高的该类型的虚拟机时，该物理主机就不会再分配虚拟机给其他应用使用。这样就会造成物理主机某个资源的使用负载很高，而其他资源的使用负载很低，并且这些负载低的资源会一直不被其他应用所使用而造成资源的浪费。如果对于其他类型的应用它本身消耗该资源比较少，可以适当减少虚拟机对该资源的需求量，这样承载其他类型应用的虚拟机就可以放置到该物理主机上，从而保证其他剩余资源也可以被充分利用。

在云计算中一台物理主机可以虚拟出多台虚拟机，虚拟机之间是相互隔离的，并且虚拟机所申请的资源即使不使用，这些资源在物理主机上是独占的，所以虚拟机申请的资源越多（在不超过剩余物理主机资源的前提下），即使不使用这些资源，物理主机剩余的资源就越少，留给其他虚拟机使用的就越少。因此，可以考虑根据用户提交的应用的类型来分配虚拟资源，从而提升资源的使用效率。由于不同类型的应用消耗的主要物理资源是不同的，通过之前的研究可以得到未知应用的类型权重，这个权重表明了该任务主要消耗的资源类型，因此在给任务分配虚拟机时可以适当对虚拟机资源配置进行调整。如：某个应用通过识别算法得到的权重为 $w(c)=1$, $w(m)=0$, $w(bw)=0$, $w(io)=0$, $w(idl)=0$，说明该任务是一个 CPU 密集型的应用，因此，该应用运行时消耗的 CPU 资源相对多一些，那么在资源分配过程中可以给该应用分配的 CPU 资源相对较多，而其他的资源如内存资源、网络带宽资源、硬盘适当少些。这样就可以减少虚拟资源的浪费，而且使得物理主机剩余的其他资源可以供更多其他应用使用，从而在不影响应用执行效率的前提下，提高物理资源的利用率。

虚拟机类型介绍

此处虚拟机分配方式和通常的标准虚拟化资源分配方式不同，主要是根据应用类型对各种资源的需求特性，有所偏重地分配虚拟化资源给虚拟机，按照不同的资源比重对虚拟机的资源进行配置，从而虚拟出多种具有资源优势的、不同类型的虚拟机。之前的研究中未知应用的权重是通过应用的模拟运行得到的，模拟运行会用到一个默认的虚拟机 SVM，默认的虚拟机配置可以根据不同的实验环境来进行不同的配置，这里所用的是一个高配置的虚拟机，即虚拟机各个资源分配都比较充裕，设该默认虚拟机的

CPU 资源为 R'_{cpu}，内存资源为 R'_{mem}，网络带宽资源为 R'_{bw}，磁盘资源为 R'_{io}，根据应用对资源的需求情况，可以将虚拟机分为单一资源虚拟机和复合资源虚拟机。假设 α，β，δ，γ 分别为与默认的虚拟机 SVM 各个资源相比 CPU 资源的减少量、内存资源的减少量、网络资源的减少量、磁盘资源的减少量。

单一资源虚拟机主要是指那些以某一类资源为主体的虚拟机，主要类型有 CPU 密集型虚拟机 CVM（CPU-intensive virtual machine）、内存密集型虚拟机 MVM（Memory-intensive virtual machine）、网络密集型虚拟机 NVM（Network-intensive applications）、磁盘密集型虚拟机 DVM（Disk-intensive applications）。

CVM 虚拟机主要用于处理 CPU 密集型应用，如科学计算等。它拥有比较高比例的 CPU 资源，相对较低的内存资源、网络资源、磁盘资源。该类型虚拟机分配的 CPU 资源为 R'_{cpu}，内存资源为 $（1-\beta）R'_{mem}$，网络带宽资源为 $（1-\delta）R'_{bw}$，磁盘资源为 $（1-\gamma）R'_{io}$。

MVM 虚拟机主要用于处理内存密集型应用，如处理内存型数据库等。它拥有比例较高的内存资源和相对较低的网络资源、CPU 资源和磁盘资源，该类型虚拟机分配的内存资源为 R'_{mem}，CPU 资源为 $（1-\alpha）R'_{cpu}$，网络带宽资源为 $（1-\delta）R'_{bw}$，磁盘资源为 $（1-\gamma）R'_{io}$。

NVM 虚拟机主要用于处理网络密集型应用，如通过 ftp 进行数据传输等。它拥有比较高比例的网络资源和相对较低的内存资源、CPU 资源和磁盘资源，该类型虚拟机分配的内存资源为 $（1-\beta）R'_{mem}$，CPU 资源为 $（1-\alpha）R'_{cpu}$，网络带宽资源为 R'_{bw}，磁盘资源为 $（1-\gamma）R'_{io}$。

DVM 虚拟机主要用于处理磁盘密集型应用，如对磁盘的读写操作等。它拥有比较高比例的磁盘资源和相对较低的内存资源、CPU 资源和网络资源，该类型虚拟机分配的磁盘资源为 R'_{io}，CPU 资源为 $（1-\alpha）R'_{cpu}$，内存资源为 $（1-\beta）R'_{mem}$，网络资源为 $（1-\delta）R'_{bw}$。

复合资源虚拟机是指那些对两种及两种以上不同类型的资

源具有优势的个性化虚拟机，此处只考虑两种不同类型资源有优势的情况，组合资源虚拟机有 CPU—内存密集型虚拟机 C-MVM（CPU-Memory intensive virtual machine）、CPU—网络密集型虚拟机 C-NVM（CPU-Network intensive virtual machine）、CPU—磁盘密集型虚拟机 C-DVM（CPU-Disk intensive virtual machine）、内存—磁盘密集型虚拟机 M-DVM（Memory-Disk intensive virtual machine）、内存—网络密集型虚拟机 M-NVM（Memory-Network intensive virtual machine）、网络—磁盘密集型虚拟机 N-DVM（Network-Disk intensive virtual machine）。

C-MVM 是 CPU—内存密集型虚拟机，主要运行 CPU 内存密集复合型应用，它拥有比较高的 CPU 资源和内存资源，而网络资源和磁盘资源相对较低，该类型虚拟机分配的资源为 CPU 资源为 R'_{cpu}，内存资源为 R'_{mem}，磁盘资源为（$1-\gamma$）R'_{io}，网络资源为（$1-\delta$）R'_{bw}。

C-NVM 是 CPU—网络密集型虚拟机，主要运行 CPU 网络密集复合型应用，它拥有比较高的 CPU 资源和网络资源，而内存资源和磁盘资源相对较低，该类型虚拟机分配的资源为 CPU 资源为 R'_{cpu}，内存资源为（$1-\beta$）R'_{mem}，磁盘资源为（$1-\gamma$）R'_{io}，网络资源为 R'_{bw}。

C-DVM 是 CPU—磁盘密集型虚拟机，主要运行 CPU 磁盘密集复合型应用，它拥有比较高的 CPU 资源和磁盘资源，而内存资源和网络资源相对较低，该类型虚拟机分配的资源为 CPU 资源为 R'_{cpu}，内存资源为（$1-\beta$）R'_{mem}，磁盘资源为 R'_{io}，网络资源为（$1-\delta$）R'_{bw}。

M-DVM 是内存—磁盘密集型虚拟机，主要运行内存磁盘密集复合型应用，它拥有比较高的内存资源和磁盘资源，而网络资源和 CPU 资源相对较低，该类型虚拟机分配的资源为 CPU 资源为（$1-\alpha$）R'_{cpu}，内存资源为 R'_{mem}，磁盘资源为 R'_{io}，网络资源为（$1-\delta$）R'_{bw}。

M-NVM 是内存—网络密集型虚拟机，主要运行内存网络密集复合型应用，它拥有比较高的内存资源和网络资源，而磁盘资源和 CPU 资源相对较低，该类型虚拟机分配的资源为 CPU 资源为（$1-\alpha$）R'_{cpu}，内存资源为 R'_{mem}，磁盘资源为（$1-\gamma$）R'_{io}，网络资源为 R'_{bw}。

N-DVM 是网络—磁盘密集型虚拟机，主要运行网络磁盘密集复合型应用，它拥有比较高的网络资源和磁盘资源，而 CPU 和内存资源相对较低，该类型虚拟机分配的资源为 CPU 资源为（$1-\alpha$）R'_{cpu}，内存资源为（$1-\beta$）R'_{mem}，磁盘资源为 R'_{io}，网络资源为 R'_{bw}。

另外，由于默认的虚拟机配置比较高，有一些应用运行时本身所占用的各类资源都不高，用高配置的虚拟机运行该应用会大材小用，造成资源浪费。针对这类型的应用定义了一个弱标准的虚拟机 WVM，该类型的虚拟机配置相对 SVM 各个资源相对都较低，其配置为 CPU 资源为（$1-\alpha$）R'_{cpu}，内存资源为（$1-\beta$）R'_{mem}，磁盘资源为（$1-\gamma$）R'_{io}，网络资源为（$1-\delta$）R'_{bw}。

虚拟机分配策略流程

此处给出的虚拟机分配策略是在前文描述的对未知应用通过识别算法得到该应用属于标准应用类型的权重 w（c），w（m），w（bw），w（io），w（idl），从而可以对该未知应用运行时使用各个资源的偏重进行分析预测。然后根据分析预测的结果，给该应用选择一个较为合适的虚拟机类型，从而减少了资源的浪费，使物理资源被合理利用。虚拟机分配策略的流程如图 7-5 所示：

根据应用类型给应用分配相应配置的虚拟机，能将应用类型与虚拟机类型进行绑定。这样虽然可以使虚拟资源的分配更合理，避免了盲目性，同时减少虚拟资源的浪费，但是虚拟机底层的物理资源来自物理服务器，而虚拟机运行于对应的物理机，实际情况中虚拟机的数量往往远大于物理机的数量。因此，将虚拟机放置在对应的物理机上需要一定的部署策略，如果虚拟机的放置策略不合理，会造成物理资源利用不合理。例如，很多云数据中心的虚拟机放置策略，采用的是单一资源约束或者随机放置的方式

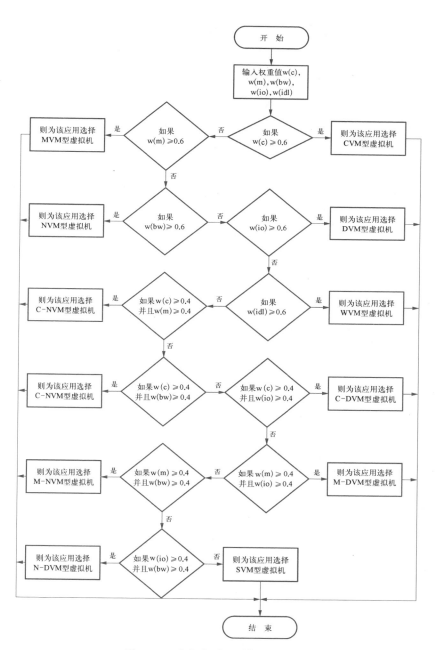

图 7-5 虚拟机分配策略流程图

或者首次适应算法等，这些虚拟机放置策略显然不是很完善，没有充分考虑资源的优化配置、资源的最大化利用问题等。可能造成如将多个相同类型的虚拟机被放置到同一台物理主机上，致使该类型应用的执行效率降低的情况，甚至还可能由于同种类型资源的约束，使得其他类型的虚拟机无法放置在该物理主机上，造成物理主机其他资源的浪费。因此合理的虚拟机放置策略对云数据中心资源分配是至关重要的。

基于应用类型的
虚拟机部署策略

在云数据中心，虚拟机是资源分配的基本单位，用户提交的应用是在虚拟机上运行的。通过前文的分析，应用类型跟虚拟机配置紧密联系，不同的应用类型对应不同的虚拟机配置，根据应用类型的特定分配虚拟机及相应的资源，可以减少不必要的资源浪费。

云平台虚拟机部署策略

现在有很多开源云平台产品，主流的有四种：Eucalyptus、OpenStack、OpenNebula 和 CloudStack。每个开源云平台都有自己特定的虚拟机部署算法，在平台中也有不同的实现方式，只是这些云平台大多作为商业使用，在部署上追求高效的调度，但忽略了其他的一些因素，如节能、负载均衡、类型区分等。四种开源云平台的虚拟机部署算法介绍如下。

Eucalyptus 平台使用了 RR（Round-Robin）的虚拟机部署方式，该算法使用了轮询的方式，每次有虚拟机部署请求到来时，都根据当前的位置部署给指定的物理机，所有物理机平等地收到虚拟机部署请求，不加以区分。该算法的优点是容易实现，不需

要费力研究调度算法，缺点是在物理机或者虚拟机的配置不同时，很容易引起资源负载不均衡的问题。

OpenStack 平台引入了代价函数的机制，每一台物理机节点都对应这一个权值 weight，在物理机经过过滤后根据代价函数重新计算权值，根据权值进行排序，最后选择权值最小的物理机。OpenStack 默认的代价函数只是简单使用物理机所剩内存和当前权值的乘积来计算。由此了解到该平台将内存作为部署虚拟机的标准，也就是说仅考虑了内存方面的负载均衡，物理机剩余的内存空间越大，新虚拟机部署在该物理机上的概率就会越大。开发人员可以自己设计代价函数改变部署策略，实现自己的虚拟机部署方式。

OpenNebula 平台提供了四种部署策略可供选择：Packing，选择剩余资源最多的主机；Striping，选择物理主机上运行的虚拟机数目最少的主机；Load-aware，选择负载最低的物理主机；Custom，用户自定义的虚拟机部署策略。

OpenNebula 考虑到了一些负载均衡措施，能够一定程度上提高系统的性能，但是没有综合考虑多方面的因素，只是在某一方面达到了负载均衡。

CloudStack 使用了首次适应算法进行虚拟机部署，即每次都从所有的主机中搜索，一旦找到合适的主机，就将虚拟机部署到该主机上。该算法的缺点是会使得一开始分配的主机的利用率比后分配的主机利用率高很多，或者是当所有虚拟机分配完后，还有闲置的主机，这些主机还在运行耗费能量，造成资源的浪费。

考虑到以上虚拟机部署策略存在着一些不足之处，基于应用类型的虚拟机部署策略，应考虑更多的因素，使物理资源的使用更加合理和均衡。

基于应用类型的虚拟机部署策略

此处讨论的虚拟机部署策略充分考虑了应用的类型和物理主

机资源的剩余情况，通过计算能使不同类型的应用尽可能地放置在相同的物理主机上，使物理主机上的不同资源能够均衡地被利用。该策略的核心思想是：不同应用类型所消耗的主要物理资源不同，而应用类型又跟虚拟机配置进行关联，根据虚拟机的不同配置结合之前研究得到的应用类型的各个权重值来进行物理主机的选择，将对某种资源需求权重多的虚拟机优先放置到该类资源充足的物理主机上。例如：如果是 CPU 密集型的应用，则分配给该应用的虚拟机的 CPU 资源就多一些，该类型虚拟机进行物理主机选择时，会优先选择 CPU 资源充足的物理主机，其他类型的虚拟机也是类似的选择方式，这样就减少了多个相同类型的任务被分配到同一台物理主机的概率。

首先对虚拟机资源的请求量进行约束，即虚拟机请求的资源量不能超过物理主机实际的剩余资源量。假设某个类型的虚拟机 i 请求的 CPU 资源为 Ri'_{cpu}，内存资源为 Ri'_{mem}，网络带宽资源为 Ri'_{bw}，IO 资源为 Ri'_{io}；云数据中心中物理服务器 j 的 CPU 资源剩余量为 $Rj_{remaincpu}$，内存资源剩余量为 $Rj_{remainmen}$，网络带宽资源剩余量为 $Rj_{remainbw}$，IO 资源剩余量为 $Rj_{remainio}$，物理服务器 j 的 CPU 资源总量为 Rj_{cpu}，内存资源总量为 Rj_{mem}，网络带宽资源总量为 Rj_{bw}，IO 资源总量为 Rj_{io}。则资源约束条件记为 CT 满足：

$$Rj_{remaincpu} - Ri'_{cpu} < \lambda_{jcpu} \times Rj_{cpu}$$
$$Rj_{remainmem} - Ri'_{mem} < \lambda_{jmem} \times Rj_{mem}$$
$$Rj_{remainio} - Ri'_{io} < \lambda_{jio} \times Rj_{io}$$
$$Rj_{remainbw} - Ri'_{bw} < \lambda_{jbw} \times Rj_{bw}$$

其中 λ_j 为物理主机 j 相关系数，每台物理主机由于系统或硬件等因素影响，系统资源的利用率通常不会达到 100%，所以根据实际情况来确定 λ_{jcpu}、λ_{jmem}、λ_{jio}、λ_{jbw} 的值，得到相关资源的最大使用率。

虚拟机部署策略的好坏取决于物理主机选择的方法的好坏，本章的虚拟机部署策略提出了一个目标函数，该目标函数在计算过程中充分考虑了应用的类型和物理主机的资源剩余量，目标函数记为 f_j，表示第 j 台物理主机的目标函数值。计算方式如下：

$$f_j = w_c \frac{R_{cpu} - R'_{cpu}}{R'_{cpu}} + w_m \frac{R_{mem} - R'_{mem}}{R'_{mem}} +$$

$$w_{io} \frac{R_{io} - R'_{io}}{R'_{io}} + w_{bw} \frac{R_{bw} - R'_{bw}}{R'_{bw}}。 \qquad （7-5）$$

其中 w（c）、w（m）、w（io）、w（bw）为通过上文所给出的识别算法得到的应用类型的权重，分别代表 CPU 密集型的权重、内存密集型的权重、IO 密集型权重、网络密集型权重。f_j 值越大说明该类型的虚拟机所需的主要资源在该物理主机剩余的越充足，因此物理主机 j 被选为目标主机的概率就越大。设处于运行状态的物理服务器的个数为 n 个，虚拟机 i 选择的目标服务器记为 target，存放 f_j 的最大值为 max。则虚拟机部署策略的流程如图 7-6 所示：

输入：所要放置虚拟机的资源请求量 R'_{cpu}、R'_{mem}、R'_{bw}、R'_{io}，以及应用类型权重 w（c）、w（m）、w（io）、w（bw）。

输出：虚拟机放置的物理主机的编号 j。

Step1：初始化目标函数的最大值 max=0，目标物理服务器的编号 target=-1。

Step2：遍历处于运行状态的物理服务器，统计物理服务器个数 n。

Step3：获取物理服务器 j 的各个资源剩余量，如果虚拟机的资源资源请求量满足该物理主机 j 的资源约束条件，执行 Step4；否则 $j=j+1$，执行 Step5。

Step4：根据公式（7-1）计算目标函数的值 f_j，如果 f_j 比最大值 max 大，则 max=f_j，target=j，$j=j+1$；否则 $j=j+1$。

Step5：如果 $j < n$，执行 Step3；否则执行 Step6。

Step6：如果 target 不等于-1，则输出 target 的值，结束；否则执行 Step7。

Step7：从关闭状态的物理服务器队列中，启动一台物理服务器加入运行状态服务器队列并将该服务器的编号赋值给 target，输出 target，结束。

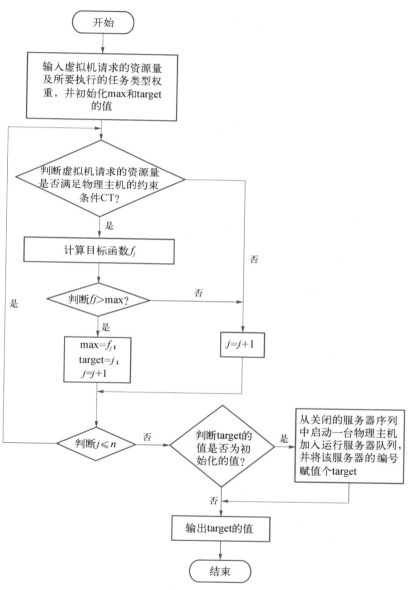

图 7-6　虚拟机部署策略流程图

 实验与结果分析

实验包括两部分的内容：第一部分实验是针对应用识别模型及其算法的正确性；第二部分为虚拟机分配策略实验以及不同虚拟机部署策略的对比实验。实验分别采用了 CloudStack 云平台和 Cloudsim 模拟云平台来进行验证。

应用识别实验

实验环境

实验环境采用的是 CloudStack 云管理平台，虚拟化采用 KVM，存储方式采用 NFS 网络存储，系统及软件版本号与第六章相同，请参见表 6-2。实验的云环境中有 1 台管理服务器，2 个 Host 主机节点，1 个 Storage 存储节点，并且它们之间通过一个小型路由器连接，路由器的传输速度为 150 Mbps。Host 上可根据需要配置自定义型号的虚拟机。这四台机器的操作系统都是 RedHat Enterprise linux server 6，具体参数如表 7-2，本实验环境的网络拓扑与第六章相同，如图 6-8。

表 7-2 云平台各个部分的配置表

机器	CPU	内存	硬盘	磁盘转速	网卡
Management	I5 3470 @3.6 GHz	8GB DDR3 Kingston	1 TB	7 200 转 / 分钟	1 000 Mbps
Storage	AMD 羿龙 IIX4 B97 @3.40 GHz	4 GB DDR3 Kingston	1 TB	7 200 转 / 分钟	1 000 Mbps
Host0	I5 3470 @3.60 GHz	8 GB DDR3 Kingston	1 TB	7 200 转 / 分钟	1 000 Mbps
Host1	I5 3470 @3.6 GHz	8 GB DDR3 Kingston	1 TB	7 200 转 / 分钟	1 000 Mbps
Host2	I5 3470 @3.60 GHz	8 GB DDR3 Kingston	1 TB	7 200 转 / 分钟	1 000 Mbps
Host3	I5 3470 @3.60 GHz	8 GB DDR3 Kingston	1 TB	7 200 转 / 分钟	1 000 Mbps

实验结果与分析

实验中的标准测试和预测应用模拟运行都是在 Host2 上的虚拟机上运行的，虚拟机的配置为 1 个核 1 GHz CPU、1 GB 内存，磁盘为 30 GB 和网卡使用物理主机的实际大小网卡，虚拟机的操作系统版本为 64 位 Ubuntu12.04.5。标准数据集的实验时使用表 7-1 提到的标准测试工具，每种标准测试都有不同的参数，对每种类型测试工具设置不同的参数，设置的参数范围尽可能地广，来模拟相同类型应用的不同情况，然后让其在默认的虚拟机上运行。对于网络密集型应用的模拟，启动两个相同的虚拟机，一台作为服务器，一台作为客户端，并通过 dstat 监控程序对运行时的性能参数进行监控，这里截取程序运行时的 30 s 作为样本数据，每种标准测试工具改变一次参数为一组实验，每组实验在相同的环境下实验 20 次，并取 20 次的平均值为一组数据，对每种类型的 500 组数据运用公式（7-1）进行数据归一化处理，然后利用公式（7-2）对 2 500 组数据对应的列进行相似度计算，实验中相似度的阈值 ε 取值为 0.6，求得的相似度小于 0.6 的列都剔除掉，最后剩余的列作为分类模型，本实验的分类模型如下：

$$T=\{usr, sys, wait, IO, Net, loadavg,$$
$$memory\ usage, block, swap, int, csw\}$$

usr 为用户占用 CPU 资源的百分比，sys 为系统占用 CPU 资源的百分比，wait 为 CPU 等待 IO 操作而占用的 CPU 资源；IO 参数中包含了 read 和 write 两个子参数，read 表示磁盘 IO 每秒读操作的速率，write 为磁盘 IO 每秒写操作的速率；Net 参数中也包含两个子参数 receive 和 send，分别表示每秒网络的接收和发送的速率；loadavg 参数为 CPU 的平均负载；Memory usage 参数中包含了 used、buffer、cache，分别反映了内存、buffer、cache 的使用量；Block 为该时刻进程的阻塞个数；swap 为交换分区包含 used、free，分别为交换分区的使用量和剩余量；int 为系统每秒钟中断次数；csw 为系统每秒钟上下文切换次数。将这些参数作为应用类型识别模型参数，未知应用根据识别模型进行列化简，然后根据化简结果运用应用识别算法进行未知应用识别。

选取每种类型的应用的标准数据集中的 300 组，合并成一个大的标准应用数据集作为训练样本，剩下每类标准应用数据集中的 200 组为测试样本。这样总的训练样本就有 1500 条数据，本实验中选取的 K 的值为 101，判别任务类型的阈值 η 取 0.6，下面是对这 5 种类别（其中有个空闲类别）的测试数据进行预测，预测每类测试样本的 200 个样例的权重，并求每类样本权重的平均值预测的结果如表 7-3 所示。

表 7-3　测试样本预测结果表

测试用例	样例数	w（c）	w（io）	w（bw）	w（m）	w（idl）	任务类型
CPU 测试样本	200	0.97	0	0	0	0.03	CPU 密集型
内存测试样本	200	0.02	0	0	0.98	0	内存密集型
IO 测试样本	200	0	1	0	0	0	IO 密集型
网络测试样本	200	0	0	1	0	0	网络密集型
空闲测试样本	200	0	0	0	0	1	空闲型

从预测的结果来看，使用前文提到的分类器对每种类型的预测

样本进行分类后的结果与其本身所属的类型完全相符。为了进一步应用识别模型，采用如下实验预测三个未知应用的类型：第一种，用 java 写的一个计算结果精确到小数点后 15 位的计算 π 的程序；第二种，矩阵的操作，用的是 Stream 测试程序；第三种，ftp 上传一个大小为 1 GB 的 iso 文件。三个程序都运行在默认的虚拟机上，都通过 dstat 监控程序运行时的 30 秒的数据作为测试数据。通过监视程序获得的各程序运行时的系统性能参数变化如图 7-7 所示。

| total cpu us | | dsk/total | | load avg | memory us | net/total | | swap | system | |
"usr"	"sys"	"wai"	"read"	"wril"	"1m"	"used"	"recv"	"send"	"blk"	"used"	"int"	"csw"
100	0	0	0	0	0.35	2.14258E8	52	0	0	0	293	110
100	0	0	0	0	0.35	2.14258E8	0	0	0	0	297	110
100	0	0	0	0	0.35	2.14258E8	52	0	0	0	298	107
100	0	0	0	16384	0.35	2.14258E8	0	0	0	0	297	109
100	0	0	0	0	0.41	2.14245E8	52	0	0	0	298	117
100	0	0	0	0	0.41	2.14245E8	0	0	0	0	298	110
100	0	0	0	0	0.41	2.14245E8	52	0	0	0	297	104
100	0	0	0	0	0.41	2.14245E8	0	0	0	0	298	111
100	0	0	0	16384	0.41	2.14245E8	295	0	0	0	295	108
100	0	0	0	139264	0.45	2.14237E8	52	0	0	0	302	121
100	0	0	0	0	0.45	2.14237E8	0	0	0	0	297	108
100	0	0	0	0	0.45	2.14237E8	52	0	0	0	295	104
					0.45	2.14237E8		0	0	0	298	113

图 7-7　计算 π 程序运行时系统主要参数随时间的变化情况

图 7-7 为根据识别模型截取的主要参数的变化图，第一行为主要参数，第二行为主要参数下的子参数，第三行为该参数随时间的变化曲线图，下面为监控得到的实时数据。图中 CPU 的 usr 为用户态进程占用 CPU 资源的比例，从图中可以看出计算 π 的程序占用 CPU 资源为 100%，而系统占用的 CPU 资源为 0，等待 IO 操作占用的 CPU 资源为 0；disk 参数下的 read 和 write 分别为程序对磁盘的读写速率，从图中可以看到读的速率都为零，而写的速率隔一段时间会有一个小速率增长，这主要是监控程序向输出文件里写入数据。memory 参数下的 used 为内存的使用情况，可以看到系统的内存使用基本保持在 214 MB，没有太大的变化，这是由于 214 MB 主要是虚拟机系统使用的内存量，而 java 程序基本不使用或使用极少内存资源。再看网络 net 的参数，recv 和 send 分别为网络的接收速率和发送速率，从图中可以看到网络的接收速率每隔一段时间会有一个很小的值，这可能是云平台管理服务器向系统发送的一些控制信息，但是这个值很小，基本可以忽略，

网络的发送速率一直为零，说明该 java 程序没有发送任何数据。从图中可以预测出该 java 计算程序为一个 CPU 密集型的应用。

接下来用一个 Stream 内存测试来验证分类器的准确性，实验时为每个矩阵设置 3 000 万个元素，每个矩阵大小为 228.9 MB，总共申请的内存大小为 686.6 MB。Stream 程序运行时系统性能参数的变化如图 7-8 所示。

total cpu usage			dsk/total		load avg	memory usage	net/total		"blk"	swap	system	
"usr"	"sys"	"wai"	"read"	"writ"	"1m"	"used"	"recv"	"send"		"used"	"int"	"csw"
1.084	1.013	0.392	112833.481	56666.847	0	9.44423E8	0	0	0	233472	42.085	83.224
100	0	0	4096	57344	0	9.44423E8	52	0	0	233472	270	67
74	26	0	8192	0	0	9.44488E8	0	0	0	233472	267	71
100	0	0	0	0	0	9.44484E8	52	0	0	233472	267	57
100	0	0	0	0	0	9.44484E8	0	0	0	233472	264	53
100	0	0	0	0	0.08	9.44484E8	52	0	0	233472	267	55
100	0	0	16384	0	0.08	9.44484E8	0	0	0	233472	267	66
100	0	0	0	0	0.08	9.44484E8	52	0	0	233472	266	55
100	0	0	0	0	0.08	9.44484E8	0	0	0	233472	264	53
77	23	0	4096	0	0.16	9.44469E8	52	0	0	233472	270	71
100	0	0	0	0	0.16	9.44476E8	0	0	0	233472	264	57
100	0	0	16384	0	0.16	9.44476E8	52	0	0	233472	269	64
100	0	0	0	0	0.16	9.44476E8	0	0	0	233472	266	55

图 7-8　Stream 程序运行时系统主要参数随时间的变化情况

从图 7-8 可以看到 Stream 程序运行时主要占用 CPU 资源，CPU 资源占用率几乎达到了 100%，disk 的读写速率和网络资源的接收速率、发送速率都很小，可以忽略，但是内存资源达到了 944 MB 左右，因为系统大概要占用内存 210 MB，剩下的为 Stream 程序运行时占用的内存，大约为 700 MB，跟 Stream 程序申请的 686.6 MB 内存差不多。Stream 程序的 swap 交换区的 used 明显大于上面的计算 π 程序的 Swap 交换区 used 参数。从性能图中可以分析得到，该程序主要消耗内存和 CPU 资源。

ftp 上传文件的实验系统性能参数变化如图 7-9 所示。

total cpu usage			dsk/total		load avg	memory usage	net/total		"blk"	swap	system	
"usr"	"sys"	"wai"	"read"	"writ"	"1m"	"used"	"recv"	"send"		"used"	"int"	"csw"
1.143	0.115	0.232	34808.54	458752	0	2.65949E8	0	0	0	1.18616E8	26.288	60.575
0	2.02	0	8192	192512	0	2.65683E8	563474	0	0	1.18616E8	421	776
0	0	0	0	12288	0	2.65658E8	396170	0	0	1.18616E8	299	540
0	1.01	0	0	36864	0	2.65662E8	396188	602	0	1.18616E8	303	560
0	1.01	0	0	290816	0	2.65773E8	396008	0	0	1.18616E8	294	541
0	0	0	0	61440	0	2.6565E8	396276	696	0	1.18616E8	306	577
0.99	0.99	0	0	65536	0	2.65671E8	542240	668	0	1.18616E8	402	736
0	1.01	0	0	118784	0	2.65658E8	400318	268	0	1.18616E8	304	573
0	1.01	0	0	0	0	2.65658E8	404632	162	0	1.18616E8	303	577
0	1	0	0	262144	0	2.65654E8	400426	0	0	1.18616E8	300	567
0	0	0	0	110592	0	2.65634E8	395954	132	0	1.18616E8	294	539
0	1.02	0	0	425984	0	2.65819E8	512540	0	0	1.18616E8	365	686
0	1.01	0	0	61440	0	2.65896E8	430126	0	0	1.18616E8	322	595

图 7-9　ftp 上传时主要参数随时间的变化情况

由图 7-9 可以看出 CPU 资源基本处于空闲，disk 的读速率为 0，写速率很大，平均在 700 kB/s 左右。ftp 使用的内存很少，由于是网络的上传，所以网络的接收速率会很高，大概为 400 kB/s，有一定的网络的发送，但很少，可能是虚拟机向管理节点发送的一些验证信息等。另外内存交换区使用很大，是因为虚拟机接收的客户端传来的数据要先缓存到内存交换区，然后再统一进行写操作。上下文切换 csw 也明显大于前两个程序的，主要是涉及磁盘的读写，所以进程切换次数会增多。由以上分析可以得到该应用主要消耗网络资源和磁盘资源。

采用上文给出的应用识别算法对实验中的三个应用的类型进行预测得到的结果如表 7-4 所示。

表 7-4　未知应用类型的预测结果表

测试用例	w（c）	w（io）	w（bw）	w（m）	w（idl）	任务类型
计算 π	0.95	0	0	0	0.05	CPU 密集型
Stream 程序	0.37	0	0	0.63	0	内存密集型
ftp 上传	0	0.3	0.7	0	0	网络密集型

从表 7-4 中的预测结果可以看出，应用识别算法预测结果跟图 7-7、图 7-8、图 7-9 对监控数据的变化分析结果基本一致。

通过以上的几组实验可以得到，上文描述的识别算法能有效对未知的任务类型进行分类，从而验证了该云应用识别模型的正确性。实验中训练样本集固定在 1 500 条左右，在给出的实验环境下，分类所花时间大概在 30 s 左右，对于执行时间很长的大的应用来说，这个时间是可以接受的。

资源分配实验

虚拟机分配策略实验

本实验主要是为了验证虚拟机分配策略，即当知道某个应用运行时占用各种资源类型的权重之后，适当减少非主要的资源，对应用的执行效率没有影响。正如前文所提到的，在实验过程中，获取任务类型实验时用到了一台默认虚拟机 SVM，SVM 在本实验环境下是一台高配置的虚拟机，可以根据不同的实验环境来确定 SVM 配置。

表 7-5　SVM 配置

资　源　名	资　源　值
CPU 主频	1 GHz
CPU 核数	1 个
内存	2 GB
磁盘	40 GB
网卡速率	200 Mbps

实验时采用本章前述标准测试程序运行不同类型的应用，针对不同类型的应用，通过适当减少非主要资源的资源量来观测虚拟机配置变化对应用执行效率的影响。

对于 CPU 密集型应用、内存密集型应用、IO 密集型应用采用 sysbench 工具来模拟。模拟 CPU 密集型应用时设置最大素数为 30 000；模拟内存密集型应用时设置内存操作的模式为 read，内存块大小为 16 kB；模拟 IO 密集型应用时磁盘块大小为 16 kB，磁盘操作模式是顺序写，总的操作文件的大小 4 GB。网络密集型应用采用 Netperf 工具，模拟网络模式为 TCP_STREAM，接收端的 socket 缓存为 8 kB，发送端的 socket 缓存为 16 kB。根据应用类型适当减少虚拟机非主要资源的请求量。实验时取 α，β，δ，γ 都为 10% 时虚拟机类型，记为 CVM1，MVM1，NVM1，DVM1；α，β，δ，γ 都为 20% 时虚拟机类型，记为 CVM2，MVM2，NVM2，DVM2；α，β，δ，γ 都为 30% 时虚拟机类型，记为 CVM3，MVM3，NVM3，DVM3；α，β，δ，γ 都为 40% 时虚拟机类型，记为 CVM4，MVM4，NVM4，DVM4；α，β，δ，γ 都为 50% 时虚拟机类型，记为 CVM5，MVM5，NVM5，DVM5。观测不同配置虚拟机对不同应用执行效率的影响。实验结果如图 7-10～图 7-13 所示。

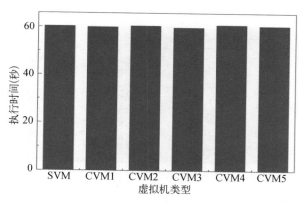

图 7-10　不同配置 CVM 对应用执行效率的影响

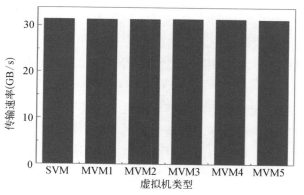

图 7-11　不同配置 MVM 对应用执行效率的影响

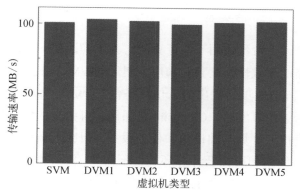

图 7-12　不同配置 DVM 对应用执行效率的影响

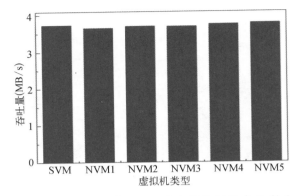

图 7-13　不同配置 NVM 对应用执行效率的影响

　　图 7-10 表示不同配置的 CVM 运行 CPU 密集型应用时对应用执行效率的影响；图 7-11 表示不同配置 MVM 运行内存密集型应用时对应用执行效率的影响；图 7-12 表示不同配置 DVM 运行 IO 密集型应用时对应用执行效率的影响；图 7-13 表示不同配置 NVM 运行网络密集型应用时对应用执行效率的影响。从图中可以看出，当适当减少不同类型虚拟机非主要资源的资源量时，对相应的应用的执行效率不会有太大的影响。从实验环境配置情况可以看出，非主要的资源的量减少原来的 50%，对相应的应用的执行效率影响不是很大，所以实验过程中就取 α，β，δ，γ 的值为 50%。不同的实验环境可以通过多组对比实验来确定 α，β，δ，γ 的取值。

虚拟机部署策略实验

　　实际云平台不适用于验证算法，为了验证文中给出的虚拟机放置策略的有效性，此实验采用了澳大利亚墨尔本大学的网格实验室和 GridBus 项目提出的云仿真平台 Cloudsim，对虚拟机放置策略进行了仿真实验。Cloudsim 是通用、可扩展的仿真框架，用来仿真模拟云计算基础设施和任务服务，研究人员可以根据其提供的接口创建和模拟云计算环境，不需要关心底层的实现机制，而更多专注于系统的设计或者算法的仿真验证。另外 Cloudsim 还具有以下特性：支持大规模云计算环境的模拟与仿真；为服务代理、模拟云、分配策略提供独立的平台；支持模拟网络连接的仿真；具有联合的云环境的仿真功能，私有和公有的混合网络资源。

为了实现前文所描述的基于任务类型的虚拟机部署策略，实验中对 Cloudsim 中的一些类进行了扩展。

1. 对 Vm 类进行了扩展，增加了传入权重参数的构造方法，方便在虚拟机分配策略中利用权重来计算目标函数。

2. Cloudsim 中的 VmAllocationPolicy 这个抽象类代表了虚拟机选定物理服务器的过程，其中的 allocateHostForVm（Vm vm）方法的作用是为指定的虚拟机分配目标物理服务器。实验过程中，增加了 VmAllocationPolicy 的继承类 LoadBalanceVmAllocation（前文描述的虚拟机放置策略，简写为 LBVA），并重写了 allocateHostForVm（Vm vm）的方法，实现给出的虚拟机部署策略。

Cloudsim 仿真的步骤为：

1. 初始化 Cloudsim 平台，调用 Cloudsim. init（num_user，calendar，trace_flag）；

2. 新建数据中心 Datacenter 类，该类中定义了主机个数、主机中 CPU 的个数和相关参数、CPU 的时间或空间共享策略、虚拟机的分配策略；

3. 创建代理 DatacenterBroker 类，该代理负责提交虚拟机列表和任务列表，创建虚拟机 Vm、设定虚拟机的个数和参数、创建虚拟机列表；

4. 创建云任务 Cloudlet，设定任务的个数、确定任务的长度和应用模式、创建云任务列表；

5. 通过代理提交虚拟机和云任务列表，开始仿真；

6. 当仿真模拟结束时输出任务结果。

表 7-6　Cloudsim 核心类

类　　名	备　　　　注
Datacenter	云数据中心，其中封装着具有所有资源的主机，提供给虚拟机分配策略
Host	主机类，封装主机的属性，如内存、带宽存储等

（续表）

类　名	备　　　注
Vm	虚拟机类，封装虚拟机的属性，如 MIPS、内存等
DatacenterBroker	数据中心代理，用来提交虚拟机和云任务
VmAllocationPolicy	虚拟机分配策略，需要用户扩展
Cloudlet	云任务类，描述一个云任务，如长度、输入输出等

本实验的环境为操作系统为 64 位 Windows 7 专业版，JDK 版本为 jdk1.7.0_21；Cloudsim 版本为 Cloudsim-3.0.3；编译环境为 Eclipse。在 Cloudsim 平台中模拟 4 台物理主机，这 4 台物理主机的配置都是一样的，配置如表 7-7。

表 7-7　物理主机的资源配置表

资　源　名	资　源　值
主频 /mips	1 000
CPU 核数 / 个	4
内存 /GB	8
磁盘 /GB	200
网络带宽 /Mbps	1 000

为了简单起见，将 λ_j 的值设为 1，意思是物理主机的所有资源的使用上限可以达到 100%，根据上一个实验可以得到 4 类标准应用类型的虚拟机的配置，在 Cloudsim 上对这 4 类标准应用类型的虚拟机配置进行模拟，其配置如表 7-8 所示。

表 7-8　应用类型对应的虚拟机配置

任务类型	虚　拟　机　配　置
CPU 密集型	mips=1 000，ram=1 GB，iostorage=20 GB，bandwidth=100 Mbps
内存密集型	mips=500，ram=2 GB，iostorage=20 GB，bandwidth=100 Mbps
网络密集型	mips=500，ram=1 GB，iostorage=20 GB，bandwidth=200 Mbps
IO 密集型	mips=500，ram=1 GB，iostorage=40 GB，bandwidth=100 Mbps

为了方便起见，每种类型的虚拟机启动 4 台，总计 16 台虚拟机，虚拟机的编号如表 7-9 所示。

表 7-9 虚拟机类型以及对应的编号

虚 拟 机 类 型	虚 拟 机 编 号
CPU 密集型	vm0，vm4，vm8，vm12
内存密集型	vm1，vm5，vm9，vm13
网络密集型	vm2，vm6，vm10，vm14
IO 密集型	vm3，vm7，vm11，vm15

接下来采用不同的虚拟机分配策略为这 16 台虚拟机分配物理主机，首先采用 Cloudsim 已有的虚拟机分配算法 VmAllocation PolicySimple（简写为 VAPS）进行实验，该算法分配虚拟机的原则是根据 CPU 核数的剩余量来分配，物理主机 CPU 核数剩余得越多，虚拟机被分配到该物理主机的概率就越大。实验得到虚拟机被分配到物理主机的情况如图 7-14 所示。

从图 7-14 中可以看到，由于虚拟机的分配是按照申请的顺序在 4 台物理主机上顺序分配的，所以 4 台 CPU 密集型的虚拟机都

```
0.1: Broker: VM #0 has been created in Datacenter #2, Host #0
0.1: Broker: VM #1 has been created in Datacenter #2, Host #1
0.1: Broker: VM #2 has been created in Datacenter #2, Host #2
0.1: Broker: VM #3 has been created in Datacenter #2, Host #3
0.1: Broker: VM #4 has been created in Datacenter #2, Host #0
0.1: Broker: VM #5 has been created in Datacenter #2, Host #1
0.1: Broker: VM #6 has been created in Datacenter #2, Host #2
0.1: Broker: VM #7 has been created in Datacenter #2, Host #3
0.1: Broker: VM #8 has been created in Datacenter #2, Host #0
0.1: Broker: VM #9 has been created in Datacenter #2, Host #1
0.1: Broker: VM #10 has been created in Datacenter #2, Host #2
0.1: Broker: VM #11 has been created in Datacenter #2, Host #3
0.1: Broker: VM #12 has been created in Datacenter #2, Host #0
0.1: Broker: VM #13 has been created in Datacenter #2, Host #1
0.1: Broker: VM #14 has been created in Datacenter #2, Host #2
0.1: Broker: VM #15 has been created in Datacenter #2, Host #3
Simulation: No more future events
CloudInformationService: Notify all CloudSim entities for shutting down.
Datacenter_0 is shutting down...
Broker is shutting down...
Simulation completed.
Simulation completed.
host #0 freepes 4
host #1 freepes 4
host #2 freepes 4
host #3 freepes 4
SimpleVmallocation finished!
```

图 7-14 VAPS 虚拟机分配情况

被分配到了 Host0 上，4 台内存密集型的虚拟机被分配到了 Host1 上，4 台 IO 密集型的虚拟机被分配到了 Host2 上，4 台网络密集型的虚拟机被分配到了 Host3 上。这样就会使得物理主机的各个资源使用率很不均衡。

接下来采用前文所给出的的虚拟机分配策略 LoadBalance VmAllocation（LBVA）在 Cloudsim 上进行模拟实验，该策略综合考虑了物理机各种资源的使用情况，并且根据虚拟机的类型进行分配，得到的虚拟机被分配到物理主机的情况如图 7-15 所示：

```
0.1: Broker: VM #0 has been created in Datacenter #2, Host #0
0.1: Broker: VM #1 has been created in Datacenter #2, Host #1
0.1: Broker: VM #2 has been created in Datacenter #2, Host #2
0.1: Broker: VM #3 has been created in Datacenter #2, Host #3
0.1: Broker: VM #4 has been created in Datacenter #2, Host #1
0.1: Broker: VM #5 has been created in Datacenter #2, Host #0
0.1: Broker: VM #6 has been created in Datacenter #2, Host #3
0.1: Broker: VM #7 has been created in Datacenter #2, Host #1
0.1: Broker: VM #8 has been created in Datacenter #2, Host #2
0.1: Broker: VM #9 has been created in Datacenter #2, Host #3
0.1: Broker: VM #10 has been created in Datacenter #2, Host #0
0.1: Broker: VM #11 has been created in Datacenter #2, Host #1
0.1: Broker: VM #12 has been created in Datacenter #2, Host #3
0.1: Broker: VM #13 has been created in Datacenter #2, Host #2
0.1: Broker: VM #14 has been created in Datacenter #2, Host #1
0.1: Broker: VM #15 has been created in Datacenter #2, Host #0
Simulation: No more future events
CloudInformationService: Notify all CloudSim entities for shutting down.
Datacenter_0 is shutting down...
Broker is shutting down...
Simulation completed.
Simulation completed.
CloudSimExample1 finished!
host #0 freepes 4
host #1 freepes 4
host #2 freepes 4
host #3 freepes 4
LoadBalanceVmAllocation finished
```

图 7-15　LBVA 虚拟机分配情况

从图 7-15 中可以看到，Host0 上分配的是 Vm0、Vm5、Vm10、Vm15，分别代表的是 CPU 密集型的虚拟机、内存密集型的虚拟机、IO 密集型的虚拟机、网络密集型的虚拟机。其他的主机上也是类似的情况。不同的应用被分配到相同的物理主机上，使物理主机的各个资源使用更加均衡，也避免了资源的浪费。

为了方便实验说明，在模拟实验中设置的任务使用虚拟机资源的模式是 UtilizationModelFull，意思是虚拟机申请多少资源任务就使用多少资源，而实际情况并不是这样。从而可以得到采用

VAPS 和采用 LBVA 文中提出的分配虚拟机时物理主机各资源的使用情况：

表 7-10　采用 VAPS 分配虚拟机后物理主机资源的使用情况

主机号	CPU 使用率	内存使用率	IO 使用率	网络带宽使用率
Host0	100%	50%	40%	40%
Host1	50%	100%	40%	40%
Host2	50%	50%	40%	80%
Host3	50%	50%	80%	40%

表 7-11　采用 LBVA 分配虚拟机后物理主机资源的使用情况

主机号	CPU 使用率	内存使用率	IO 使用率	网络带宽使用率
Host0	62.5%	50%	50%	50%
Host1	62.5%	50%	50%	50%
Host2	62.5%	50%	50%	50%
Host3	62.5%	50%	50%	50%

从表 7-10 中可以看出，各个物理主机的资源使用情况相差比较大，甚至 Host0 的 CPU 使用率达到了 100%，Host1 的内存使用率达到了 100%，而其他主机的内存使用率只有 50%；而从表 7-11 可以看出，各个物理主机的资源使用情况都相同，每个主机各个资源的使用情况相差也不大，为了更好地说明前面所给出策略的各个物理主机的负载均衡更优，可以采用如下公式计算负载均衡情况。

$$
\begin{aligned}
l_{datacenter} = & \sum_{i=0}^{i=n-1} \frac{1}{n} \left| ui_{cpu} - u_{avgcpu} \right| + \\
& \sum_{i=0}^{i=n-1} \frac{1}{n} \left| ui_{mem} - u_{avgmem} \right| + \\
& \sum_{i=0}^{i=n-1} \frac{1}{n} \left| ui_{io} - u_{avgio} \right| + \\
& \sum_{i=0}^{i=n-1} \frac{1}{n} \left| ui_{net} - u_{avgnet} \right|
\end{aligned}
\tag{7-6}
$$

其中 ui_{cpu}、ui_{mem}、ui_{io}、ui_{net} 分别为物理主机 i 的 CPU 使用率、内存使用率、IO 使用率、网络带宽使用率，u_{avgcpu}、u_{avgmem}、u_{avgio}、u_{avgnet} 分别为数据中所有处于工作状态的物理主机的平均 CPU 使用率、平均内存使用率、平均 IO 使用率、平均网络带宽使用率。数据中心的负载均衡度 $l_{datacenter}$ 越小，说明各个主机的资源使用越均衡。计算以上两种情况的负载均衡度，采用 VAPS 得到的数据中心的 $l_{datacenter}=0.7$，而采用上文所描述的 LBVA 得到的数据中心的 $l_{datacenter}=0$。说明了前文所描述的虚拟机放置策略能够很好地分配数据中心的资源，避免有些主机某个资源的过度使用而其他资源十分空闲的情况。

下面从应用的执行效率角度来对前文所给出的虚拟机放置策略进行分析，由于 Cloudsim 无法仿真不同的任务类型，因此通过在之前介绍的 CloudStack 云平台上对以上得到的虚拟机分配情况还原，来观察两种分配方式对应用执行效率的影响。在 CloudStack 云平台启用 16 个虚拟机，编号跟 Cloudsim 实验中的虚拟机编号对应，并且在虚拟机中运行相应的应用类型，即在虚拟机 Vm0、Vm4、Vm8、Vm12 上运行 CPU 测试程序代表 CPU 密集型应用，Vm1、Vm5、Vm9、Vm13 上运行内存测试程序代表内存密集型应用，在 Vm2、Vm6、Vm10、Vm14 上运行 IO 测试程序代表 IO 密集型应用，在 Vm3、Vm7、Vm11、Vm15 上运行网络测试程序代表网络密集型应用，4 类应用类型用标准测试工具进行模拟，即 CPU 测试程序采用 sysbench——test=cpu 最大质数的值设为 20 000，IO 测试程序采用 sysbench——test=fileio 文件数量为 16 个，总的文件大小为 1 GB，文件的操作模式为顺序读写，内存测试程序采用 sysbench——test=memory 内存块大小设置为 16 kB，内存传输的总大小为 100 GB，内存操作为写操作，网络测试采用 netperf 测试的模式为 TCP_Stream，测试的方式是启动多台虚拟机，一台作为服务器放置在另一台物理主机上，其他的虚拟机放置在一台物理主机上，测试的时间为 40 s。实验时通过手工迁移虚拟机，将 16 台虚拟机按照 Cloudsim 模拟中模拟的结果放置到 CloudStack 的 4 台物理主机上，即分别采用 VAPS 和 LBVA 策略，得到 16 台虚拟机分别采用这两种分配方式，得到的这 4 类任务的平均执行效率情况如图 7-16～图 7-19 所示。

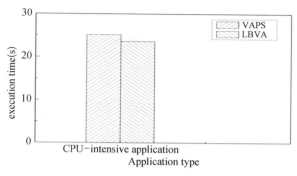

图 7-16　CPU 密集型应用执行时间对比

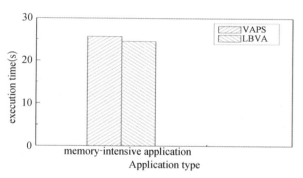

图 7-17　内存密集型应用执行时间对比

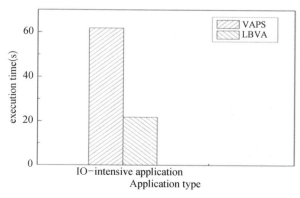

图 7-18　IO 密集型应用执行时间对比

241

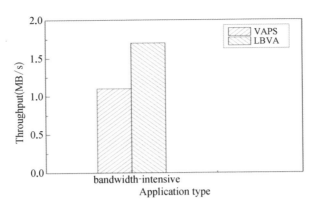

图 7-19　网络密集型应用吞吐率对比

从图 7-16 中可以得出，采用本章所给出的 LBVA 虚拟机放置策略后 4 台虚拟机执行 CPU 类型的任务的平均执行时间有所减少，因为 LBVA 策略使得 4 台 CPU 类型的虚拟机分别放置到了不同的物理主机上，所以对 CPU 资源的竞争会有所减少，从而执行效率会提高，而 VAPS 策略 4 台 CPU 类型的虚拟机放置在一台物理主机上，由于本实验环境下一台物理主机运行 4 种 CPU 密集型应用并没有达到物理主机的 CPU 上限，所以两种策略的执行效率相差很小。同理，图 7-17 中采用本章的策略后 4 台内存类型的虚拟机执行内存密集型任务的效率也有所提高。图 7-18 采用本章给出策略后，4 台 IO 型虚拟机执行 IO 密集型任务的效率有明显的提高。由于磁盘属于低速设备，多台虚拟机竞争磁盘资源时对任务的执行效率影响比较大。同理，图 7-19 中采用本章给出的策略后，网络密集型的虚拟机执行网络密集型的任务的吞吐率也有了明显提高。

综上，本章所给出的 LBVA 虚拟机放置策略不仅可以保证各物理主机的资源处于一个负载均衡的状态，延长了物理主机各部件的使用寿命，而且避免了由于多台相同类型的任务对同一资源的竞争激烈而引起任务的执行效率下降的问题。

第八章

基于应用类型的
资源调度策略

在云计算按需分配、弹性资源分配优点的吸引下，越来越多的应用部署在云上。在云计算环境中的各种应用具有不同的特点，不同的应用具有不同的资源偏好性。比如科学计算类型的应用需要大量的计算，主要消耗 CPU 资源。对于网络爬虫类的应用，需要在网络上爬取数据，主要是消耗网络资源。根据云平台中应用对资源的消耗情况不同，一般将云应用分为 CPU 密集型、IO 密集型、内存密集型和网络密集型。每种类型的任务运行时对资源的需求是不一样的，CPU 密集型应用主要消耗 CPU 资源，内存密集型以占用内存为主，网络密集型应用更多的是消耗网络带宽，IO 密集型应用会使用大量的 IO 资源，对服务器端的 IO 性能要求很高。本章主要考虑如何针对 CPU 密集型、网络密集型和 IO 密集型应用及资源调度，通过引入针对不同应用的识别方法，既尽可能少地应用各种资源选择参数，达到有效的区分与识别不同应用的目的，并以此为基础合理调度云计算资源。

典型应用特点分析

在云计算中，不同的应用具有不同的特点和不同的资源偏好性，根据云平台中应用对资源的消耗情况不同，一般将云应用分为 CPU 密集型、IO 密集型、内存密集型和网络密集型。由于内存是每个应用必须使用的资源，因此内存密集型经常伴随着其他密集型应用而存在，很难有单独的内存密集型应用，本章主要讨论其他三种类型的应用：CPU 密集型、网络密集型和 IO 密集型应用。

CPU 密集型应用特点分析

对于 CPU 密集型应用，CPU 是其最主要消耗的资源，也就是说 CPU 资源往往会成为该类应用的瓶颈。正是由于 CPU 资源会成为该类应用的瓶颈，因此要重点关注 CPU 资源的状态。正如第六章中讨论过，在云计算环境中，CPU 的使用情况可由 6 个不同的状态构成，通常用百分比显示，分别为 user、system、nice、steal、iowait 和 idle。大量实验研究表明，对于 CPU 密集型应用，CPU 是其主要消耗的资源，表现为 user 很高，system 比较低，而对于网络密集型和 IO 密集型应用来说，则不会有这样的特点。因此，可以把 user 和 system 作为区别 CPU 密集型应用和其他密集

型应用的重要特征。

上下文是指 CPU 寄存器和程序计数器在任何时间点的内容。当挂起一个进程，或从内存中恢复下一个执行的进程时，都会导致上下文切换的产生。一个硬件中断的产生，同样也会导致内核收到信号后进行上下文切换。对于任何一个应用程序，都不可避免地会产生上下文切换，CPU 密集型应用也不例外。经过大量的实验发现，CPU 密集型应用的上下文切换数量远远低于 IO 密集型应用的上下文切换数目，且与网络密集型应用产生的上下文切换数量又不同。因此上下文切换的数量也可以作为区分 CPU 和其他类型应用的一个重要特征。

在计算机中，中断是指在计算机执行期间，系统内发生的任何急需处理事件，使得 CPU 暂时中断当前正在执行的程序而转去执行相应的处理程序。待处理完毕后又返回原来被中断处继续执行或调度新的进程执行的过程。对于任何一个应用程序，不可避免中断的发生，因此中断的数量也可以作为应用的一个重要特征。而且实验发现，CPU 密集型应用的中断数量远远低于 IO 密集型应用的中断数目，且与网络密集型应用产生的中断又不同。因此中断的数量也可以作为区分 CPU 和其他类型应用的一个重要特征。

综上所述，可以使用 usr（CPU 状态中的 user）、sys（CPU 状态中的 system）、csw（上下文切换）、int（中断）来区分 CPU 密集型应用和其他类型应用。

IO 密集型应用特点分析

对于 IO 密集型应用，在前面第五章也有专门讨论，IO 是其最主要的消耗资源，也就是说 IO 资源往往会成为该类应用的瓶颈。正是由于 IO 资源会成为该类应用的瓶颈，因此要重点关注 IO 资源的状态。对于 IO 资源，即磁盘资源，主要由 read 和 write 两部分组成，read 表示该应用从磁盘读取数据的速度，write 表示该应用向磁盘写入数据的速度。因此如果一个应用是 IO 密集型的应用，比如 ftp 上传下载等应用，实验表明，IO 作为其主要消耗的资源，表现为 read 或者 write 的值比较高。而对于 CPU 密集型应用和网络密集型应用，则不会有这些特点，因此，可以把磁盘的 read 和 write 作为识别 IO 密集型应用的重要特征。

对于 IO 密集型应用而言，它也是需要消耗 CPU 资源的。实验表明，IO 密集型应用使用的 CPU 资源较少，表现为 user 的值比较低，因此 user 可以作为区分 CPU 密集型应用和 IO 密集型应用的一个重要特征。由于 CPU 的速度远远大于硬盘等外设的速度，因此 IO 密集型应用大多数情况下都占用 iowait 的时间片，这表明 CPU 在等待 IO 设备的执行，CPU 因此会被阻塞，同时产生大量的上下文切换。而对于 CPU 密集型应用和网络密集型应用，由于基本不需要等待 IO 设备，因此不会有这些特点，iowait 也可以作为判断 IO 密集型应用的重要特征。

上下文切换的数量也可以视为 IO 密集型应用的一个重要特征。实验表明，IO 密集型的应用会产生大量的上下文切换，而 CPU 密集型和网络密集型的应用却不会，因此本章将上下文切换数量作为判断 IO 密集型应用的一大特征。

经过大量实验发现，IO 密集型应用大部分时候会产生频繁的上下文切换，不可避免地产生大量中断，而且比 CPU 密集型应用和网络密集型应用产生的中断多得多。因此，中断数可以作为判断 IO 密集型应用的一个特点。

综上所述，可以使用 read、write、usr、wait、csw、int 这些特征来区分 IO 密集型应用和其他类型应用。

网络密集型应用特点分析

对于网络密集型应用，网络资源是其最主要消耗的资源，也就是说网络资源往往会成为该类应用的瓶颈。正是由于网络资源会成为该类应用的瓶颈，因此要重点关注网络资源的状态。网络资源主要由 recv 和 send 两部分组成，recv 表示该应用网络接收数据的速度，send 表示该应用网络发送数据的速度。经过大量实验发现，相对于 CPU 和 IO 密集型应用，网络密集型应用的 recv 或 send 的值较高。因此，可以把 recv 和 send 作为识别网络密集型的重要特征。

实验结果表明，对于 CPU 资源，网络密集型也需要使用，但是需要使用的 CPU 资源不多，表现为 user 值比较小。sys 是内核态进程使用的资源，对于不同的应用，该值可以作为应用的一个固有的特征，因此，user 和 sys 也可以作为识别网络密集型应用的一个特征。

除此之外，对于磁盘资源，网络密集型的应用也可能使用一部分，比如上传下载文件，磁盘资源主要由 read 和 write 两部分组成。网络密集型应用使用的 IO 资源通常比 IO 密集型应用的少，而又比 CPU 密集型应用的多，因此也将 read 和 write 作为识别网络密集型应用的一个特点。

综上所述，可以使用 recv、send、usr、sys、read、write 这些特征来区分网络密集型应用和其他类型应用。

应用识别模型

第五章、第六章专门讨论将 CPU 密集型应用或 IO 密集型应用与其他类型应用区分出来，而不讨论其他类型应用属于什么类型，本章讨论的模型为一个相对更通用一些的模型，希望能将不同类型的应用识别并区分。根据的应用特点分析，选取以下九元组作为特征：

（Usr，Sys，Wait，Read，Write，Recv，Send，Csw，Int）

其中各个元素的含义如下：

Usr：用户态的进程所占用的 CPU 时间的百分比。

Sys：内核态的进程所占用的 CPU 时间的百分比。

Wait：进程因等待 IO 操作所等待 CPU 时间所占的百分比。

Read：应用向磁盘每秒读取数据的速度。

Write：应用向磁盘每秒写入数据的速度。

Recv：应用每秒网络接收数据的速度。

Send：应用每秒网络发送数据的速度。

Csw：应用平均每秒上下文切换次数。

Int：应用平均每秒中断次数。

根据研究与实验结果，发现各种类型的云计算应用的特征值都在一定范围内。针对 CPU 密集型应用而言，其典型的特征参数

与取值满足下面的关系：

$$
\begin{cases}
\text{Usr} > \text{CPU}_{\text{usr}} \\
\text{Sys} < \text{CPU}_{\text{sys}} \\
\text{Wait} < \text{CPU}_{\text{wait}} \\
\text{Read} < \text{CPU}_{\text{read}} \\
\text{Write} < \text{CPU}_{\text{write}}, \\
\text{Recv} < \text{CPU}_{\text{recv}} \\
\text{Send} < \text{CPU}_{\text{send}} \\
\text{Csw} < \text{CPU}_{\text{csw}} \\
\text{Int} < \text{CPU}_{\text{int}}
\end{cases}
\tag{8-1}
$$

其 中，CPU_{usr}，CPU_{sys}，CPU_{wait}，CPU_{read}，$\text{CPU}_{\text{write}}$，$\text{CPU}_{\text{recv}}$，$\text{CPU}_{\text{send}}$，$\text{CPU}_{\text{csw}}$，$\text{CPU}_{\text{int}}$ 为 CPU 密集型应用的各参数阈值。

针对 IO 密集型应用，发现其各个特征值满足下面的关系：

$$
\begin{cases}
\text{Usr} < \text{IO}_{\text{usr}} \\
\text{Sys} < \text{IO}_{\text{sys}} \\
\text{Wait} > \text{IO}_{\text{wait}} \\
(\text{Read} + \text{Write}) < \text{IO}_{\text{readwrite}} \\
\text{Recv} < \text{IO}_{\text{recv}} \\
\text{Send} < \text{IO}_{\text{send}} \\
\text{Csw} < \text{IO}_{\text{csw}} \\
\text{Int} < \text{IO}_{\text{int}}
\end{cases}
\tag{8-2}
$$

其 中，IO_{usr}，IO_{sys}，IO_{wait}，$\text{IO}_{\text{readwrite}}$，$\text{IO}_{\text{recv}}$，$\text{IO}_{\text{send}}$，$\text{IO}_{\text{csw}}$，$\text{IO}_{\text{int}}$ 为 IO 密集型应用的各参数阈值。

针对网络密集型应用，发现其各个特征值满足下面的关系：

$$\begin{cases} \text{Usr} < \text{NET}_{usr} \\ \text{Sys} < \text{NET}_{sys} \\ \text{Wait} < \text{NET}_{wait} \\ \text{Read} < \text{NET}_{read} \\ \text{Write} < \text{NET}_{write} \\ (\text{Recv} + \text{Send}) > \text{NET}_{recvsend} \\ \text{Csw} < \text{NET}_{csw} \\ \text{Int} < \text{NET}_{int} \end{cases}, \qquad (8-3)$$

其中，NET_{usr}，NET_{sys}，NET_{wait}，NET_{read}，NET_{write}，$\text{NET}_{recvsend}$，NET_{csw}，NET_{int} 为网络密集型应用的各参数阈值。

可以首先针对已知的不同类型应用进行实验，得到相应类型应用的阈值，然后使用这些阈值建立判别应用类型的数学模型，并使用模型对应用进行分类识别。即对于云计算环境下的应用，使用 dstat 监测到应用的资源使用情况，然后从中提取到上述特征，即（Usr，Sys，Wait，Read，Write，Recv，Send，Csw，Int）九元组，并将该九元组与各个类型的条件比较，如果满足某个类型的条件，即判定应用的类型为该类型。如果不满足任何条件，则拒绝识别。

识别步骤如下：

1. 对于云计算环境中的一个未知应用，使用 dstat 监测应用的资源使用情况（从应用运行开始监控 5 s），并从中提取出相应特征值，即（Usr，Sys，Wait，Read，Write，Recv，Send，Csw，Int）九元组。

2. 将获得的特征值均值与公式（8-1）进行比较，看是否满足公式（8-1），满足公式则输出该应用为 CPU 密集型，判断结束。否则与公式（8-2）进行比较。

3. 将获得的特征值均值与公式（8-2）进行比较，看是否满足公式（8-2），满足公式则输出该应用为 IO 密集型，判断结束。否则与公式（8-3）进行比较。

4. 将获得的特征值均值与公式（8-3）进行比较，看是否满足公式（8-3），满足公式则输出该应用为网络密集型，判断结束。否则输出拒绝识别，判断结束。

 混合应用的调度策略

由于云计算环境的复杂性，云环境中的应用各种各样，这对云环境下应用的调度造成了一定的困难。通常情况下，云环境下的应用往往不是单纯的某一种类型的应用，而是多种基本类型应用的混合。因此对混合应用的调度可以分解为对该应用所包含的基本类型应用的调度，通过对各基本类型应用进行分析，给出适合基本类型应用的调度方法，并以此为基础给出混合应用的调度框架与策略，以提高数据中心的利用率，达到降低能耗的目的。

典型应用调度模型分析

CPU 密集型应用调度模型

1. 基于机器状态的 CPU 密集型应用调度模型

CPU 密集型应用是云计算环境中一种常见的应用。为了提高这种应用的执行效率，利用云计算资源减少其执行时间可能是一种有效的方法。如果根据机器的状态来对应用进行调度，在机器状态较好的时候运行应用，不在机器过载的时候运行应用，这样就可以有效保证 CPU 密集型应用的执行效率。

由于同类型的云应用其资源偏好性相同或相似，因此相应类型的资源消耗规律相似。对于多个 CPU 密集型应用的叠加，由于这些应用主要使用 CPU 资源，那么 CPU 资源最有可能会成为这些应用的瓶颈。

对于 CPU 密集型应用来说，它们的偏好资源是 CPU 资源，也就是 CPU 的计算核，当 CPU 密集型应用的个数小于等于 CPU 的核数时，从应用的角度看，它们所需要的资源是充足的，执行效率是最高的，在这种情况下，其执行时间最短。而当叠加的 CPU 密集型应用个数大于 CPU 核数时，就会出现计算核在不同应用之间来回切换的情况，即应用竞争 CPU 的情况发生，这将导致应用的执行时间变长；而且随着 CPU 密集型应用数量的增加，所有应用的平均执行时间将会急剧延长。通过预测多个 CPU 密集型应用的执行时间，在保证应用执行效率和用户服务质量的前提下，充分提高 CPU 的资源使用效率，可以较好地提升云数据中心的应用服务能力。

为了预测 CPU 密集型应用叠加时的执行时间，可采用如下预测模型：

$$\text{Time} = \begin{cases} T, N \leqslant C \\ T + \dfrac{T}{C}(N - C), & N > C \end{cases} \quad (8\text{-}4)$$

对（8-4）式进行化简得：

$$\text{Time} = \begin{cases} T, & N \leqslant C \\ \dfrac{TN}{C}, & N > C \end{cases} \quad (8\text{-}5)$$

其中，各参数含义如下：

T：单个任务执行时间；

C：CPU 的核数（该模型可以扩展到其他不同类型的应用中，分别对应不同应用中的关键资源数，如对 IO 密集型任务而言，是磁盘数；对网络密集型任务而言，是网卡数）；

N：叠加任务数；

Time：任务完成时间。

建立以应用执行效率最大化为约束的调度模型，从某种意义上讲也是优化了应用执行时间。因此在预测到 CPU 密集型应用的执行时间后，根据预测的应用执行时间为基准来建立基于机器状态的 CPU 密集型应用的调度模型。

在 CPU 密集型应用进行叠加时，如果叠加的应用个数足够少，此时应用的执行时间最短，但虚拟机资源不会被充分利用；叠加的应用个数较多，会导致各个应用之间竞争资源，此时虽然资源会被充分利用，但是由于浪费很多时间在资源竞争上，应用执行效率低下，执行时间延长。因此，在充分利用资源和保证用户服务质量的前提下，如何确定合理的叠加的应用个数，是一个重要的问题。即确定一个合理的叠加个数的阈值，当虚拟机上叠加的应用个数小于这个阈值的时候，说明可以直接将应用放在该虚拟机上运行。当应用个数大于该阈值时，说明资源已经被充分使用，而且再添加应用会导致应用执行时间增加，使用户服务的质量降低，因此，需要在其他虚拟机上运行该应用。

假设以应用的执行时间为约束，可以确定出合理的叠加的应用个数。根据（8-5）式可以求得叠加的应用个数：

$$N_{opt} = \frac{Time \times C}{T}。 \tag{8-6}$$

此处的 *Time*，根据用户服务质量确定，这里引入容忍系数 α（容忍系数根据服务商对用户提供的用户服务质量取值），即

$$Time = \alpha \times T, \ \alpha \geqslant 1。 \tag{8-7}$$

将公式（8-6）和（8-7）合并，得：

$$N_{opt} = \frac{Time \times C}{T} = \frac{\alpha \times T \times C}{T} = \alpha \times C, \ \alpha \geqslant 1。 \tag{8-8}$$

根据公式（8-8），引入容忍参数 α_1，可以得到机器的状态

公式：

$$S = \begin{cases} 0, & N \leq N_{opt,\,\alpha=1} = C \\ 1, & C < N \leq N_{opt,\,\alpha=\alpha_1} = \alpha_1 C \\ 2, & N > N_{opt,\,\alpha=\alpha_1} = \alpha_1 C \end{cases} \qquad （8\text{-}9）$$

（注：α_1 的值根据服务商对用户提供的用户服务质量取值。）

当 $S=0$ 的时候，应用的执行时间最短，但是此时资源并不能充分使用，造成了严重的资源浪费。当 $S=1$ 时，虽然应用执行时间会有所增加，但是增加得并不多，还在可以接受的应用服务质量下，而且此时资源被充分利用。当 $S=2$ 时，此时资源虽然充分利用，但是由于应用个数太多，各应用之间竞争激烈，导致应用执行时间会显著增长，服务质量会显著下降。因此，为了兼顾应用执行效率和用户服务质量，推荐机器处于状态 1。

在得到可以叠加的应用个数阈值后，就可以根据公式（8-9）对 CPU 密集型进行调度，调度方法如下：

（1）初始化或者更新调度表，对于各个已经开启的服务器或虚拟机进行计算以得到调度表，该表包含每个服务器或者虚拟机上可以叠加的 CPU 密集型应用个数阈值和正在上面运行的 CPU 密集型应用的个数。

（2）对于一个新来的 CPU 密集型应用，检查调度表，如果调度表上有服务器或者虚拟机能容纳该应用，即该服务器或者虚拟机上叠加的应用的个数小于叠加阈值，将该 CPU 密集型应用放置在该虚拟机或者服务器上，并转步骤 1，更新调度表，否则转步骤 3。

（3）新启动一个虚拟机或者服务器，将 CPU 密集型应用放置在上面，并转到步骤 1，更新调度表。

2. 基于优先级的 CPU 密集型应用的调度方法

上文基于执行时间预测的调度模型找到了机器适合叠加的 CPU 基本类型应用的个数，但是它并没有考虑到在同时运行多个 CPU 基本类型应用时，各个应用之间对资源的竞争，应用间的竞争会导致系统资源在一定程度上的浪费。比如各 CPU 基本类型应用对 CPU 资源的竞争，就会导致大量的上下文切换，这会浪费大量的时间和资源。

因此为了减少 CPU 基本类型应用之间的应用竞争，可以采用基于优先级的 CPU 类型应用的调度方法，这样可以有效提高应用的执行效率。对于 CPU 密集型应用，消耗的主要是 CPU 资源，如果其所对应的进程有较高的优先级，那么该进程（或者说是 CPU 密集型应用）就可以被优先调度，并获得更大的 CPU 时间片。也就是说，该 CPU 密集型应用占用更多的 CPU 资源，那么这个应用执行时间相较于其他应用的会缩短。

对于优先级相同的多个 CPU 密集型应用，会造成彼此间对 CPU 的竞争，导致各个 CPU 密集型应用进程之间频换切换，而在切换的时候，CPU 保存当前进程上下文，并恢复下一个进程的上下文环境，这造成了大量的 CPU 资源浪费，从而导致 CPU 密集型应用执行时间增加，在整体上降低了系统的效率。

随着进程优先级提高，其占据 CPU 的时间片也增加。也就是说对于不同优先级的进程，其被调度后，占用 CPU 的时间片的长度是不一样的。这样，优先级高的进程会占用更多 CPU 资源，这样让优先级高的进程尽快执行完毕，然后把 CPU 资源分配给优先级较低的进程，间接减少了各进程之间的切换，减少了 CPU 资源的浪费。

通过对 CPU 密集型应用的分析，可以给出对 CPU 密集型应用的基于优先级的调度方法。首先根据上文适合叠加的应用数 N_{opt}，对优先级进行分级，这相当于分配了 N_{opt} 个不同优先级的进程组，然后将各个 CPU 密集型应用对应的进程放到不同优先级的进程组。注意，每个优先级只能对应一个进程，这是为了减少对 CPU 的竞争。由于一个优先级组里面通常有不同级别的优先级，因此 CPU 密集型应用对应的进程设定优先级的原则是保证所有进程的优先级最大。也就是说对于已经分配给了某个优先级组的进程（CPU 密集型应用），把该应用的优先级设为最大，以此来占用更多的 CPU 资源。

对优先级进行分组，可以让不同分组的进程占有不同的 CPU 资源。为了避免相同优先级的 CPU 密集型应用的竞争，一个优先级只对应一个进程。同时，为了让进程被调度时其占用的时间片最大，在各优先级分组中将应用进程优先级设为最高。这样可以降低各进程之间的竞争和切换成本，减少 CPU 资源的浪费，以提高系统性能和应用执行效率。

具体的调度方法如下：

（1）优先级分组，将进程优先级分为 N_{opt} 组，并初始化优先级分组表，表中包含优先级分组使用情况、各分组内优先级使用情况、优先级分组指针（初始化时指向最高优先级分组）和各分组内优先级指针（初始化时指向最高优先级）。

（2）对于一个新来的 CPU 密集型应用，将其分配给优先级分组指针指向的分组，并更新优先级分组指针，将其指向比前一个优先级低一级的分组，如果前一个优先级分组为最低优先级分组，则将该指针指向最高优先级分组。

（3）将该 CPU 密集型应用的优先级设置为该分组内优先级指针所指向的优先级，并更新该组内优先级指针，将其指向比前一个优先级低一级的优先级，如果前一个优先级为该组的最低优先级，则将该指针指向该组最高优先级。

IO 密集型应用调度模型

对于同种类型的应用，当多个应用进行叠加时，即多个类型相同的云应用在虚拟机上同时运行时，应该在充分利用资源的情况下，对应用进行调度，以保证云应用的执行效率能够较大。提高应用的执行效率，在某种程度上，可以看成是优化应用的执行时间。

当多个 IO 密集型应用同时运行时，比如同时下载多个文件，或者同时 copy 多个文件时，由于默认的策略是对 IO 资源的均分使用，对于多个 IO 密集型应用，由于这种分配策略，会导致在多个应用之间多次切换。而每次切换，都会导致应用时间的增加。比如在复制本地文件时，由于磁盘需要读取和写入，每次切换时，会导致磁盘读取和写入不同的文件，而由于文件在磁盘上不一定相邻，这时就会需要磁盘重新定位文件，由于磁盘的低速性，会造成大量的时间浪费和延时。然而这些切换所造成的时间增加对于应用来说完全是不必要的，因为它们没有对传输的文件做出任何贡献，这样会导致应用执行效率的低下。

有效减少应用之间的切换次数，就可以减少因为切换所带来的不必要的时间浪费。当多个 IO 密集型应用同时运行时，如果对每个应用分配不同的 IO 资源权重，这样一些应用就会由于占用比较多的 IO 资源，可以快速地执行完毕，这样可以占用更少的时间，同时有效地减少切换的次数。而当占用大量 IO 资源的应用执行完毕后，把全部的资源都分配给剩下的应用，虽然刚开始的时候，这些应用占用的 IO 资源较少，在起初的一段时间中传输的数据比较少，但是由于之后这些应用占用全部的资源，它们后续的单位时间里能传输更多的数据。这种处理方案总体来看，对于这些实行时间相对比较长的应用的执行时间并不会增加很多。但可以让整个系统的切换次数更少，从而可以有效减少所有应用的执行时间，提高系统的执行效率。

因此对于 IO 密集型应用，当多个同时运行时，为了应用的执行效率，对不同应用分配不同的 IO 资源是一种可行的解决方法。对于比较小的 IO 应用，分配较多的 IO 的资源，让该应用尽快完成。当较小的应用完成后，把全部的 IO 资源都分配给较大的 IO 应用，让较大的 IO 应用也尽快完成，以期减少系统在不同应用之间切换所带来的额外时间开销，从而从整体上减少应用执行时间，提高应用执行效率。

IO 密集型应用通过磁盘来读取和写入数据。对于 IO 磁盘资源，IO 密集型应用都是共享这些资源的。因此对于 IO 密集型应用，可以使用一定的调度策略来提高应用的执行效率。具体来说，可以使用感知应用"大小"的调度策略。这里说的"大小"是指应用所实际读取或者写入的数据大小。即对于 IO 密集型应用来说，是指该应用需要写入或者读取磁盘的数据大小。根据应用的"大小"，对 IO 资源进行优化，即对应用以不同的权重分配不同的

IO 资源，来缩短应用执行时间，提高应用的执行效率。

对于 IO 密集型应用，假设共有 N 个应用，资源权重计算方法如下：

对所有的应用按照"大小"，由小到大排序，最后应用的顺序为 A_1，A_2，A_3，$\cdots$，A_{N-1}，A_N，对应的应用大小为 Size_{A_1}，Size_{A_2}，Size_{A_3}，$\cdots$，$\text{Size}_{A_{N-1}}$，Size_{A_N}。根据应用的"大小"分配应用的初始化权重，初始化权重公式 Weight_{A_i} 如下：

$$\text{Weight}_{A_i} = 1 - \frac{\text{Size}_{A_i}}{\sum_{i=1}^{N} \text{Size}_{A_i}}, \ 1 \leqslant i \leqslant N \qquad （8-10）$$

权重归一化，得到应用 A_i 的最终资源权重 W_{A_i} 如下：

$$W_{A_i} = \frac{\text{Weight}_{A_i}}{\sum_{i=1}^{N} \text{Weight}_{A_i}}, \ 1 \leqslant i \leqslant N \qquad （8-11）$$

在确定权重计算方法后，对 IO 密集型应用的调度方法如下：

（1）初始化或更新应用的资源权重表，对于所有应用，根据上述资源权重计算方法，计算各个应用的资源权重。

（2）根据资源权重表和当前的资源对各个应用分配资源，对于 IO 密集型应用来说，根据资源权重表给各个应用分配 IO 读写资源。

（3）当有应用执行完成后，或者有新的应用请求，则转到步骤（1）更新资源权重表。

网络密集型应用调度模型

随着互联网的发展，网络变成了人们生活的一部分。越来越多的应用是基于网络的，这样就涌现出了一批网络类型的应用，比如爬虫应用、在线视频观看、文件传输等应用，因此对这些应用的优化调度具有重要意义。

对于网络密集型应用，所有的网络密集型应用都共享系统的带宽资源，为了提高执行效率，对不同应用分配不同的带宽资源。对于较小的网络密集型应用，分配比较多的带宽资源，让该应用尽快完成。当应用完成后，把所有带宽资源都分配给较大的网络密集型应用，让较大的网络密集型应用也尽快完成，这样从整体上降低所有应用的执行时间，提高系统的执行效率。

其实，对于网络密集型应用，它的特性和 IO 密集型比较相似。网络密集型应用是使用网络资源对数据进行发送和接受，而 IO 密集型应用是读取和写入数据，也有些学者将其归为数据密集型应用。因此，对于网络类型的应用，也可以使用基于文件大小的调度策略，根据文件的大小计算权重，然后根据权重分配网络资源进行调度。

具体权重计算方法如下：

对所有的应用按照"大小"，对于网络密集型应用，此处的"大小"是指应用所实际接收或者发送的数据大小。同样将应用由小到大排序，最后应用的顺序为 A_1，A_2，A_3，$\cdots$，A_{N-1}，A_N，对应的应用大小为 $Size_{A_1}$，$Size_{A_2}$，$Size_{A_3}$，$\cdots$，$Size_{A_{N-1}}$，$Size_{A_N}$。根据应用的"大小"分配应用的初始化权重，再进行权重归一化得到最终资源权重。其中初始化权重公式和最终权重公式与 IO 密集型应用中的权重计算方法相同，可参见公式（8-10）和（8-11）。

计算各个网络密集型应用权重后，依据权重分配网络资源，进而实现各个应用的差异化调度，以求达到提高应用执行效率的目的。应用权重计算方法，对网络密集型应用的调度方法如下：

（1）初始化或更新应用的网络资源权重表，对于所有应用，根据上述网络资源权重计算方法，计算各个应用的网络资源权重。

（2）根据网络资源权重表和当前的网络资源对各个网络密集型应用分配网络资源。

（3）当有应用执行完成后，或者有新的应用请求，转到步骤（1）更新资源权重表。

混合应用类型的判定

由于云计算的复杂性，云环境中的应用往往不是单一类型的应用，而是多种应用类型的叠加，如果要根据应用类型对应用进行调度，首先需要对混合应用进行判定，得到混合应用所包含的基本类型，然后根据基本类型对应用进行调度。因此，对混合应用合理高效地进行类型的判定识别具有重要意义。

根据上文对应用的识别模型，对混合应用进行类型识别，最终得到混合应用的类型，进而方便对混合应用的调度。混合应用类型判别框图如图 8-1 所示。

图 8-1　混合应用类别识别框架图

如图 8-1 所示，对于混合应用，首先收集应用的特征，然后将特征输入应用类型识别模型，得到应用所包含的基本类型，以确定应用混合的特点，为采用合理的调度策略提供基础。

混合应用调度模型建立

由于云计算环境的复杂性，如何对云环境中的混合应用进行合适的调度是一件比较困难的事情。这可以通过对混合应用进行类型判定，然后根据其类型混合情况，采用合适的调度策略，以求提高应用的执行效率，减少应用的执行时间。

混合应用调度模型框架

对于混合应用，虽然应用的特点很复杂，但是这些复杂应用在一定程度上都可以看成是一种或多种基本类型应用的叠加。因此，对于云环境中的复杂应用，先对其进行应用类型的判别，把复杂的混合应用"拆解"为简单的基本类型应用，然后再根据得到的基本类型应用，将各基本类型应用的调度模块嵌入到混合应用的调度中，得到最终的调度模块，进而对应用进行调度。

调度模型框架如图 8-2 所示。

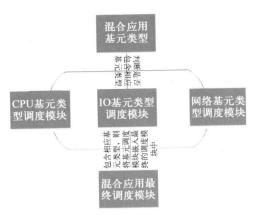

图 8-2　调度模型框架图

如上图所示，对于一个混合型应用，在使用应用类型识别模型得到混合应用的基本类型后，将基本类型应用对应的调度模块嵌入该混合应用的调度模块中，最终得到该混合应用的调度模块。

混合应用调度方法

传统的云计算调度往往是依据历史数据进行调度，没有考虑到应用本身的特点，这样使得调度效果可能不尽人意。根据应用的特点对应用进行分析，并根据应用类别提出基于应用类型的调度策略，可以在尽量少地使用系统资源的情况下，提高应用的执行效率，缩短应用的执行时间，提高用户的服务质量。

云环境中的应用存在一些类型相对单一的应用，比如科学计算应用，这种应用是典型 CPU 密集型应用，而爬虫应用则是典型的网络密集型应用等。但是由于云环境的复杂性，云环境中的应用往往不是单一类型的，通常都是混合类型的，即由多种不同的基本类型应用叠加而成。比如，文件传输应用，该应用即读取写入磁盘，具有明显的 IO 密集型应用特点，同时又使用网络带宽资源进行数据的发送接收，也具体明显的网络密集型应用特点。

对于这种混合类型应用，如果只使用某一种类型的调度策略，可能会由于没有全面考虑应用的特点，造成调度策略对应用执行效率提高的不明显。因此，对多种类型应用叠加的混合应用的调度，要考虑到多类型应用的特点，根据多类型应用的特点进行综合调度，这样才能有效地提高混合应用的执行效率，提高服务质量。

为了有效地对云应用进行调度，对于未知的云应用，首先需要判断它是简单类型的应用还是混合类型的应用，若是混合应用则拆分成多个简单的基本类型应用，然后将多个基本类型应用调度策略嵌入该混合应用调度的模块中，最终得到这个混合应用的调度策略，并对其进行合理调度。如果对于未知应用没有检测出其应用类型，则不对其进行调度，按照系统默认策略进行调度。

具体的调度方法如下：

1. 对于云环境中未知的应用，根据混合应用类型识别模块对应用进行识别，如果不能检测出其应用类型，则按照系统默认策略对其进行调度。相反，即可得到应用所属的基本类型。

2. 根据应用所属的基本类型，依据混合应用调度框架，嵌入各基本类型应用的调度模块，最终得到该应用的调度模块。

3. 最终应用调度模块自动对该应用分配相应资源进行调度。

基于应用负载的
虚拟机动态调整策略

在云计算环境下，当用户申请了虚拟机后，由于应用的多变性和复杂性，很可能出现虚拟机低载或过载的现象。当虚拟机处于低载的状态时，虚拟机的性能最佳，但是此时会出现严重的资源浪费，造成很多资源比如 CPU、内存、网络、IO 资源闲置，导致资源的利用率低下，同时还造成能耗浪费。当虚拟机处于过载的状态时，此时由于虚拟机负载太大，已经超出了虚拟机能承载的范围，此时虚拟机的性能低下，会造成应用的执行效率低下，降低服务质量。因此，对虚拟机资源根据负载大小进行动态的调整具有重要的意义，通过资源的动态调整，在虚拟机处于低载状态时，在不影响服务质量和虚拟机性能的前提下，适当收回部分资源，以降低资源的浪费，达到合理提供资源的目的。在虚拟机处于过载的状态时，分析成为虚拟机瓶颈的关键资源，通过虚拟机资源的动态调整，来增加该瓶颈资源，以达到提高虚拟机性能，保证服务质量的目的。

基于应用的虚拟机状态和负载分析

虚拟机的资源主要有 CPU、内存、网络（网络的发送和接受）和 IO 资源（磁盘的读写）。在虚拟机负载很大时，这些资源的使用率很高。相反，当虚拟机负载很小时，这些资源的利用率相对较小。因此，这些资源的利用率在一定程度上可以表征虚拟机负载的大小。此外，根据系统的应用服务响应时间也可以判断负载的大小，因此可以通过预测下一时刻系统的应用服务响应时间来判断负载的大小，进而判断系统的状态。为了得到下一时刻的应用服务响应时间和系统资源使用率，使用一些历史数据采取线性预测的方法进行预测，以方便进行关键资源的分析。

根据系统服务响应时间，虚拟机状态的分类公式如下：

$$C = \begin{cases} 1, & Rpt < T_{lownormalMin} \\ 2, & T_{lownormalMin} \leqslant Rpt < T_{normalMax} \\ 3, & Rpt > T_{normalMax} \end{cases} \quad （8\text{-}12）$$

其中，各变量的含义如下：

Rpt：应用服务响应时间；

$T_{lownormalMin}$：正常状态时，应用服务响应时间的最小值；

$T_{normalMax}$：正常状态时，应用服务响应时间的最大值。

对于资源的调度，一般可以分为三种情况。一种是资源没有充分利用，处于低载状态；一种是系统过载，效率低下；一种是正常状态，资源使用适当，效率较高。此处定义 $C=1$ 为低载状态，$C=2$ 为正常状态，$C=3$ 为过载状态。当 $C=1$ 的时候，表明虚拟机处于低载状态，性能最优，但是此时虚拟机中负载过低，导致资源不能充分使用，会造成严重的资源浪费。当 $C=2$ 时，此时虚拟机属于正常状态。此时虚拟机中的负载在虚拟机所拥有的资源的承受范围内，这时虚拟机中的资源可以得到充分利用，而且此时应用的服务响应时间在可接受范围内，用户服务质量也在可接受范围中，这种状态是推荐的虚拟机状态。当 $C=3$ 时，此时资源虽然充分利用，但是由于虚拟机负载太大，已超出了虚拟机所能承受的范围，此时会导致应用服务响应时间大大增加，用户服务质量显著下降。因此，为了兼顾应用服务响应时间和用户服务质量，推荐机器处于状态 2。

虚拟机状态的预测

当用户请求比较平稳的时候，虚拟机状态比较平稳，内部各资源的使用率保持一个平稳的状态，这时对服务质量并没有太大的影响。但是当外部请求逐渐增加，这时虚拟机负载逐渐加重，各资源使用率不断提高，甚至有些资源达到了瓶颈，此时就会造成服务质量的下降，影响用户体验。对此就需要对虚拟机的状态进行动态预测，在虚拟机达到负载极限的时候，提前预测到虚拟机的状态，并进一步预测出瓶颈资源，动态调整资源，进行虚拟机的调整，以保证服务质量。

根据上文的分析，应用响应时间在一定程度上可以反映虚拟机的状态，当虚拟机处于空载或者正常状态时，虚拟机能及时对应用进行响应，应用响应时间处于正常范围内；当虚拟机处于过载状态时，由于虚拟机资源不够，又需要处理大量任务，因此此时虚拟机对应用的响应会变慢，有时甚至长时间没有响应，这将极大地影响用户体验。此时，可以使用虚拟机对应用的响应时间来表征虚拟机的状态，使用线性预测方法根据历史数据进行预测，从而预测得到下一时刻应用服务响应时间，进而可以根据虚拟机状态分类公式来判别虚拟机的状态，最终实现预测虚拟机状态的目的。

基于应用负载的虚拟机资源动态调整

应用负载关键资源因子的分析

当预测到下一个时刻的 Rpt 后，可以根据公式（8-12）对虚拟机进行分类，进而可以得到下一时刻虚拟机的类别。此时，如果虚拟机属于类别 2，即正常状态时，不进行任何操作。但是如果虚拟机处于类别 1 或 3 时，即虚拟机处于低载或过载时，就需要通过分析得到可以回收的资源或者需要扩展的资源。这时，需要根据预测出来的下一时刻的 CPU、Read、Write、Mem、Recv、Send 的值和下一时刻的虚拟机的分类，来分析得到关键的资源。

当预测到下一个时刻虚拟机处于状态 1，即虚拟机处于低载的时候，根据贝叶斯分类公式，此时有

$$P(C_1|X) > P(C_2|X) \qquad (8\text{-}13)$$

$$P(C_1|X) > P(C_3|X) \qquad (8\text{-}14)$$

注：$X = (x_{cpu}, x_{read}, x_{write}, x_{mem}, x_{recv}, x_{send})$ 为某个时刻虚拟机的特征向量，用该向量表征虚拟机的状态。C_1 表示是 $C=1$，同理 C_2 表示是 $C=2$，C_3 表示是 $C=3$。

根据公式（8-13），假设 $x_{cpu}, x_{read}, x_{write}, x_{mem}, x_{recv}, x_{send}$ 这些变量相互独立，可以得到：

$$\frac{P(C_1) \times \prod_{k=1}^{n} P(x_k | C_1)}{P(X)} > \frac{P(C_2) \times \prod_{k=1}^{n} P(x_k | C_2)}{P(X)} \qquad (8\text{-}15)$$

注：此处 $n=6$，$(x_1, x_2, x_3, x_4, x_5, x_6)$ 即为 $(x_{cpu}, x_{read}, x_{write}, x_{mem}, x_{recv}, x_{send})$。

由于 $P(X) > 0$，对公式（8-15）进行变换得：

$$\frac{P(C_1) \times \prod_{k=1}^{n} P(x_k | C_1)}{P(C_2) \times \prod_{k=1}^{n} P(x_k | C_2)} > 1 \qquad (8\text{-}16)$$

对公式（8-16）两边取对数 log 运算得：

$$\log_{10} \frac{P(C_1)}{P(C_2)} + \sum_{k=1}^{n} \log_{10} \frac{P(x_k | C_1)}{P(x_k | C_2)} > 0 \qquad (8\text{-}17)$$

由于（x_1，x_2，x_3，x_4，x_5，x_6）即为（x_{cpu}，x_{read}，x_{write}，x_{mem}，x_{recv}，x_{send}），可得：

$$\log_{10}\frac{P(C_1)}{P(C_2)} + \log_{10}\frac{P(x_{cpu} \mid C_1)}{P(x_{cpu} \mid C_2)} + $$
$$\log_{10}\frac{P(x_{read} \mid C_1)}{P(x_{read} \mid C_2)} + \log_{10}\frac{P(x_{write} \mid C_1)}{P(x_{write} \mid C_2)} + $$
$$\log_{10}\frac{P(x_{mem} \mid C_1)}{P(x_{mem} \mid C_2)} + \log_{10}\frac{P(x_{recv} \mid C_1)}{P(x_{recv} \mid C_2)} + \qquad(8\text{-}18)$$
$$\log_{10}\frac{P(x_{send} \mid C_1)}{P(x_{send} \mid C_2)} > 0$$

通过公式（8-18），可以看出要使虚拟机属于状态 $C=1$，必须要求各项相加的和大于 0，而 $\log_{10}\frac{P(C_1)}{P(C_2)}$ 对于虚拟机来说是常数，因此，其他的各项哪项的值最大，哪项就是让该虚拟机成为状态 $C=1$ 贡献最大的因子，而 $C=1$ 的状态是低载的状态，资源太过富余而造成了资源浪费，因此该因子对应的资源也就是富余的可以回收的资源。

至此，可以定义关键资源因子，即反映影响虚拟机状态的关键因素：

$$\text{key}_{i,\,j,\,m} = \log_{10}\frac{P(x_m \mid C_i)}{P(x_m \mid C_j)} \qquad(8\text{-}19)$$

注：其中 i，j 可以取值为 1、2、3，m 可以取值 cpu、read、write、mem、recv、send。

将公式（8-19）代入公式（8-18）可得：

$$\log_{10}\frac{P(C_1)}{P(C_2)} + \text{key}_{1,\,2,\,\text{cpu}} + \text{key}_{1,\,2,\,\text{read}} + $$
$$\text{key}_{1,\,2,\,\text{write}} + \text{key}_{1,\,2,\,\text{mem}} + \text{key}_{1,\,2,\,\text{recv}} + \text{key}_{1,\,2,\,\text{send}} > 0 \qquad(8\text{-}20)$$

通过运算处理，可以得到让 $P(C_1 \mid X) > P(C_2 \mid X)$ 的所有

可能的关键因子，$\text{key}_{1,2,\text{cpu}}$，$\text{key}_{1,2,\text{read}}$，$\text{key}_{1,2,\text{write}}$，$\text{key}_{1,2,\text{mem}}$，$\text{key}_{1,2,\text{recv}}$，$\text{key}_{1,2,\text{send}}$。

同理，根据公式（8-14），也可以得到：

$$\log_{10}\frac{P(C_1)}{P(C_3)} + \text{key}_{1,3,\text{cpu}} + \text{key}_{1,3,\text{read}} +$$
$$\text{key}_{1,3,\text{write}} + \text{key}_{1,3,\text{mem}} + \text{key}_{1,3,\text{recv}} + \text{key}_{1,3,\text{send}} > 0 \tag{8-21}$$

即通过（8-21）可以得到让 $P(C_1|X) > P(C_3|X)$ 的所有可能的关键因子，$\text{key}_{1,3,\text{cpu}}$，$\text{key}_{1,3,\text{read}}$，$\text{key}_{1,3,\text{write}}$，$\text{key}_{1,3,\text{mem}}$，$\text{key}_{1,3,\text{recv}}$，$\text{key}_{1,3,\text{send}}$。

根据公式（8-13）和（8-14）得到所有可能关键因子为 $\text{key}_{1,2,\text{cpu}}$，$\text{key}_{1,2,\text{read}}$，$\text{key}_{1,2,\text{write}}$，$\text{key}_{1,2,\text{mem}}$，$\text{key}_{1,2,\text{recv}}$，$\text{key}_{1,2,\text{send}}$ 和 $\text{key}_{1,3,\text{cpu}}$，$\text{key}_{1,3,\text{read}}$，$\text{key}_{1,3,\text{write}}$，$\text{key}_{1,3,\text{mem}}$，$\text{key}_{1,3,\text{recv}}$，$\text{key}_{1,3,\text{send}}$，因此，这些所有的因子中值最大的为关键的资源因子。

$$\text{KeyResource} = \max\{\text{key}_{1,j,m}\} \tag{8-22}$$

注：j 的取值为 2，3；m 的取值为 cpu，read，write，mem，recv，send。

KeyResource 所对应的资源 m 是让该虚拟机成为状态 $C=1$ 贡献最大的因子，也就是说该资源是富余的，因此可以适量回收对应的资源来减少资源的闲置和浪费。同理，当预测到下一个时刻虚拟机处于状态 3，即虚拟机处于过载的时候，根据贝叶斯分类公式，此时有

$$P(C_3|X) > P(C_1|X) \tag{8-23}$$
$$P(C_3|X) > P(C_2|X) \tag{8-24}$$

公式（8-23）进行推导可得：

$$\log_{10} \frac{P(C_3)}{P(C_1)} + key_{3,1,cpu} + key_{3,1,read} +$$
$$key_{3,1,write} + key_{3,1,mem} + key_{3,1,recv} + key_{3,1,send} > 0 \qquad (8-25)$$

通过公式（8-25）可得到让 $P(C_3|X) > P(C_1|X)$ 的所有可能的关键因子，$key_{3,1,cpu}$，$key_{3,1,read}$，$key_{3,1,write}$，$key_{3,1,mem}$，$key_{3,1,recv}$，$key_{3,1,send}$。

公式（8-24）进行推导可得：

$$\log_{10} \frac{P(C_3)}{P(C_2)} + key_{3,2,cpu} + key_{3,2,read} +$$
$$key_{3,2,write} + key_{3,2,mem} + key_{3,2,recv} + key_{3,2,send} > 0 \qquad (8-26)$$

通过公式（8-25）可得到让 $P(C_3|X) > P(C_2|X)$ 的所有可能的关键因子，$key_{3,2,cpu}$，$key_{3,2,read}$，$key_{3,2,write}$，$key_{3,2,mem}$，$key_{3,2,recv}$，$key_{3,2,send}$。

根据公式（8-23）和（8-24）得到所有可能关键因子为 $key_{3,1,cpu}$，$key_{3,1,read}$，$key_{3,1,write}$，$key_{3,1,mem}$，$key_{3,1,recv}$，$key_{3,1,send}$ 和 $key_{3,2,cpu}$，$key_{3,2,read}$，$key_{3,2,write}$，$key_{3,2,mem}$，$key_{3,2,recv}$，$key_{3,2,send}$。因此，这所有的因子中值最大的为关键的资源因子：

$$KeyResource = \max\{key_{3,j,m}\} \qquad (8-27)$$

注：j 的取值为 1，2；m 的取值为 cpu，read，write，mem，recv，send。

KeyResource 所对应的资源 m 是让该虚拟机成为状态 $C=3$ 贡献最大的因子，而 $C=3$ 为虚拟机过载的状态，也就是说该资源是系统的瓶颈资源，即系统中该资源是缺少的，因此可以适当增加该种资源来提高系统性能，从而达到提高资源使用效率，提升服务质量的目的。

基于关键资源因子的虚拟机动态调整

应用关键的资源，可以进行动态调整影响系统性能或资源使用效率的关键资源，具体方法如下：

1. 根据预测的应用服务响应时间，来判断虚拟机的状态，当虚拟机状态为正常时，不做任何操作；当虚拟机状态为低载时，转到步骤 2；当虚拟机资源为过载时，转到步骤 3。

2. 此时虚拟机处于低载状态，根据公式（8-22）计算出虚拟机的主要空闲资源，并进行该空闲资源的回收，以减少资源的浪费。

3. 此时虚拟机处于过载状态，根据公式（8-27）计算出虚拟机的关键瓶颈资源，并对相应的关键资源动态增加，以保证服务质量。

YUNJISUANJIENENG

YUZIYUANDIAODU

实验结果与分析

应用识别模型的验证

本章的实验环境基于CloudStack4.0云计算平台，搭建了一个小型的云计算系统，实验环境配置同第五章，参数如表5-1。

为了验证前面提出的模型，通过大量实验来进行验证。其中针对CPU密集型应用的各参数阈值，通过大量的实验得到如下：CPUusr=80%，CPUsys=1%，CPUwait=1%，CPUread=20 kB/s，CPUwrite=20 kB/s，CPUrecv=10 kB/s，CPUsend=10 kB/s，CPUcsw=1 000number/s，CPUint=500number/s；针对IO密集型应用的各参数阈值如下：IOusr=5%，IOsys=10%，IOwait=80%，IOreadwrite=1 MB/s，IOrecv=10 kB/s，IOsend=10 kB/s，IOcsw=5 000number/s，IOint=2 000number/s；针对网络密集型应用的各参数阈值如下：NETusr=1%，NETsys=1%，NETwait=1%，NETread=20 kB/s，NETwrite=20 kB/s，NETrecvsend=100 kB/s，NETcsw=1 000number/s，NETint=500number/s。使用给出的模型对典型的应用类型进行分类，以验证模型的有效性。

实验一：使用sysbench运行并计算20 000以内的全部素数，持续30 s，监控其30 s的资源使用情况。众所周知，该类应用为CPU密集型应用，使用模型对该应用进行分类验证。使用Linux

监测工具 dstat 进行资源监控，并根据 dstat 最终得到的数据提取出九元组（Usr，Sys，Wait，Read，Write，Recv，Send，Csw，Int）。实验数据如下。

图 8-3～图 8-5 的数据表明，CPU 的 sys 很高，接近于 1，而且较为平稳，而 sys 和 wait 所占百分比则很低，接近于 0，也较为平稳。

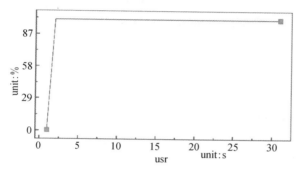

图 8-3　usr 占用 CPU 百分比随时间变化

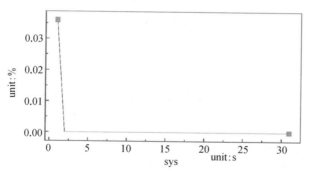

图 8-4　sys 占用 CPU 百分比随时间变化

图 8-6 的数据表明，该应用从硬盘读取数据的速度基本为 0，也就是说该类应用基本不需要从硬盘读取数据。图 8-7 的数据表明，写入硬盘的速度平均在 10 KB/s 左右，也就是说写入硬盘的速度很小，可以忽略不计，主要是监控程序记录系统运行状态造成的。

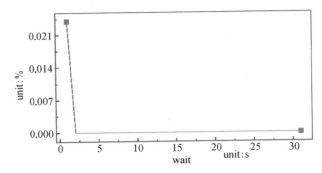

图 8-5　wait 占 CPU 百分比随时间变化

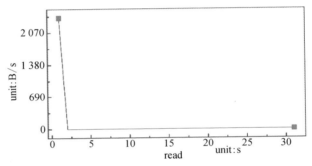

图 8-6　每秒从硬盘读取速度随时间变化

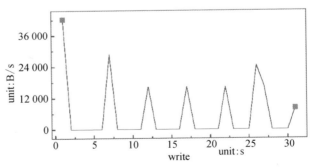

图 8-7　每秒向硬盘写入速度随时间变化

　　图 8-8 的数据表明，网络的接收速度也很小，大概在 30 B/s 左右。图 8-9 的数据表明，网络的发送速度基本为 0。因此可以看到该类应用的网络接收和发送的速度都很小。

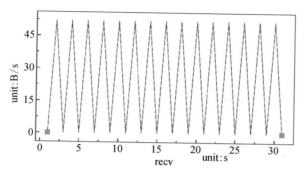

图 8-8　网络每秒接收速度随时间变化

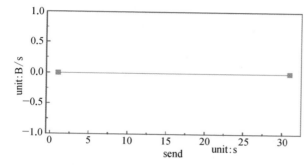

图 8-9　网络每秒发送速度随时间变化

从图 8-10、图 8-11 的数据可以看出，上下文切换的次数大概在 56 次每秒，而中断数在 250 次每秒左右。可以看出，该类应用的上下文切换和中断数很低。

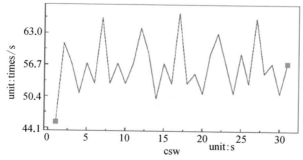

图 8-10　每秒上下文切换数随时间变化

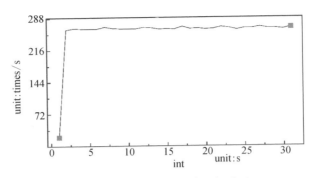

图 8-11　每秒中断数随时间变化

根据以上参数得到九元组（Usr，Sys，Wait，Read，Write，Recv，Send，Csw，Int）和得到的阈值信息，进行如下分析：

Usr：usr > 80%，说明该应用使用大量 CPU 资源。

Sys：sys < 1%，说明系统所占用 CPU 资源很少。

Wait：wait < 1%，说明 CPU 基本不需等待 IO 等其他慢速设备。

Read：read < 20 kB/s，说明该应用的 IO 读操作很少，这些操作是监控程序所引起的。

Write：write < 20 kB/s，说明该应用的 IO 写操作很少，这些操作是监控程序所引起的。

Recv：recv < 10 kB/s，说明该应用的网络接收数据很少，这些操作是监控程序所引起的。

Send：send < 10 kB/s，说明该应用的网络发送数据很少，这些操作是监控程序所引起的。

Csw：csw < 1 000 次 / 秒，说明该应用不需要大量的上下文切换。

Int：int < 500 次 / 秒，说明该应用不会产生大量的中断。

将以上九元组按照识别步骤的方法进行类型判别，该九元组符合公式（8-1），不符合公式（8-2）和（8-3），判断该应用为 CPU 密集型，说明提出的模型可以正确判别 CPU 密集型应用。

实验二：进行 FTP 大文件下载实验，下载单个 2 GB 大小的文件，持续 30 s，监控其 30 s 内的资源使用情况。众所周知，该类用应为 IO 密集型应用，使用模型对该应用进行分类验证。使用 Linux 监测工具 dstat 进行资源监控，并根据 dstat 最终得到的数据提取出九元组（Usr，Sys，Wait，Read，Write，Recv，Send，Csw，Int）。实验数据如下：

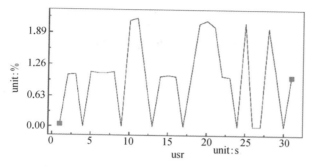

图 8-12　usr 占用 CPU 百分比随时间变化

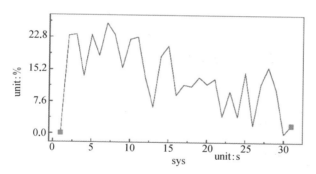

图 8-13　sys 占用 CPU 百分比随时间变化

从图 8-12～图 8-14 中可以看出，该类应用的 usr 很低，平均为 1.9%，sys 平均为 14%，而 wait 值很高，平均大约为 81% 左右，也就是说该类应用会让 CPU 长时间等待。

从图 8-15 中可以看出，该类应用的读取速度基本为 0，这是因为实验测试的是向磁盘写文件，因此读取速度很小。图 8-16 表明，该类应用在对硬盘进行大量的写操作，平均速度在 74 MB/s。

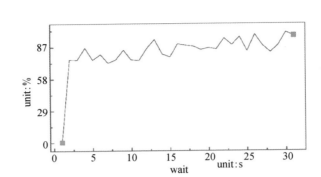

图 8-14　wait 占 CPU 百分比随时间变化

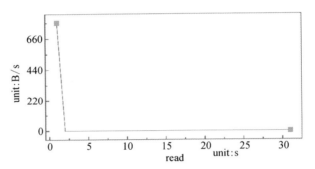

图 8-15　每秒从硬盘读取速度随时间变化

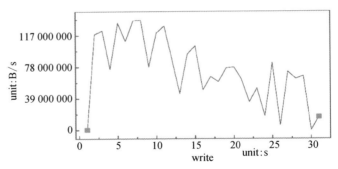

图 8-16　每秒向硬盘写入速度随时间变化

从图 8-17、图 8-18 的数据可以看出，该类应用的平均网络接收速度为 60 B/s，网络的发送速度基本为 0，因此该类应用的网络接收速度和发送速度很小，可以忽略不计。

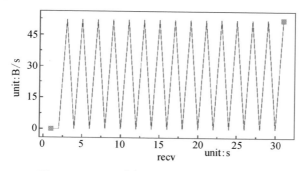

图 8-17 网络每秒接收速度随时间变化

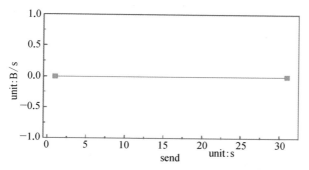

图 8-18 网络每秒发送速度随时间变化

图 8-19、图 8-20 的数据表明，上下文切换次数平均每秒 14 200 次，中断数平均每秒 4 800 次，因此该类应用上下文切换数和中断数都很高。

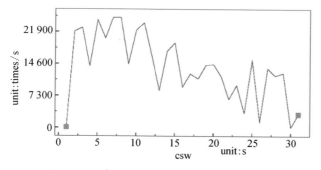

图 8-19 每秒上下文切换数随时间变化

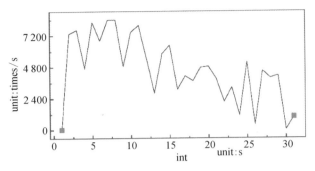

图 8-20　每秒中断数随时间变化

根据以上参数得到九元组（Usr，Sys，Wait，Read，Write，Recv，Send，Csw，Int）和得到的阈值，进行如下分析：

Usr：usr < 5%，说明该应用基本不消耗大量 CPU 资源。

Sys：sys > 10%，说明系统占用一定 CPU 资源。

Wait：wait > 80%，说明 CPU 需大量等待 IO 等其他慢速设备。

Read+Write：（read+write）> 1 MB/s，说明该应用需要大量从磁盘读取或者写入数据。

Recv：recv < 10 KB/s，说明该应用的网络接收数据很少。

Send：send < 10 KB/s，说明该应用网络发送数据很少。

Csw：csw > 5 000 次 / 秒，说明该应用需要大量的上下文切换。

Int：int > 2 000 次 / 秒，说明该应用要产生大量的中断。

将以上九元组按照识别步骤的方法进行类型判别，该九元组符合公式（8-2），不符合公式（8-1）和（8-3），判断该应用为 IO 密集型，说明上文给出的模型可以正确的判别 IO 密集型应用。

实验三：进行网络爬虫应用实验，对校园网进行 30s 的爬取，并监控 30s 内的资源使用情况。众所周知该类用应为网络密集型应用，使用模型对该应用进行分类验证。使用 Linux 监测工具 dstat 进行资源监控，并根据 dstat 最终得到的数据提取出九元组（Usr，Sys，Wait，Read，Write，Recv，Send，Csw，Int）。实验结果如下。

图 8-21～图 8-23 的数据表明，usr 很低，平均为 0.58%，sys 也很低，平均 0.64%，wait 基本为 0，所以该类应用基本不消耗 CPU 资源。

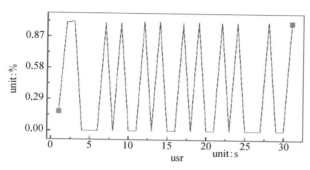

图 8-21　usr 占用 CPU 百分比随时间变化

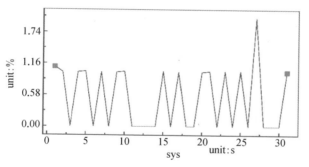

图 8-22　sys 占用 CPU 百分比随时间变化

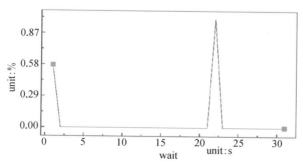

图 8-23　wait 占 CPU 百分比随时间变化

图 8-24、图 8-25 的数据表明，read 和 write 的平均速度基本为 0，说明该类应用基本不访问硬盘，对 IO 资源占用很少。

图 8-26、图 8-27 的数据表明，网络平均接收速度 450 kB/s，平均发送速度 120 kB/s，表示该类应用需要占用一定的网络资源。

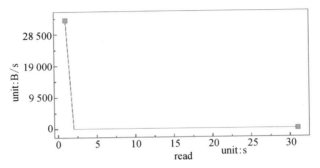

图 8-24　每秒从硬盘读取速度随时间变化

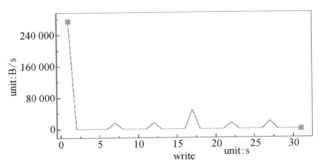

图 8-25　每秒向硬盘写入速度随时间变化

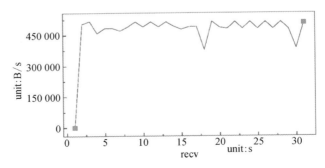

图 8-26　网络每秒接收速度随时间变化

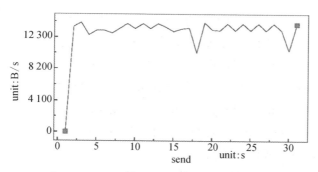

图 8-27　网络每秒发送速度随时间变化

图 8-28、图 8-29 的数据表明，上下文切换平均每秒 600 次，中断数平均每秒 300 次，上下文切换和中断数目都不是很高。

根据以上参数得到九元组（Usr，Sys，Wait，Read，Write，Recv，Send，Csw，Int）和得到的阈值，进行如下分析：

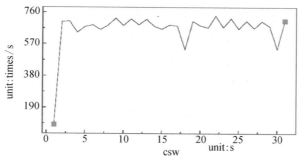

图 8-28　每秒上下文切换数随时间变化

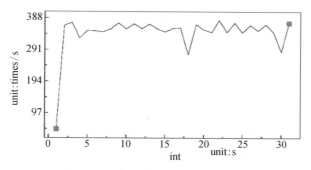

图 8-29　每秒中断数随时间变化

Usr：usr ＜ 1%，说明该应用基本不使用 CPU 资源。

Sys：sys ＜ 1%，说明系统所占用 CPU 资源很少。

Wait：wait ＜ 1%，说明 CPU 不需等待 IO 等其他慢速设备。

Read：read ＜ 20 kB/s，说明该应用的 IO 读操作很少。

Write：write ＜ 20 kB/s，说明该应用的 IO 写操作很少。

Recv+Send：（recv+send）＞ 100 kB/s，说明该应用需要从网络上大量发送或接收数据。

Csw：csw ＜ 1 000 次 / 秒，说明该应用不需要大量的上下文切换。

Int：int ＜ 500 次 / 秒，说明该应用不会产生大量的中断。

将以上九元组按照识别步骤的方法进行类型判别，该九元组符合公式（8-3），不符合公式（8-1）和（8-2），判断该应用为网络密集型，说明提出的模型可以正确判别网络密集型应用。

通过上述实验表明，上文给出的模型可以准确识别出 CPU 密集型应用、IO 密集型应用和网络密集型应用。同时也做了大量其他的 CPU 密集型、IO 密集型和网络密集型的实验，使用的模型进行分类的结果如下：

表 8-1　分类结果

测　试　应　用	实际应用类型	测试样本数	模型分类准确率
矩阵计算	CPU 密集型	500	98.6%
计算 π	CPU 密集型	500	97.4%
ftp 文件上传	IO 密集型	500	96.6%
NetPIPE（协议无关的网络性能测试工具）	网络密集型	500	98.2%

（注：上文的 500 次试验在参数选择的时候是不同的，比如矩阵计算的维度，π 的长度等）

根据分类结果表可以看出，使用应用识别模型能较好地对云平台下的 CPU 密集型、IO 密集型、网络密集型应用进行分类识别，识别准确率达 96% 以上。

典型应用调度策略验证

CPU 密集型应用调度策略验证

　　为了验证提出的 CPU 密集型应用调度策略，实验中选取了普遍被大家认可的 CPU 密集型应用（使用 sysbench 计算 2 万以内的素数）来进行验证。由于是 CPU 密集型应用，为了验证其基于机器状态的 CPU 密集型应用调度模型的准确性，选择了不同核数的虚拟机来进行验证，虚拟机使用 Ubuntu12.04 系统、2 GB 内存、50 GB 硬盘，除 CPU 核数不同之外，其他配置都相同。此处选取了 1 核、2 核和 4 核虚拟机来并行运行 CPU 密集型应用。

　　1. 基于机器状态的 CPU 密集型应用调度模型验证

　　在 1、2 和 4 核虚拟机上分别并行运行 1 到 10 个 CPU 密集型应用，即并行运行 sysbench 计算 2 万以内的素数。得到并行叠加的应用的执行时间如下：

表 8-2　CPU 密集型应用叠加实验结果表

应用执行时间（s）	并行叠加的应用个数									
	1	2	3	4	5	6	7	8	9	10
1 核	24.359	48.843	73.161	97.498	121.837	146.008	171.048	194.967	219.173	243.386
2 核	24.301	24.384	37.064	48.866	60.996	73.198	85.193	97.817	109.671	122.224
4 核	24.314	24.442	25.108	25.885	33.216	38.538	45.550	51.798	58.437	64.607

　　使用 CPU 密集型应用的叠加实验结果进行绘图，如图 8-30 所示。

　　图 8-30 中，给出了在 1、2 和 4 核虚拟机上，并行叠加 1 到 10 个 CPU 密集型应用所消耗的时间值。使用应用执行时间预测模型对应用的执行时间给出了预测，并将预测结果绘制在图中，可以看出，对于 1、2 和 4 核虚拟机而言，预测结果和实验结果基本重合，说明预测结果有很高的准确率，这说明了预测模型的准确性。

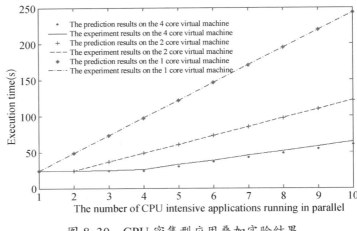

图 8-30　CPU 密集型应用叠加实验结果

通过对实验数据的分析，也可以验证 CPU 密集型应用的调度方法的正确性。在这里，取容忍系数 $\alpha_1=2$。

表 8-3　CPU 密集型应用叠加实验执行时间比较

应用执行时间（s）	并行叠加的应用个数									
	1	2	3	4	5	6	7	8	9	10
1 核	1	2.005	3.003	4.002	5.002	5.994	7.022	8.0039	8.997	9.992
2 核	1	1.003	1.525	2.011	2.510	3.012	3.506	4.025	4.513	5.029
4 核	1	1.005	1.032	1.065	1.366	1.585	1.873	2.130	2.403	2.657

对于 CPU 密集型应用，使用式（8-8）可以得到对应 1、2、4 核虚拟机可以叠加的阈值 $N_{opt,\ \alpha=1}$ 是 1，2，4，$N_{opt,\ \alpha=2}$ 是 2，4，8。如果叠加的 CPU 密集型应用的个数小于等于 $N_{opt,\ \alpha=1}$，CPU 密集型应用的执行效率最高，执行时间最短，但是这会造成严重的资源浪费。如果叠加的应用个数在 $N_{opt,\ \alpha=1}$ 和 $N_{opt,\ \alpha=2}$ 之间，虽然执行时间会稍微增加一些，但是其应用的执行效率依然较高，其服务质量依然在可以接受的范围内。如果 CPU 密集型应用的个数超过最大的阈值 $N_{opt,\ \alpha=2}$，则应该重新启动虚拟机或者服务器，并把该应用放置在上面，以提高应用的执行效率，缩短应用的执行时间。

对于 1 核虚拟机，其阈值 $N_{opt, \alpha=1}=1$，$N_{opt, \alpha=2}=2$。从表 8-3 中可以看出，当 CPU 密集型应用的个数为 1 时，应用执行效率最高，花费时间最短。当 CPU 密集型应用个数为 2 时，应用执行时间增加了 100.5%。当 CPU 密集型应用的个数大于 2，比如为 3 时，应用执行时间增加 200.3%。在某种程度上，这意味着执行效率降低了 66.7%。在这种情况下，对于新的 CPU 密集型应用，为了保证应用的执行效率，应该将应用放置在别的虚拟机上。

对于 2 核虚拟机，其阈值 $N_{opt, \alpha=1}=2$，$N_{opt, \alpha=2}=4$。可以看出，当叠加的 CPU 密集型应用的个数小于等于 2 时，应用执行时间基本最短。比如，当 CPU 密集型应用的个数为 2 时，执行时间只增加了 0.3%，但是这时会造成资源的浪费。当 CPU 密集型应用个数大于 2 小于等于 4 时，应用的执行时间增加了一些，但是还在可以接受的范围内。从表 8-4 中可以看到，当 CPU 密集型应用的个数为 3 时，应用执行时间增加了 52.5%。当 CPU 密集型应用的个数为 5 时，应用执行时间增加 151%，执行时间增加了很多。随着叠加的应用的个数增加，执行时间变得越来越长。在这种情况下，为了保证 CPU 密集型应用的执行效率和服务质量，应该将应用放置在别的虚拟机上。对于 4 核虚拟机，其阈值 $N_{opt, \alpha=1}=4$，$N_{opt, \alpha=2}=8$。可以看出，当叠加的 CPU 密集型应用的个数为 2、3、4 时，应用的执行效率只增加了 0.5%、3.2% 和 6.5%，此时可以认为其执行时间最短，但是这时会造成资源的浪费。当 CPU 密集型应用个数大于 4 小于等于 8 时，应用的执行时间增加了一些，但是还在可以接受的范围内。比如当 CPU 密集型应用的个数为 5 时，应用执行时间增加了 36.6%。当 CPU 密集型应用的个数大于 8 时，比如当 CPU 密集型应用个数为 9 时，应用执行时间增加 140.3%，增加幅度很大。随着叠加的应用的个数增加，执行时间变得越来越长。在这种情况下，为了保证 CPU 密集型应用的执行效率和服务质量，应该将应用放置在别的虚拟机上。

2. 基于优先级的 CPU 密集型应用的调度方法验证

在 1、2、4 核虚拟机上做了大量的实验进行验证。实验中选取容忍系数 $\alpha=2$，因此对于 1、2、4 核虚拟机其 N_{opt} 分别为 2、4、

8。在默认策略和上文给出的策略下，并行运行 N_{opt} 个 CPU 密集型应用，应用执行时间如下：

表 8-4　1 核虚拟机上 CPU 密集型应用运行时间

（单位：秒）

策略类型	应用 1 完成时间	应用 2 完成时间	应用完成总时间
默认策略	48.549	48.352	96.901
的策略	24.540	48.504	73.044

表 8-5　2 核虚拟机上 CPU 密集型应用运行时间

（单位：秒）

策略类型	应用 1 完成时间	应用 2 完成时间	应用 3 完成时间	应用 4 完成时间	应用完成总时间
默认策略	48.549	48.589	48.628	48.622	194.388
给出策略	24.352	26.991	46.721	50.699	148.763

表 8-6　4 核虚拟机上 CPU 密集型应用运行时间

（单位：秒）

策略类型＼完成时间	应用 1	应用 2	应用 3	应用 4	应用 5	应用 6	应用 7	应用 8	总时间
默认策略	51.552	51.562	51.630	51.667	51.684	51.697	51.686	51.712	413.190
给出策略	25.879	26.045	26.578	37.746	44.230	48.945	55.628	57.509	322.560

　　图 8-31 表示的是使用默认策略和上文给出的策略在 1 核虚拟机上同时运行 2 个 CPU 密集型应用所消耗时间的对比图。从图中可以看出，对于应用 1 来说，使用本章所给出的策略其时间大约是默认策略的一半，即执行时间缩短 50%。对于应用 2 来说，使用本章提出的策略和默认策略效果相当。从总的完成时间来看，上文给出的策略明显优于默认策略，其执行总时间缩短约 24.6%。

　　图 8-32 表示的是使用默认策略和本章所给出的策略在 2 核虚拟机上同时运行 4 个 CPU 密集型应用所消耗时间的对比图。从图中可以看出，对于应用 1 和 2 来说，使用本章所给出的策略其时

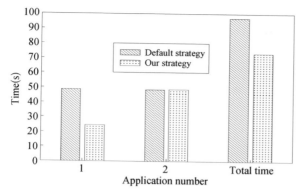

图 8-31 1 核虚拟机上 CPU 密集型应用运行时间对比

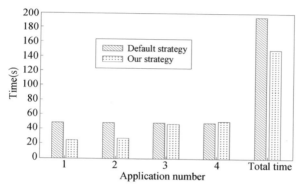

图 8-32 2 核虚拟机上 CPU 密集型应用运行时间对比

间大约是默认策略的一半，即执行时间缩短 50%。对于应用 3 和 4 来说，使用给出的策略和默认策略效果相当。从总的完成时间来看，给出的策略明显优于默认策略，其执行总时间缩短约 23.5%。

图 8-33 表示的是使用默认策略和本章所给出的策略在 4 核虚拟机上同时运行 8 个 CPU 密集型应用所消耗时间的对比图。从图中可以看出，对于应用 1、2 和 3 来说，使用给出的策略其时间大约是默认策略的一半，即执行时间缩短 50%。对于应用 4 来说，使用本章所给出的策略比默认策略时间缩短约 27%。对于应用 5、6、7 和 8 来说，使用本章给出的策略和默认策略效果相当。从总的完成时间来看，给出的策略明显优于默认策略，其执行总时间缩短约 21.9%。

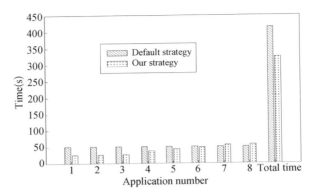

图 8-33　4 核虚拟机上 CPU 密集型应用运行时间对比

根据上述实验，验证了提出的模型对 CPU 密集型应用的有效性。

IO 密集型应用调度策略验证

为了验证提出的基于应用大小感知的调度策略，实验选取了普遍被大家认可的公认的 IO 密集型应用来进行验证。实验环境使用 1 核虚拟机来运行 IO 密集型应用。其中 IO 密集型应用选取的是 linux 下面的 dd 方法让其在本地生成不同大小的文件。

在默认策略和本章提出的基于大小感知的策略下，在 1 核虚拟机上观测使用 dd 命令生成 256 MB 文件所用时间，同时生成 256 MB 和 512 MB 文件所用时间，同时生成 256 MB、512 MB 和 1 024 MB 文件所用时间。得到的实验结果如下：

表 8-7　创建 256 MB 大小的文件所需时间

策　略　类　型	256 MB 所需时间（s）
默认策略	21.136
给出策略	20.921

表 8-8　同时创建 256 MB 和 512 MB 文件所需时间

策　略　类　型	256 MB 所需时间（s）	512 MB 所需时间（s）
默认策略	44.005	59.202
给出策略	35.874	60.961

表 8-9 同时创建 256 MB、512 MB 和 1 024 MB 文件所需时间

策略类型	256 MB 所需时间（s）	512 MB 所需时间（s）	1 024 MB 所需时间（s）
默认策略	80.125	106.948	145.866
给出策略	55.309	99.859	147.786

图 8-34 表示的是使用不同策略创建 256 MB 文件所需要的时间，从图 8-34 可以看出当创建单个文件时，使用本章给出的策略和默认策略，其所需的时间大致相当。对于单个文件来说，不论使用何种策略，其资源是被独占的，因此所给出的策略和默认策略效率相当。

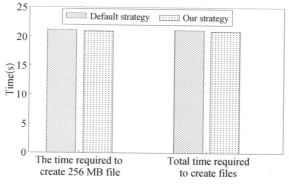

图 8-34 使用不同策略创建 256 MB 文件消耗的时间

图 8-35 表示使用默认策略和本章所给出策略同时创建 256 MB 文件和 512 MB 文件所需要的时间。从图中可以看出，创建 256 MB 文件时，使用给出策略所需的时间明显低于默认策略，时间减少约 8 s，执行时间较默认策略缩短 18%。对于创建的 512 MB 文件，使用默认策略和给出策略使用的时间差不多，两者仅相差 1 s。使用给出策略创建文件的总时间也明显低于默认策略，时间缩短约 6 s，为默认策略创建文件总时间的 6%。可以看出，由于给出策略有效减少了应用之间的切换，进而相对于默认的策略可以有效地缩短时间。

图 8-36 表示使用默认策略和给出策略同时创建 256 MB、

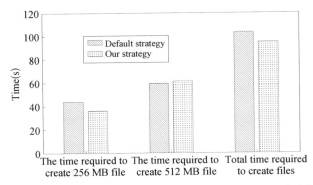

图 8-35　使用不同策略同时创建 256 MB 和 512 MB 文件消耗的时间

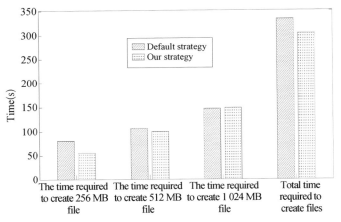

图 8-36　使用不同策略同时创建 256 MB、512 MB 和 1 024 MB 文件
消耗的时间

512 MB 和 1 024 MB 文件所需要的时间。从图中可以看出，创建 256 MB 文件时，使用给出策略所需的时间明显低于默认策略的，时间减少约 25 s，执行时间较默认策略缩短 31%。对于创建的 512 MB 文件，使用给出策略所需要的时间也比默认策略的少，时间减少约 7 s，执行时间较默认策略的缩短 6%。对于创建 1 024 MB 文件，使用默认策略和给出策略使用的时间差不多，两者仅相差 2 s。使用给出策略创建文件的总时间也明显低于默认策略，时间缩短约 30 s，约为默认策略创建文件总时间的 9%。可以看出在多个应用同时竞争资源时，由于给出策略对不同的应用分

配不同的资源权重，因此有效地减少了应用之间的切换，进而相对于默认的策略可以有效地缩短时间。

可以看出，使用本章给出策略可以有效缩短小应用的执行时间，而对于大应用，其执行时间基本不变，所以从总的执行时间上看，使用给出策略可以有效缩短 IO 密集型应用执行时间，提高 IO 密集型应用的执行效率。

网络密集型应用调度策略验证

在默认策略和给出策略下，在 1 核虚拟机上测试使用 Socket 传输 256 MB 文件所用时间，同时传输 256 MB 和 512 MB 文件所用时间，同时传输 256 MB、512 MB 和 1 024 MB 文件所用时间。（注：为了摒弃写入磁盘 IO 的影响，在接收端并不进行数据写入磁盘，而是直接丢弃。实验时网络带宽约 3 MB/s 左右）得到实验结果如下：

表 8-10　传输 256 MB 大小的文件所需时间

策 略 类 型	256 MB 所需时间（s）
默认策略	82.642
的策略	82.972

表 8-11　同时传输 256 MB 和 512 MB 两个文件所需时间

策 略 类 型	256 MB 所需时间（s）	512 MB 所需时间（s）
默认策略	156.968	239.110
的策略	122.925	237.456

表 8-12　同时传输 256 MB、512 MB 和 1 024 MB 文件所需时间

策略类型	256 MB 所需时间（s）	512 MB 所需时间（s）	1 024 MB 所需时间（s）
默认策略	230.021	389.907	555.940
的策略	184.002	347.291	569.650

图 8-37 表示的是使用不同策略传输 256 MB 文件所需要的时间。从图 8-37 可以看出当传输单个文件时，使用两种策略所需的时间大致相当。对于单个文件来说，不论使用何种策略，其资源

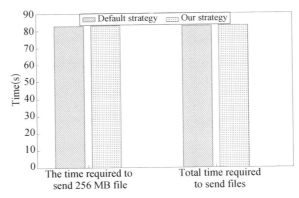

图 8-37　使用不同策略传输 256 MB 文件消耗的时间

都是被应用独占的，因此两种策略效率相当。

　　图 8-38 表示使用默认策略和给出策略同时传输 256 MB 文件和 512 MB 文件所需要的时间。从图中可以看出，传输 256 MB 文件时，使用给出策略所需的时间明显低于默认策略的，时间减少约 34 s，执行时间较默认策略的缩短 21.6%。对于传输 512 MB 文件，使用两种策略时间差不多，两者仅相差 2 s。使用给出策略传输文件的总时间也明显低于默认策略的，时间缩短约 36 s，约为默认策略传输文件总时间的 9%。可以看出，由于给出策略有效减少了应用之间的切换，进而相对于默认的策略可以有效地缩短时间。

　　图 8-39 表示使用默认策略和给出策略同时传输 256 MB、

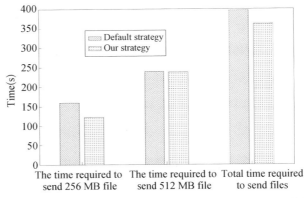

图 8-38　使用不同策略同时传输 256 MB 和 512 MB 文件消耗的时间

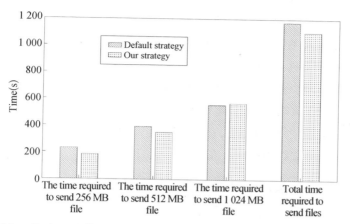

图 8-39　使用不同策略同时传输 256 MB、512 MB 和 1 024 MB 文件消耗的时间

512 MB 和 1 024 MB 文件所需要的时间。从图中可以看出，传输 256 MB 文件时，使用给出策略所需的时间明显低于默认策略的，时间减少约 46 s，执行时间较默认策略的缩短 20%。对于传输 51 MB 文件，使用给出策略所需要的时间也比默认策略的少，时间减少约 42 s，执行时间较默认策略的缩短 11%。对于传输 1 024 MB 文件，使用给出策略比使用默认策略使用的时间多 14 s，执行时间增加约 2.5%。不过，从传输文件的总时间看，给出策略也明显短于默认策略，时间缩短约 74 s，约为默认策略传输文件总时间的 6%。可以看出在多个应用同时竞争资源时，由于给出策略对不同的应用分配不同的资源权重，因此有效减少了应用之间的切换，进而相对于默认的策略可以有效地缩短时间。

综上可以看出，使用给出策略可以有效缩短小应用的执行时间，而对于大应用，其执行时间基本不变，所以从总的执行时间上看，使用给出策略可以有效地缩短网络密集型应用执行时间，提高网络密集型应用的执行效率。

混合类型应用调度策略验证

为了验证混合类型应用的调度策略，选择文件传输应用来进行策略验证，该应用是一种网络类型和 IO 类型混合的应用。新建虚拟机 A 和 B，配置均为 1 核 1 GB 内存 50 GB 硬盘，使用 SCP 从 A 传输文件到 B。首先检查应用的类型，判断其为 IO 和网络密集型应用，然后对该应用使用 IO 调度策略和网络调度策略以及混合调度策略。（注：此处的文件传输不同于上文的网络调度传输，本实验使用 scp 方法并且传输过去的文件实际写入磁盘，实验时网络带宽约 10 MB/s 左右）实验结果如下：

表 8-13　传输 256 MB 大小的文件所需时间

策 略 类 型	传输 256 MB 文件所需时间（s）
默认策略	30.189
IO 调度策略	31.267
网络调度策略	30.593
混合调度策略	29.998

表 8-14　同时传输 256 MB 和 512 MB 两个文件所需时间

策 略 类 型	256 MB 所需时间（s）	512 MB 所需时间（s）
默认策略	58.328	109.587
IO 调度策略	48.412	111.996
网络调度策略	47.662	110.873
混合调度策略	43.163	110.528

表 8-15　同时传输 256 MB、512 MB 和 1 024 MB 文件所需时间

策略类型	256 MB 所需时间（s）	512 MB 所需时间（s）	1 024 MB 所需时间（s）
默认策略	89.985	152.639	245.998
IO 调度策略	71.988	132.134	247.524
网络调度策略	68.728	134.322	248.116
混合调度策略	62.269	125.842	252.886

图 8-40 给出的是使用不同策略传输 256 MB 文件所需要的时间。从图 8-40 可以看出当传输单个文件时，不论是使用默认策略、IO 调度策略、网络调度策略还是混合应用调度策略，其所需

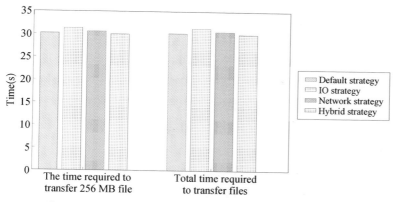

图 8-40 使用不同策略传输 256 MB 文件消耗的时间

的时间大致相当。这是因为，只有一个文件传输，所有的资源都被该应用占用，因此，不论使用何种策略，对于单个文件，其消耗的时间大致相当。

图 8-41 表示使用默认策略、IO 调度策略、网络调度策略和混合应用调度策略同时传输 256 MB 文件和 512 MB 文件所需要的时间。从图中可以看出，传输 256 MB 文件时，使用默认策略所需的时间最长，明显高于其他 3 种策略的，使用 IO 调度策略和网络调度策略，其所需要的时间相当，要优于默认策略，不过总体来说，使用混合调度策略需要的时间最短。这是因为，不论使用IO 调度策略、网络调度策略还是混合调度策略，都可以在一定程

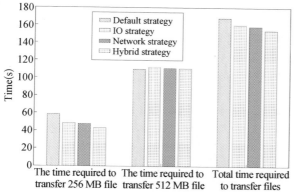

图 8-41 使用不同策略同时传输 256 MB 和 512 MB 文件消耗的时间

度上减少应用之间的竞争所带来的时间开销，因此使用这些策略的时间会缩短。混合调度策略所需要的时间较默认策略的减少约15 s，约为默认策略传输文件总时间的25%。对于传输512 MB文件，不论使用何种策略，其需要的时间都差不多。从总时间来看，混合调度策略传输文件的总时间也明显低于其他策略的，较默认策略时间减少约8%，较IO调度策略时间减少约3.9%，较网络调度策略时间减少约2.8%。

图8-42表示使用默认策略、IO调度策略、网络调度策略和混合应用调度策略同时传输256 MB、512 MB和1 024 MB文件所需要的时间。从图中可以看出，传输256 MB文件时，使用默认策略所需的时间最长，明显高于其他3种策略的，使用IO调度策略和网络调度策略，其所需要的时间相当，都比默认策略所需时间短，使用混合调度策略需要的时间最短。不论使用IO调度策略、网络调度策略还是混合调度策略，都可以在一定程度上减少应用之间的竞争所带来的时间开销，因此使用这些策略的时间会缩短。混合调度策略所需要的时间较默认策略的减少约27 s，约为默认策略传输文件总时间的30%。传输512 MB文件时，使用默认策略所需的时间最长，明显高于其他3种策略的，使用IO

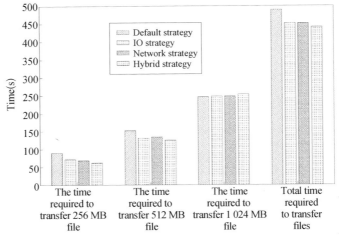

图 8-42　使用不同策略同时传输 256 MB、512 MB 和 1 024 MB 文件消耗的时间

调度策略和网络调度策略，其所需要的时间相当，使用混合调度策略需要的时间最短。混合调度策略所需要的时间较默认策略的减少约 26 s，约为默认策略传输文件总时间的 17%。对于传输 1 024 MB 文件，不论使用何种策略，其需要的时间都差不多。从总时间来看，混合调度策略传输文件的总时间也明显低于其他策略的，较默认策略时间减少约 9%，较 IO 调度策略时间减少约 2.3%，较网络调度策略时间减少约 2.2%。

基于应用负载的虚拟机资源动态调整策略验证

为了验证负载预测方法和虚拟机动态调度方法，实验使用 httping 工具来对系统进行请求，以方便得到系统服务响应时间，使用 Linux 监测工具 dstat 来监控系统运行过程中的资源使用情况，通过对比使用给出策略和未使用给出策略的响应时间，来验证策略的有效性。

从图 8-43 至图 8-48 中可以看出，对于 CPU、磁盘读取、磁盘写入、内存、网络接收和网络发送这些系统资源，预测值和实际观察的资源使用值基本相同，验证了预测方法的有效性与正确性。

图 8-49 表示的是随着负载逐渐加大直到过载时，使用给出策略和不使用给出策略对应的响应时间对比图。从图中可以看出，

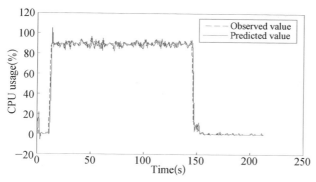

图 8-43　CPU 资源利用率预测结果

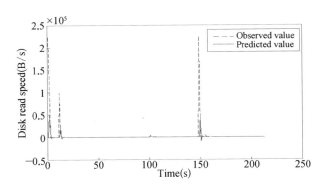

图 8-44　磁盘读取速度预测结果

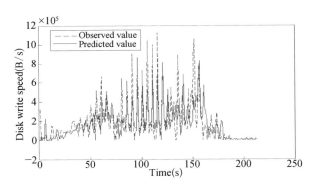

图 8-45　磁盘写入速度预测结果

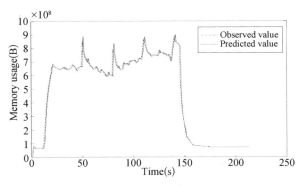

图 8-46　内存使用率预测结果

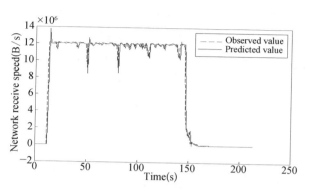

图 8-47　网络接收速度预测结果

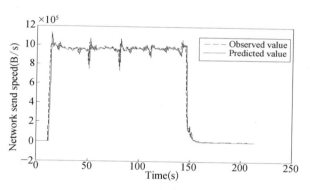

图 8-48　网络发送速度预测结果

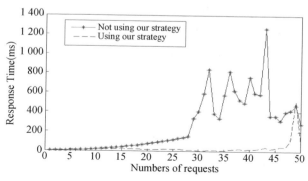

图 8-49　负载逐渐增大时的响应时间对比

一开始的时候，由于系统的负载较低，两种方法对应的响应时间基本相同。但是随着请求数量的不断增加，即系统负载的不断增加，不使用给出策略的方法对应的响应时间急剧增加，这会严重降低服务质量。相比较而言，使用给出策略的方法对应的响应时间则大致保持平稳。除此之外，从图中可以看出，使用给出策略其响应时间明显低于不使用给出策略的响应时间，保证了服务质量。

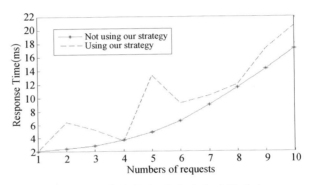

图 8-50   负载较小时的响应时间对比

图 8-50 表示的是负载较小时，使用给出策略和不使用给出策略对应的响应时间对比。从图中可以看出，使用给出策略的响应时间比不使用给出策略的响应时间略大，但是两种的值大致差不多，都在可接受的范围内。不过，使用给出策略可以回收一些资源，减少资源和能耗的浪费。因此，为了减少资源和能源的浪费，提升资源使用效率，给出策略仍然具有一定的优势。

云计算节能与资源调度

参考文献

［ 1 ］Foster I, Zhao Y, Raicu I, et al. Cloud computing and grid computing 360-degree compared. Grid Computing Environments Workshop（GCE'08）, 2008, 1–10.

［ 2 ］Armbrust M, Fox A, Griffith R, et al. A view of cloud computing. Communications of the ACM, 2010, 53（4）: 50–58.

［ 3 ］Dikaiakos M D, Katsaros D, Pallis G, et al. Cloud computing distributed internet computing for IT and scientific research. IEEE Internet Computing, 2009, 5（9）: 10–13.

［ 4 ］Li J D, Zhang W, Peng J J, et al. A carbon 2.0 framework based on cloud computing. In Proceedings of International Conference on Information Systems（ICIS 2010）, 2010, 153–158.

［ 5 ］Buyya R, Yeo C S, Venugopal S, et al. Cloud computing and emerging IT platforms: vision, hype, and reality for delivering computing as the 5th utility. Future Generation Computer Systems, 2009, 25（6）: 599–616.

［ 6 ］Zhang Q, Cheng Lu, Boutaba Raouf. Cloud computing: state-of-the-art and research challenges. Journal of Internet Services and Applications, 2010, 1（1）: 7–18.

［ 7 ］Amazon AWS, http: //aws.amazon.com/.

［ 8 ］Dean J, Ghemawat S, MapReduce: simplified data processing on large clusters. In Proceedings of the 6th Symposium on Operating System Design and Implementation（OSDI 2004）, pp.137–149, 2004.

［ 9 ］Google App Engine, http: //appengine.google.com/.

［10］IBM Blue Cloud, http: //www.ibm.com/cloud-computing/us/en/.

［11］P. Barham，B. Dragovic，K. Fraser et al. Xen and the art of virtualization. In Proceedings of the 19th ACM symposium on Operating systems principles（SOSP'03），pp.164–177, 2003.

［12］Apache Haddop, http：//hadoop.apache.org/.

［13］Muhammad Anan，Nidal Nasser，SLA-Based Optimization of Energy Efficiency for Green Cloud Computing, 2015 IEEE Global Communications Conference（GLOBECOM），2015，1–6.

［14］Seema Rawat，Praveen Kumar，Seemant Sagar，Iqbal Singh，Kartikay Garg，An analytical evaluation of challenges in Green cloud computing，2017 International Conference on Infocom Technologies and Unmanned Systems（Trends and Future Directions）（ICTUS），2017，351–355.

［15］Rochwerger B，Breitgand D，Levy E，et al. The reservoir model and architecture for open federated cloud computing. IBM Journal of Research and Development，2009，53（4）：1–11.

［16］Microsoft Azure，http：//www.microsoft.com/windowsazure/.

［17］VMware vSphere，http：//www.vmware.com/products/vsphere/overview.html/.

［18］Salesforce CRM，http：//www.salesforce.com/.

［19］Nurmi D，Wolski R，Grzegorczyk C，et al. The eucalyptus open-source cloud-computing system. In Proceedings of the 9th IEEE/ACM International Symposium on Cluster Computing and the Grid（CCGrid 2009），2009，124–131.

［20］Zhan J，Wang L，Tu B，et al. Phoenix cloud：consolidating heterogeneous workloads of large organizations on cloud computing platforms. The first Workshop on Cloud Computing and its Applications（CCA 08），2008，1–5.

［21］Zhang Y，Zhou Y，Transparent computing：a new paradigm for pervasive computing. In Proceedings of the 3rd International Conference on Ubiquitous Intelligence and Computing（UIC–06），2006，1–11.

［22］Peng J J，Chen J B，Zhi X F，Qiu M K，Xie X L，Research on application classification method in cloud computing environment，The Journal of Supercomputing，2017，73（8）：3488–3507.

［23］You L J，Peng J J，Chen M，Qiu M K，A Strategy to Improve the Efficiency of IO Intensive Application in Cloud Computing Environment，Journal of Signal Processing Systems，2017，86（3）：149–156.

［24］Peng J J，Dai Y C，Rao Y，Zhi X F，Qiu M K，Modeling for cpu-intensive applications in cloud computing，17th IEEE International

Conference on High Performance Computing and Communications. IEEE HPCC 2015. August 24–26 2015. New York, USA.

［25］陈康，郑纬民. 云计算：系统实例与研究现状. 软件学报，2009，20（5）：1337–1448.

［26］Liu K, Jin H, Chen J, et al. A compromised-time-cost scheduling algorithm in SwinDeW-C for instance-intensive cost-constrained workflows on cloud computing platform. International Journal of High Performance Computing Applications，2010，24（4）：445–456.

［27］Cheng G, Jin H, Zou D, et al. Building dynamic and transparent integrity measurement and protection for virtualized platform in cloud computing. Concurrency and Computation：Practice and Experience，2010，22（13）：1893–1910.

［28］陈海波. 云计算平台可信性增强技术研究. 复旦大学博士学位论文，上海，2009.

［29］吴吉义. 基于 DHT 的开放对等云存储服务系统研究. 浙江大学博士学位论文，杭州，2011.

［30］王庆波，金涬，何乐等. 虚拟化与云计算. 电子工业出版社，北京，2009.10.

［31］张克陂. 云环境下面向节能的虚拟机调度研究. 华东师范大学硕士学位论文，上海，2017.

［32］郑雪纯. 虚拟网络节能方案研究. 南京邮电大学硕士学位论文，南京，2016.

［33］石帅. 云计算环境下的虚拟机节能调度算法研究. 哈尔滨工业大学硕士学位论文，深圳，2014.

［34］李祯龙. 云计算数据中心服务器节能调度研究. 哈尔滨工业大学硕士学位论文，深圳，2016.

［35］Leavitt N, Is cloud computing really ready for prime time?. IEEE Computer, 2009, 42（1）：15–20.

［36］Kurp P, Green computing. Communications of the ACM, 2008, 51（10）：11–13.

［37］使用 OpenStack 实现云计算和存储，http：//www.oschina.net/question/129540_69702.

［38］Berl A, Gelenbe E, Girolamo Di M, et al. Energy-efficient cloud computing. The Computer Journal, 2010, 53（7）：1045–1051.

［39］Lefurgy C, Rajamani K, Rawson F, et al. Energy management for commercial servers. IEEE Computer, 2003, 36（12）：39–48.

［40］桉树云服务环境 Eucalyptus，http：//www.oschina.net/p/eucalyptus.

［41］Srikantaiah S, Kansal A, Zhao F, et al. Energy aware consolidation for cloud computing. In Proceedings of the 2008 conference on Power aware computing and systems, 2008, 1–5.

[42] http://code.google.com/intl/zh-CN/appengine/docs/java/jrewhitelist. html.

[43] https：www.aliyun.com/zixun/content/1_1_1881288.html.

[44] Buyya R, Beloglazov A, Abawajy J, Energy-efficient management of data center resources for cloud computing：a vision, architectural elements, and open vhallenges. In Proceedings of the 2010 International Conference on Parallel and Distributed Processing Techniques and Applications(PDPTA 2010), 2010, 1–12.

[45] Dhiman G, Marchetti G, Rosing T, vGreen：a system for energy efficient computing in virtualized environments. In Proceedings of 14th IEEE/ACM International Symposium on Low Power Electronics and Design(ISLPED'09), 2009, 243–248.

[46] Nathuji R, Schwan K. VirtualPower：coordinated power management in virtualized enterprise systems. In Proceedings of the 21st ACM Symposium on Operating Systems Principles (SOSP'07), 2007, 265–278.

[47] Raghavendra R, Ranganathan P, Talwar V, et al. No "power" struggles：coordinated multi-level power management for the data center. In Proceedings of the 13th International Conference on Architectural Support for Programming Languages and Operating Systems(ASPLOS'08), 2008, 48–59.

[48] Verma A, Ahuja P, Neogi A, Power-aware dynamic placement of HPC applications. In Proceedings of 22nd ACM International Conference on Supercomputing(ICS'08), 2008, 175–184.

[49] Verma A, Ahuja P, Neogi A, pMapper：power and migration cost aware application placement in virtualized systems. Lecture Notes in Computer Science, 2008, 5346, 243–264.

[50] Bobroff N, Kochut A, Beaty K, Dynamic placement of virtual machines for managing SLA violations. In Proceedings of 10th IFIP/ IEEE International Symposium on Integrated Network Management (IM'07), 2007, 119–128.

[51] Cardosa M, Korupolu R. M, Singh A, Shares and utilities based power consolidation in virtualized server environments. In Proceedings of 12th IFIP/IEEE International Symposium on Integrated Network Management(IM'09), 2009, 3279–334.

[52] Stoess J, Lang C, Bellosa F, Energy management for hypervisor-based

virtual machines. In Proceedings of the USENIX Annual Technical Conference (USENIX'07), 2007, 1–14.

[53] Van H N, Tran F D, Menaud J M, Performance and power management for cloud infrastructures. In Proceedings of the 3rd International Conference on Cloud Computing (CLOUD 2010), 2010, 329–336.

[54] Lawson B, Smirni E, Power-aware resource allocation in high-end systems via online simulation. In Proceedings of the 19th ACM International Conference on Supercomputing (ICS'05), 2005, 229–238.

[55] Dhiman G, Rosing T S, System-level power management using online learning. IEEE Transactions on computer-aided design of integrated circuits and systems, 2009, 28 (5): 676–689.

[56] Whalley I, Tantawi A, Steinder M, et al. Experience with collaborating managers: node group manager and provisioning manager. Journal of Cluster Computing, 2006, 9 (4): 401–416.

[57] Beloglazov A, Buyya R, Energy efficient resource management in virtualized cloud data centers. In Proceedings of the 10th IEEE/ACM International Symposium on Cluster, Cloud and Grid Computing (CCGRID 2010), 2010, 826–831.

[58] Tesauro G, Das R, Chan H, et al. Managing power consumption and performance of computing systems using reinforcement learning. In Proceedings of the 21st Annual Conference on Neural Information Processing Systems (NIPS'07), 2007, 1–8.

[59] Das R, Kephart J O, Lefurgy C, et al. Autonomic multi-agent management of power and performance in data centers. In Proceedings of the 7th International conference on autonomous agents and multi-agent systems (AAMAS'08), 2008, 107–114.

[60] Steinder M, Whalley I, Hanson J E, et al. Coordinated management of power usage and runtime performance. In Proceedings of IEEE/ IFIP Network Operations and Management Symposium: Pervasive Management for Ubiquitous Networks and Services (NOMS 2008), 2008, 387–394.

[61] Tan H L, Li C, He Z H, Li K Q, Kai H. VMCD: A Virtual Multi-channel Disk IO Scheduling Method for Virtual Machines. IEEE Transactions on Services Computing. 2016; 9 (6): 982–995.

[62] Jain N, Lakshmi J. PriDyn: Enabling Differentiated IO Services in Cloud Using Dynamic Priorities. IEEE Transactions on Services Computing. 2015; 8 (2): 212–224.

[63] Boito F Z, Kassick R V, Navaux P O A, Denneulin Y. Automatic IO

Scheduling Algorithm Selection for Paralel File Systems. Concurrency and Computation: Practice and Experience. 2016; 28（8）: 2457–2472.

［64］Felter W, Rajamani K, Keller T, A performance-conserving approach for reducing peak power consumption in server systems. In Proceedings of the 19th ACM International Conference on Supercomputing（ICS'05）, 2005, 293–302.

［65］Bradley D, Harper R, Hunter S, Workload-based power management for parallel computer systems. IBM Journal of Research and Development, 2003, 47（5）: 703–718.

［66］Garg S K, Yeo C S, A. Anandasivam. Environment-conscious scheduling of HPC applications on distributed Cloud-oriented data centers. Journal of Parallel and Distributed Computing, 2011, 71（6）: 732–749.

［67］Pinheiro E, Bianchini R, Energy conservation techniques for disk array-based servers. In Proceedings of the 18th annual international conference on Supercomputing（ICS'04）, 2004, 68–78.

［68］Peng J J, Zhi X F, Xie X L, Application type based resource allocation strategy in cloud environment, Microprocessors and Microsystems, 2016, 47, 385–391.

［69］Zhu Q, Chen Z, Tan L, et al. Hibernator: helping disk arrays sleep through the winter. In Proceedings of the 20th ACM symposium on Operating systems principles（SOSP'05）, 2005, 177–190.

［70］Narayanan D, Donnelly A, Rowstron A, Write off-loading: Practical power management for enterprise storage. In Proceedings of the 6th USENIX Conference on File and Storage Technologies（FAST'08）, 2008, 253–267.

［71］Chung E Y, Benini L, Bogliolo A, et al. Dynamic power management for nonstationary service requests. IEEE Transactions on Computing, 2002, 51（11）: 1345–1361.

［72］Yao X, Wang J, Rimac: a novel redundancy-based hierarchical cache architecture for energy efficient, high performance storage systems. In Proceedings of 1st ACM SIGOPS/EuroSys European Conference on Computer Systems（EuroSys 2006）, 2006, 249–262.

［73］Weddle C, Oldham M, Qian J, et al. Paraid: A gear-shifting power-aware raid. ACM Transactions on Storage（TOS）, 2007, 3（13）: 1–13.

［74］Chung E Y, Benini L, Micheli G De, Dynamic power management using adaptive learning tree. In Proceedings of the 1999 IEEE/ACM International Conference on Computer-Aided Design（ICCAD'99）, 1999, 274–279.

[75] Hwang C H, Wu A C H, A predictive system shutdown method for energy saving of event-driven computation. ACM Transactions on Design Automation of Electronic Systems, 2000, 5（2）: 226–241.

[76] Papathanasiou A E, Scott M L, Energy efficient prefetching and caching. In Proceedings of the USENIX Annual Technical Conference（ATC'04）, 2004, 255–268.

[77] Ye L, Lu G, Kumar S, et al. Energy-Efficient Storage in Virtual Machine Environments. In Proceedings of the 2010 ACM SIGPLAN/SIGOPS International Conference on Virtual Execution Environments（VEE'10）, 2010, 75–84.

[78] Christensen K, Nordman B, Brown R, Power management in networked devices. IEEE Computer, 2004, 37（8）: 91–93.

[79] Bolla R, Bruschi R, Davoli F, et al. Energy efficiency in the future Internet: a survey of existing approaches and trends in energy-aware fixed network infrastructures. IEEE Communications Surveys & Tutorials, 2011, 13（2）: 223–244.

[80] Bolla R, Bruschi R, Davoli F, et al. Performance constrained power consumption optimization in distributed network equipment. In Proceedings Green Communications Workshop in conjunction with IEEE ICC'09（GreenComm'09）, 2009, 1–6.

[81] Bolla R, Bruschi R, Carrega A, et al. Green network technologies and the art of trading-off. In Proceedings of the IEEE INFOCOM 2011 Workshop on Green Communications and Networking, 2011, 301–306.

[82] Wierman A, Andrew L L H, Tang A, Power-aware speed scaling in processor sharing systems. In Proceedings of the 28th IEEE Conference on Computer Communications（INFOCOM 2009）, 2009, 2007–2015.

[83] Nedevschi S, Popa L, Iannaccone G, Reducing network energy consumption via sleeping and rate-adaptation. In Proceedings 5th USENIX Symposium on Networked Systems Design and Implementation（NSDI'08）, 2008, 323–336.

[84] Peng J J, Dai Y C, Rao Y, Chen J B, Zhi X F, Research on processing strategy for CPU-intensive application, Journal of systems architecture, 2016, 70: 39–47.

[85] Wang Y, Keller E, Biskeborn B, et al. Virtual routers on the move: live router migration as a network-management primitive. ACM SIGCOMM Computer Communication Review, 2008, 38（4）: 231–242.

[86] Liu L, Wang H, Liu X, et al. GreenCloud: a new architecture for

green data center. In Proceedings of the 6th international conference industry session on Autonomic computing and communications industry session(ICAC-INDST'09), 2009, 29–38.

[87] Liao X, Hu L, Jin H. Energy optimization schemes in cluster with virtual machines. Cluster Computing, 2010, 13（2）: 113–126.

[88] Li J D, Peng J J, Lei Z, et al. An energy-efficient scheduling approach based on private clouds. Journal of Information and Computational Science, 2011, 8（4）: 716–724.

[89] 英特尔开源软件技术中心，复旦大学并行处理研究所. 系统虚拟化：原理与实现. 北京，清华大学出版社，2009.3.

[90] Ghemawat S, Gobioff H, Leung Shun-Tak, The Google file system. In Proceedings of the 19th ACM Symposium on Operating Systems Principles(SOSP'03), 2003, 29–43.

[91] S. A. Weil, S. A. Brandt, E. L. Miller et al. Ceph: a scalable, high-performance distributed file system. In Proceedings of the 7th symposium on Operating systems design and implementation (OSDI'06), 2006, 307–320.

[92] Chang F, Dean J, Ghemawat S, et al. Bigtable: a distributed storage system for structured data. ACM Transactions on Computer Systems, 2008, 26（2）: 1–14.

[93] DeCandia G, Hastorun D, Jampani M, et al. Dynamo: amazon's highly available key-value store. In Proceedings of 21st ACM SIGOPS symposium on Operating systems principles（SOSP'07）, 2007, 205–220.

[94] Patterson D A, Gibson G, Katz R H, A case for redundant arrays of inexpensive disks(RAID). In Proceedings of the 1988 ACM SIGMOD international conference on Management of data（SIGMOD'88）, 1988, 109–116.

[95] Gibson G A, Meter R V, Network attached storage architecture. Communications of the ACM, 2000, 43（11）: 37–45.

[96] Li K, Kumpf R, Horton P, et al. A quantitative analysis of disk drive power management in portable computers. In Proceedings of the USENIX Winter Technical Conference(WTEC'94), 1994, 279–291.

[97] 谢希仁. 计算机网络（第五版）. 北京：电子工业出版社，2008.1.

[98] 都志辉. 高性能计算之并行编程技术：MPI 并行程序设计. 清华大学出版社，2001.8.

[99] 许小龙. 支持绿色云计算的资源调度方法及关键技术研究. 南京大学博士学位论文，南京，2016.

［100］Southern G，Hwang David，Barnes Ronald，SMP virtualization performance evaluation. In Proceedings of the 2nd International Workshop on Virtualization Performance：Analysis，Characterization，and Tools（VPACT），2009，1–7.

［101］OpenStack，http：//www.openstack.org/.

［102］CloudSigma，http：//www.cloudsigma.com/.

［103］ElasticHosts，http：//www.elastichosts.com/.

［104］Nimbus，http：//www.nimbusproject.org/.

［105］Enomalism，http：//www.enomaly.com/.

［106］oVirt，http：//www.ovirt.org/.

［107］蒋永生，彭俊杰，张武.云计算及云计算实施标准：综述与探索.上海大学学报（自然科学版），2013，01：5–13.

［108］Fox，Katz，Konwinski，et al. Above the Clouds：A Berkeley View of Cloud Computing. Eecs Department University of California Berkeley，2009，53（4）：50–58.

［109］Vaquero L M，Rodero-Merino L，Caceres J，et al. A break in the clouds：towards a cloud definition.Acm Sigcomm Computer Communication Review，2008，39（1）：50–55.

［110］Chen J B，Peng J J，Resource optimization strategy for CPU intensive applications in cloud computing environment，The 3rd IEEE International Conference on Cyber Security and Cloud Computing（CSCloud 2016），June 25th–27th，2016，Beijing，China.

［111］Subramanian A，Tamayo P，Mootha V K，et al. Gene set enrichment analysis：a knowledge-based approach for interpreting genome-wide expression profiles. Proceedings of the National Academy of Sciences of the United States of America，2005，102（43）：15545–15550.

［112］Michael Miller 著.姜进磊，孙瑞志，向勇，史美林译，云计算（第1版）.北京.机械工业出版社.2009，13–14.

［113］Wu Y，Hwang K，Yuan Y，et al. Adaptive Workload Prediction of Grid Performance in Confidence Windows.Parallel & Distributed Systems IEEE Transactions on，2010，21（7）：925–938.

［114］吴世山.面向节能的云计算任务调度策略研究.哈尔滨工业大学硕士学位论文，哈尔滨，2013.

［115］周山杰.云计算环境下面向任务分类的个性虚拟化策略.辽宁大学硕士学位论文，沈阳，2012.

［116］程萌.基于混合优化算法的云计算资源分配研究，南京大学硕士学位论文，南京，2013.

［117］伍之昂，罗军舟，宋爱波.基于 QoS 的网格资源管理.软件学报，

2006，17（11）：2264-2276.

[118] 李建敦.私有云中虚拟资源的节能调度研究.上海大学博士学位论文，上海，2011.

[119] 代永川.云环境下CPU密集型应用的模型与策略研究.上海大学硕士学位论文，上海，2015.

[120] 陈金豹.基于应用类型的云计算调度策略研究.上海大学硕士学位论文，上海，2017.

[121] Gu J, Hu J, Zhao T, et al. A New Resource Scheduling Strategy Based on Genetic Algorithm in Cloud Computing Environment. Journal of Computers，2012，7（1）：42-52.

[122] Zhang Z, Zhang X. A load balancing mechanism based on ant colony and complex network theory in open cloud computing federation Industrial Mechatronics and Automation（ICIMA），2010 2nd International Conference on. IEEE，2010：240-243.

[123] Song X, Gao L, Wang J. Job scheduling based on ant colony optimization in cloud computing International Conference on Computer Science & Service System. 2011：3309-3312.

[124] Zhang B, Gao J, Ai J. Cloud Loading Balance algorithm Information Science and Engineering（ICISE），2010 2nd International Conference on. IEEE，2010：5001-5004.

[125] Wang S C, Yan K Q, Liao W P, et al. Towards a Load Balancing in a three-level cloud computing network Computer Science and Information Technology（ICCSIT），2010 3rd IEEE International Conference on. IEEE，2010：108-113.

[126] 郭平，李琪.基于服务器负载状况分类的负载均衡调度算法.华中科技大学学报：自然科学版，2012：62-65.

[127] You X, Wan J, Xu X, et al. ARAS-M：Automatic Resource Allocation Strategy based on Market Mechanism in Cloud Computing. Journal of Computers，2011，6（7）：1287-1296.

[128] Islam S, Keung J, Lee K, et al. Empirical Prediction Models for Adaptive Resource Provisioning in the Cloud. Future Generation Computer Systems，2012，28（1）：155-162.

[129] Kemper A, Cherkasova L, Rolia J, et al. Workload Analysis and Demand Prediction of Enterprise Data Center Applications.IEEE International Symposium on Workload Characterization. IEEE，2007：171-180.

[130] Khan A, Yan X, Tao S, et al. Workload characterization and prediction in the cloud：A multiple time series approach.IEEE Network

Operations and Management Symposium. IEEE, 2012: 1287–1294.

［131］Ganapathi A, Chen Y, Fox A, et al. Statistics-driven workload modeling for the Cloud. IEEE International Conference on Data Engineering Workshops, 2010: 87–92.

［132］Alasaad A, Shafiee K, Behairy H M, et al. Innovative Schemes for Resource Allocation in the Cloud for Media Streaming Applications. IEEE Transactions on Parallel & Distributed Systems, 2014, 26（4）: 1021–1033.

［133］Nudd G R, Kerbyson D J, Papaefstathiou E, et al. Pace-A Toolset for the Performance Prediction of Parallel and Distributed Systems. International Journal of High Performance Computing Applications, 2000, 14（3）: 228–251.

［134］Duy T V T, Sato Y, Inoguchi Y. Performance evaluation of a Green Scheduling Algorithm for energy savings in Cloud computing Parallel & Distributed Processing, Workshops and Phd Forum（IPDPSW）, 2010 IEEE International Symposium on. IEEE, 2010: 1–8.

［135］Gong Z, Gu X, Wilkes J. PRESS: PRedictive Elastic ReSource Scaling for cloud systems Network and Service Management （CNSM）, 2010 International Conference on. IEEE, 2010: 9–16.

［136］Grehant X, Demeure I. Symmetric Mapping: An architectural pattern for resource supply in grids and clouds Parallel and Distributed Processing Symposium, International. IEEE, 2009: 1–8.

［137］Berral J L, Goiri Í, Nou R, et al. Towards energy-aware scheduling in data centers using machine learningProceedings of the 1st International Conference on energy-Efficient Computing and Networking. ACM, 2010: 215–224.

［138］Buyya R, Yeo C S, Venugopal S. Market-Oriented Cloud Computing: Vision, Hype, and Reality for Delivering IT Services as Computing Utilities. High Performance Computing & Communications.hpcc.ieee International Conferen, 2008: 5–13.

［139］刘鹏. 云计算. 北京: 电子工业出版社，2010.

［140］Sotomayor B, Montero R S, Llorente I M, et al. Virtual infrastructure management in private and hybrid clouds.. IEEE Internet Computing, 2009, 13（5）: 14–22.

［141］任永杰.KVM 虚拟化技术实战与原理解析.机械工业，2013.

［142］Dstat, http: //dag.wieers.com/home-made/dstat/.

［143］Sysbench, http: //sysbench.sourceforge.net/.

［144］Netperf, http: //www.netperf.org/netperf/.

［145］STREAM，http：//www.cs.virginia.edu/stream/.

［146］王煜，王正欧，白石.用于文本分类的改进 KNN 算法.中文信息学报，2007，03（3）：159-162.

［147］印鉴，谭焕云.基于 χ2 统计量的 kNN 文本分类算法.小型微型计算机系统，2007，28（6）：1094-1097.

［148］Lee L T，Liu K Y，Huang H Y，et al. A Dynamic Resource Management with Energy Saving Mechanism for Supporting Cloud Computing. International Journal of Grid & Distributed Computing，2013，6（1）：67-76.

［149］Moreno I S，Yang R，Xu J，et al. Improved energy-efficiency in cloud datacenters with interference-aware virtual machine placement. IEEE Eleventh International Symposium on Autonomous Decentralized Systems，2013：1-8.

［150］Calheiros R N，Ranjan R，Rose C A F D，et al. CloudSim：A Novel Framework for Modeling and Simulation of Cloud Computing Infrastructures and Services. ICPP'09，2009，1-9.

［151］苗壮.基于 CloudStack 的 IaaS 资源调度策略研究.哈尔滨工业大学硕士学位论文，哈尔滨，2014.

［152］Peng J，Dai Y，Rao Y，et al. Model of CPU-Intensive Applications in Cloud Computing Advanced Multimedia and Ubiquitous Engineering. Springer Berlin Heidelberg，2016：301-315.

［153］黄智维.网格计算环境下资源管理的研究.厦门大学硕士学位论文，厦门，2009.

［154］Markus U，Jorg L，et al. Current Challenges and Approaches for Resource Demand Estimation in the Cloud. International Conference on Cloud Computing and Big Data. 2013：387-394.

［155］Moreno-Vozmediano R，Montero R S，Llorente I M. Key Challenges in Cloud Computing：Enabling the Future Internet of Services. Nrn Omng，2013，17（4）：18-25.

［156］Soares Boaventura R，Yamanaka K，Prado Oliveira G. Performance Analysis of Algorithms for Virtualized Environments on Cloud Computing. Latin America Transactions，IEEE（Revista IEEE America Latina），2014，12（4）：792-797.

［157］李建敦，彭俊杰，张武.云存储中一种基于布局的虚拟磁盘节能调度方法.电子学报，2012，40（11）：2247-2254.

［158］Feifei C，John G，et al. Automated analysis of performance and energy consumption for cloud applications. In Proceedings of the 5th ACM/SPEC international conference on Performance engineering.

2014：39-50.

［159］Li C，Wang R，Hu Y，et al. Towards Automated Provisioning and Emergency Handling in Renewable Energy Powered Datacenters. Journal of Computer Science and Technology，2014，29（4）：618-630.

［160］Erol-Kantarci，M. Mouftah，H.T. Overlay energy circle formation for cloud data centers with renewable energy futures contracts. IEEE Symposium on Computers and Communication（ISCC），2014，Volume：Workshops：1-6.

［161］邓维，刘方明，金海，李丹.云计算数据中心的新能源应用：研究现状与趋势.计算机学报，2013，03：582-598.

［162］罗京，吴文峻，张飞.面向云计算数据中心的能耗建模方法.软件学报.2014，25（7）：1371-1387.

［163］饶艺.云计算环境下 IO 密集型应用的模型与应用策略.上海大学硕士学位论文，上海，2015.

［164］郅晓飞.云环境下应用识别模型及资源分配策略研究.上海大学硕士学位论文，上海，2016.

［165］李铭夫，毕经平，李忠诚.资源调度等待开销感知的虚拟机整合.软件学报，2014，07：1388-1402.

［166］谭一鸣，曾国荪，王伟.随机任务在云计算平台中能耗的优化管理方法.软件学报，2012，23（2）：266-278.

［167］许波，赵超，祝衍军，彭志平.云计算中虚拟机资源调度多目标优化.系统仿真学报，2014，03：592-595+620.

［168］张小庆.基于云计算环境的资源提供优化方法研究.武汉理工大学硕士学位论文，武汉，2013.

［169］林伟伟，齐德昱.云计算资源调度研究综述.计算机科学，2012，10：1-6.

［170］孙大为，常桂然，陈东，王兴伟.云计算环境中绿色服务级目标的分析、量化、建模及评价.计算机学报，2013，36（7）：1509-1525.

［171］Albert G，James H. The Cost of a Cloud：Research Problems in Data Center Networks. ACM SIGCOMM Computer Communication Review，2009（39）：68-73.

［172］Wang L，Laszewski G. V. et al. Towards Energy Aware Scheduling for Precedence Constrained Parallel Tasks in a Cluster with DVFS. In Proceedings of the 2010 10th IEEE/ACM International Conference on Cluster，Cloud and Grid Computing. 2010：368-377.

［173］Kang J，Ranka S. Dynamic slack allocation algorithms for energy minimization on parallel machines. Journal of Parallel and Distributed Computing. 2010, 70（5）: 417–430.

［174］Khushbu M, Richa S. Energy Conscious Dynamic Provisioning of Virtual Machines using Adaptive Migration Thresholds in Cloud Data Center. International Journal of Computer Science and Mobile Computing. 2013, 2（3）: 74–82.

［175］Maheshwari N, Nanduri R, Varma V. Dynamic energy efficient data placement and cluster reconfiguration algorithm for MapReduce framework. Future Generation Computer Systems, 2012, 28: 119–127.

［176］Fadika Z, Govindaraju M. Delma: Dynamically elastic mapreduce framework for cpu-intensive applications. In Cluster, Cloud and Grid Computing（CCGrid）, 2011 11th IEEE/ACM International Symposium on IEEE.2011: 454–463.

［177］Takasaki H, Mostafa S M, Kusakabe S. Applying Eco-Threading Framework to Memory-Intensive Hadoop Applications. Information Science and Applications（ICISA）, 2014 International Conference on. IEEE, 2014: 1–4.

［178］Kuo J, Yang H, Tsai M. Optimal approximation algorithm of virtual machine placement for data latency minimization in cloud systems. INFOCOM, 2014 Proceedings IEEE. IEEE, 2014: 1303–1311.

［179］Gutierrez-Garcia J O, Ramirez-Nafarrate A. Policy-Based Agents for Virtual Machine Migration in Cloud Data Centers. Services Computing, IEEE International Conference on. IEEE, 2013: 603–610.

［180］吴吉义，傅建庆，平玲娣等．一种对等结构的云存储系统研究．电子学报，2011，39（5）: 1100–1107.

［181］王德政，申山宏，周宁宁．云计算环境下的数据存储．计算机技术与发展，2011，4: 10–14.

［182］鲁俊杰，侯卫真．面向信息资源整合的电子政务云平台构建研究．图书馆学研究，2012，13: 010.

［183］许丞，刘洪，谭良．Hadoop 云平台的一种新的任务调度和监控机制．计算机科学，2013，40（1）: 112–117.

［184］邓朝晖，刘伟，吴锡兴等．基于云计算的智能磨削云平台的研究与应用．中国机械工程，2012，23（1）: 65–68.

［185］康瑛石，王海宁，虞江锋．基于云计算的虚拟化系统研究．电信科学，2011，27（4）: 61–67.

［186］彭红．基于 CloudStack 云管理平台的关键技术研究与应用．华东

理工大学硕士学位论文，上海，2013.

［187］刘晓茜.云计算数据中心结构及其调度机制研究.中国科学技术大学，硕士学位论文，合肥，2011.

［188］刘少伟.基于云计算的科学工作流数据存储策略研究.国防科学技术大学硕士学位论文，长沙，2011.

［189］安宝宇.云存储中数据完整性保护关键技术研究.北京交通大学硕士学位论文，北京，2012.

［190］Taylor J W，de Menezes L M，McSharry P E. A comparison of univariate methods for forecasting electricity demand up to a day ahead. International Journal of Forecasting, 2006, 22（1）: 1–16.

［191］Sorjamaa A，Hao J，Reyhani N，et al. Methodology for long-term prediction of time series. Neurocomputing, 2007, 70（16）: 2861–2869.

［192］Luque C，Maria J，Ferran V，et al. Time series forcasting by means of evolutionary algorithms. Long Beach, IEEE International Conference on Parallel and Distributed Processing Symposium, 2007: 1–7.

［193］Gohin B，Vinod V. Accessibility Assessment of Cloud SaaS Based E-Government for People with Disabilities in India. Networking and Communication Engineering, 2013, 5（5）: 244–250.

［194］Hou D，Zhang S，Kong L. Placement of SaaS Cloud Data and dynamically access scheduling Strategy Computer Science & Education（ICCSE），2013 8th International Conference on. IEEE, 2013: 834–838.

［195］Sharma K，Singh M. FDBKaaS: A Cloud Based Multi-Tenant Feedback as a Service, international journal of engineering and technology, 2013, 3（5）: 593–599.

［196］Sharma R，Sood M. Cloud SaaS and model driven architecture, International Conference on Advanced Computing and Communication Technologies（ACCT11）. 2011: 978–981.

［197］Moorthy S M，Masillamani M R. Intrusion Detection in Cloud Computing Implementation of（SAAS & IAAS）Using Grid Environment, in Proceedings of International Conference on Internet Computing and Information Communications. Springer India, 2014: 53–64.

［198］Gionta J，Azab A，Enck W，et al. Dacsa: A decoupled architecture for cloud security analysis, in Proceedings of the 7th Workshop on Cyber Security Experimentation and Test. USENIX. 2014.

［199］Himmel M A，Grossman F. Security on distributed systems:

Cloud security versus traditional IT, IBM Journal of Research and Development, 2014, 58（1）: 31-313.

［200］Boopathy D, Sundaresan M. Data encryption framework model with watermark security for Data Storage in public cloud model, in Proceedings of 2014 International Conference on Computing for Sustainable Global Development（INDIACom）, IEEE, 2014: 903-907.

［201］Rasheed H. Data and infrastructure security auditing in cloud computing environments. International Journal of Information Management, 2014, 34（3）: 364-368.

［202］Rong C, Nguyen S T, Jaatun M G. Beyond lightning: A survey on security challenges in cloud computing, Computers & Electrical Engineering, 2013, 39（1）: 47-54.

［203］Caron E, Le A D, Lefray A, et al. Definition of security metrics for the Cloud Computing and security-aware virtual machine placement algorithms, in Proceedings of 2013 International Conference on Cyber-Enabled Distributed Computing and Knowledge Discovery（CyberC）, IEEE, 2013: 125-131.

［204］Garg V K. Elements of distributed computing. John Wiley & Sons, 2002.

［205］Foster I, Kesselman C, Tuecke S. The anatomy of the grid: Enabling scalable virtual organizations. International journal of high performance computing applications, 2001, 15（3）: 200-222.

［206］Schoder D, Fischbach K. Peer-to-peer prospects. Communications of the ACM, 2003, 46（2）: 27-29.

［207］林闯，苏文博，孟坤等. 云计算安全: 架构，机制与模型评价. 计算机学报，2013, 36（9）: 1765-1784.

［208］罗军舟，金嘉晖，宋爱波等. 云计算: 体系架构与关键技术. 通信学报，2011, 32（7）: 3-21.

［209］Stanik A, Hovestadt M, Kao O. Hardware as a Service（HaaS）: The completion of the cloud stackComputing Technology and Information Management（ICCM）, 2012 8th International Conference on. IEEE, 2012, 2: 830-835.

［210］Kivity A, Kamay Y, Laor D, et al. kvm: the Linux virtual machine monitor, in Proceedings of the Linux Symposium. 2007, 1: 225-230.

［211］Leavitt N. Is Cloud Computing Really Ready for Prime Time?. Computer, 2009, 42（1）: 15-20.

［212］Vaquero L M, Rodero-Merino L, Caceres J, et al. A break in the clouds: towards a cloud definition. ACM SIGCOMM Computer Communication Review, 2008, 39 (1): 50–55.

［213］Kang C, Wei-Min Z. Cloud computing: System instances and current research, Journal of Software, 2009, 20 (5): 1337–1348.

［214］Ranganathan P. Recipe for efficiency: principles of power-aware computing. Communications of the ACM, 2010, 53 (4): 60–67.

［215］Barroso L A, Holzle U. The case for energy-proportional computing. Computer, 2007(12): 33–37.

［216］王恩泽，乔建忠，林树宽. 一种基于超边际分析的分布式计算资源分配方法. 东北大学学报（自然科学版），2011，32（2）：219–222.

［217］Wolski R, Plank J S, Brevik J, et al. Analyzing Market-Based Resource Allocation Strategies for the Computational Grid.. International Journal of High Performance Computing Applications, 2001, 15 (3): 258–281.

［218］Buyya R, Abramson D, Venugopal S. The Grid Economy. Proceedings of the IEEE, 2005, 93 (3): 698–714.

［219］翁楚良，陆鑫达. 一种基于双向拍卖机制的计算网格资源分配方法. 计算机学报，2006，29（6）：1004–1008.

［220］Dean J, Ghemawat S. Map Reduce: simplified data processing on large clusters. Communications of the ACM, 2008, 51 (1): 107–113.

［221］Roy N, Dubey A, Gokhale A. Efficient auto scaling in the cloud using predictive models for workload forecasting, IEEE 4th International Conference on Cloud Computing, 2011: 500–507.

［222］Chen G, He W, Liu J, et al. Energy-aware server provisioning and load dispatching for connection intensive internet services, 5th USENIX Symposium on Networked Systems Design and Implementation, Francisco, California, 2008: 337–350.

［223］Shen Z, Sunniah S, Gu X, et al. Cloud Scale: Elastic resource scaling for multitenant cloud system, 2nd ACM Symposium on Cloud Computing, Cascais, Portugal, 2011: 1–14.

［224］Padala P, Hou K Y, Shin K G, et al. Automated control of multiple virtualized resources, ACM European Conference on Computer Systems, Nuremberg, Germany, 2009: 13–26.

［225］Yang L Y, Schopf J M, Foster I. Conservative scheduling: Using predicted variance to improve scheduling decisions in dynamic environments, in Proceedings of the 2003 ACM/IEEE Conference on Supercomputing. New York: ACM, 2003: 31.

［226］Hamscher V，Schwiegelshohn U，Streit A，et al. Evaluation of job-scheduling strategies for grid computing Grid Computing-GRID 2000. Springer Berlin Heidelberg，2000：191-202.

［227］Shan Z，Lin C. Modeling and performance evaluation of hierarchical job scheduling on the grids Grid and Cooperative Computing，2007. GCC 2007. Sixth International Conference on. IEEE，2007：296-303.

［228］Bayati M，Prabhakar B，Shah D，et al. Iterative Scheduling Algorithms INFOCOM 2007. 26th IEEE International Conference on Computer Communications. IEEE. IEEE，2007：445-453.

［229］Patel Y，Darlington J. A Novel Stochastic Algorithm for Scheduling QoS-Constrained Workflows in a Web Service-Oriented Grid，2006 IEEE/WIC/ACM International Conference on.Web Intelligence and Intelligent Agent Technology Workshops，2006. WI-IAT 2006 Workshops. IEEE，2006：437-442.

［230］Caron E，Garonne V，Tsaregorodtsev A. Definition，modelling and simulation of a grid computing scheduling system for high throughput computing. Future Generation Computer Systems，2007，23（8）：968-976.

［231］Hao W，Yang Y，Lin C. Qos performance analysis for grid services dynamic scheduling system Wireless Communications，International Conference on Networking and Mobile Computing，2007. WiCom 2007. IEEE，2007：2012-2015.

［232］Pandey S，Wu L，Guru S M，et al. A particle swarm optimization based heuristic for scheduling workflow applications in cloud computing environments，in Proceedings of the 24th IEEE International Conference on Advanced Information Networking and Applications. Piscataway：IEEE，2010：400-407.

［233］Wu Z J，Ni Z W，Gu L C，et al. A revised discrete particle swarm optimization for cloud workflow scheduling 2010 International Conference on Computational Intelligence and Security. Piscataway：IEEE，2010：184-188.

［234］Deb K，Prata P，Agawal S，et al. A fast and elitist multi objective genetic algorithm：NSGA-II. IEEE Transactions on Evolutionary Computation，2002，6（2）：182-197.

［235］Johan T，Montero R S，Rafael M V，et al. Cloud brokering mechanisms for optimized placement of virtual machines across multiple providers. Future generation computer systems，2012，28（2）：358-367.

［236］Li B，Song A M，Song J. A distributed QoS-constraint task scheduling scheme in cloud computing environment：model and algorithm. Advances in information sciences and service sciences，2012，4（5）：283-291.

［237］Li J Y，Qiu M K，Niu J W，et al. Feedback dynamic algorithms for preemptable job scheduling in cloud systems［A］. Proceedings of IEEE international conference on web intelligence and intelligent agent technology，2010：561-564.

［238］Dakshayini M，Guruprasad H S. An optimal model for priority based service scheduling policy for cloud computing environment. International journal of computer applications，2011，32（9）：23-29.

［239］徐达宇. 云计算环境下资源需求预测与优化配置方法研究. 合肥工业大学博士学位论文，合肥，2014.

［240］张飞飞，吴杰，吕智慧. 云计算资源管理中的预测模型综述. 计算机工程与设计，2013，34（9）：3078-3083.

［241］张婧. 面向云计算运营管理的资源预测模型. 西北大学硕士学位论文，西安，2013.

［242］赵宏伟，申德荣，田力威. 云计算环境下资源需求预测与调度方法的研究. 小型微型计算机系统，2016（4）：659-663.

［243］曾令伟，伍振兴，杜文才. 数据挖掘在云计算资源预测中的应用. 激光杂志，2015，36（4）：185-188.

［244］徐琳. 云计算环境下计算型任务的资源需求预测. 中国科学技术大学博士学位论文，合肥，2015.

［245］闫永权，郭平. 使用混合模型预测 Web 服务器中的资源消耗. 计算机科学，2016，43（10）：47-52.

［246］陈韩玮. 大规模云服务平台性能分析与预测方法研究. 浙江大学博士学位论文，杭州，2012.

［247］张扬. 基于 QPSO-SFLA 改进算法的云环境资源调度研究. 江西理工大学硕士学位论文，赣州，2014.

［248］辛海奎. 基于群智能优化算法的云计算任务调度策略研究. 陕西师范大学硕士学位论文，西安，2015.

［249］华夏渝，郑骏，胡文心. 基于云计算环境的蚁群优化计算资源分配算法. 华东师范大学学报：自然科学版，2010，1：127-134.

［250］吴皓. 云环境下任务调度算法研究. 南京邮电大学硕士学位论文，南京，2013.

［251］徐彬. 云环境下基于动态融合遗传蚁群算法的 DAG 任务调度研究. 南京信息工程大学硕士学位论文，南京，2015.

［252］范宗勤. 云环境下的资源调度算法研究. 北京交通大学硕士学位论

YUNJISUANJIENENG
YUZIYUANDIAODU

文，北京，2014.

[253] 王红岩. 云环境下基于服务质量的任务调度研究. 合肥工业大学硕士学位论文，合肥，2015.

[254] 史少锋，刘宴兵. 基于动态规划的云计算任务调度研究. 重庆邮电大学学报自然科学版，2012，24（6）：687-692.

[255] 李文娟，张启飞，平玲娣等. 基于模糊聚类的云任务调度算法. 通信学报，2012，3：146-154.

[256] 朱宗斌，杜中军. 基于改进 GA 的云计算任务调度算法. 计算机工程与应用，2013，49（5）：77-80.

[257] 薛景文. 基于免疫算法的云计算任务调度策略研究. 太原理工大学硕士学位论文，太原，2013.

[258] 李依桐，林燕. 基于混合粒子群算法的云计算任务调度研究. 计算技术与自动化，2014，1：73-77.

[259] 徐洁，朱健琛，鲁珂. 基于双适应度遗传退火的云任务调度算法. 电子科技大学学报，2013，6：900-904.

[260] 廖福蓉. 基于任务备份的云计算任务调度算法研究. 重庆大学硕士学位论文，重庆，2013.

[261] 吴泽益. 基于节能的虚拟机部署与虚拟机整合技术研究. 电子科技大学硕士学位论文，成都，2016.

[262] 英昌甜，于炯，杨兴耀. 云计算环境下能量感知的任务调度算法. 微电子学与计算机，2012，29（5）：188-192.

[263] 张希翔，李陶深. 云计算下适应用户任务动态变更的调度算法. 华中科技大学学报（自然科学版），2012，s1：165-169.

[264] 熊磊. 基于蚁群算法和 DAG 工作流的云计算任务调度研究. 湖北工业大学硕士学位论文，武汉，2014.

云计算节能与资源调度

后 记

　　云计算被视作新一代的 IT 服务模式，其优势很多，其中最吸引人的优势之一就是云数据中心能按需为用户提供各种云服务而无须用户了解任何技术细节。因此，从诞生之初就备受关注，目前已经被广泛应用于包括企业、事业单位及政府机关等社会各个领域、各个组织，深刻改变着人们使用 IT 资源的习惯，这不仅仅体现在这一个技术领域内的改变和影响，在未来也可能涵盖人类和社会的整个生活领域。

　　遗憾的是，尽管优势很多，高能耗问题也使云计算备受争议，尤其是云数据中心巨大能耗对周边环境造成的不可估量影响。造成这种现状的原因主要有两个，一是数据中心大规模 IT 设备，包括各种计算、存储、网络设备、空调冷却设施等的高度集聚致使能耗巨大；二是普通用户对其应用所消耗资源不能有效地估计，从而导致资源使用效率低下。因此，提高云计算资源的使用效率、降低云应用的平均能量消耗是云计算应用过程中亟待解决的难题。

　　本书结合笔者在云计算节能领域的研究，从虚拟资源的有效分配策略与调度算法、基于应用特点与特征进行资源分配与调度的机制、模型、算法、实效等不同层面进行重点探讨，希望为云计算节能与资源效率提升提供一些参考。

　　本书的成稿，与曾经在一起参与云计算相关研究工作的博

士生和硕士研究生的辛勤工作是分不开的，他们包括但不限于李建敦、江钦龙、代永川、饶艺、郅晓飞、陈金豹、刘丹旭等，感谢他们在校期间的辛勤工作！

编者

2019 年 10 月

图书在版编目(CIP)数据

云计算节能与资源调度 / 彭俊杰著. —上海：上海科学普及出版社，2019
ISBN 978－7－5427－7672－3

Ⅰ.①云… Ⅱ.①彭… Ⅲ.①云计算－资源管理－研究 Ⅳ.①TP393.027

中国版本图书馆CIP数据核字（2019）第274448号

策划统筹　　蒋惠雍
责任编辑　　俞柳柳
装帧设计　　赵　斌

云计算节能与资源调度

彭俊杰　著

上海科学普及出版社出版发行

（上海中山北路832号　邮政编码200070）

http://www.pspsh.com

各地新华书店经销　　上海盛通时代印刷有限公司印刷

开本 710×1000　1/16　　印张 21.25　　字数 300 000

2019年11月第1版　　2019年11月第1次印刷

ISBN 978－7－5427－7672－3

定价：58.00元

本书如有缺页、错装或坏损等严重质量问题

请向工厂联系调换

联系电话：021-37910000